ECO

ESG | Environmental Social Governance
안전보건경영시스템

위국환, 이학춘, 지상규
김선화, 방원석, 김정윤 공 저

도서출판 진영사

ESG 안전보건경영시스템

위국환, 이학춘, 지상규, 김선화, 방원석, 김정윤 공저

2023년 2월 10일 초판 인쇄
2023년 2월 14일 초판 발행

발행인 박 진 영
발행처 도서출판 진영사
인천광역시 부평구 주부토로 236번지 인천테크노밸리 U1 지식산업센터 B동 1507호
전화 : 032)505-4207
팩스 : 032)505-4206
E-mail : 0183734207@hanmail.net
신고번호 : 제2007-000001호(2007.01.19)

ISBN 978-89-6541-594-7 93320
값 21,500원

머 리 말

ESG는 기업의 비재무적 요소인 환경(Environmental), 사회(Social), 지배구조(Governance)를 일컫는 말이다. 기업이 활동하는 데 있어서 환경을 고려하고, 사회적 책임을 고려하고, 지배구조를 개선해야 재무적인 위험을 줄이고 지속 가능한 발전이 가능하다는 철학을 담고 있다.

ESG는 환경, 사회, 지배구조 관련 투자 위험을 관리하자는 독립적인 개념이었으나 2000년 이후 기후변화, 이해관계자 자본주의 논리와 섞이면서 그 개념이 발전하는 현상을 보여준다. 3가지 개념이 서로의 논리를 강화해 가면서 최근에는 ESG가 경영, 경제, 정책 등 우리 사회 전반에 있어 거스를 수 없는 대세가 되어가고 있다.

그 중에 중대재해는 최근의 이슈가 되고 있다. 중대재해 감축을 위한 사회적 관심과 노력은 어느 때보다 높다. 그간 정부 및 규제기관의 노력은 고 위험 사업장의 점검 및 감독, 영세사업장에 대한 재정지원 등에 집중되어 있었다. 이러한 감독 및 규제 중심 접근은 기업들이 산업안전을 추가적인 비용, 혹은 위험 관리(risk management)의 일부로만 여기게 하여, 기업에서의 안전에 대한 실질적 변화를 이끌어내기 힘들었다.

그래서 기업의 자발적 안전보건 투자 확대를 유도하는 정책적 노력이 절실하며 최근 기업경영에서 환경보전, 이해관계자 중시, 지배구조 개선 등을 목표로 하는 ESG 경영에 대한 관심이 커지고 있어 이를 활용한 기업의 자율적 안전보건시스템 도입 및 확산을 위한 정책 실행이 가능하게 되었다.

ESG 경영은 환경, 사회, 기업지배구조의 세 축을 중심으로 기업경영을 평가하고, 공시하며, 정부 및 민간에서 이를 기반으로 투자하는 것으로 시장 메커니즘을 통해 기업의 자발적, 실질적 변화를 이끌어 낼 수 있겠다. 특히 ESG의 S는 인권 및 노동 문제 외에도 작업장 보건 및 안전의 개념을 포함하고 있으므로 이를 적극적으로 활용하여 ESG 경영으로 확장한 정책 구상이 가능하다.

이러한 자율적인 ESG 안전보건경영 방안을 마련하는데 ESG 안전보건경영시스템이라는 방법론을 제공하고자 본서를 집필하게 되었다. 본서에서 제시하고 있는 내용이 ESG 안전보건경영시스템의 모든 것을 포함하고 있다거나 ESG 안전보건경영시스템을 체계화하였다고 단언할 수는 없다. 그러나, 저자 일동은 지난 30여 년간 산업현장에서 수행한 안전진단, 안전수준 평가, 사고조사 등의 경험과 애로사항들을 바탕으로 실제 기업에서 자율적인 안전보건경영을 수행함에 있어 반드시 고려하여야 할 분야의 이론을 정리하였다. 이를 통하여 우리나라의 안전관리 수준을 높이고 재해율 감소에 미력하나마 도움이 되길 바란다.

2023년 2월

저자 일동

Contents

Contents

1. ESG 경영 이해

1.1 ESG 경영 의미

1.1.1 ESG의 등장

윤리적 소비, 착한 기업 등은 더 이상 생소한 개념이 아니고, 인권이나 동물복지를 경시하거나 환경오염을 일으키는 등의 사회적 이슈는 점점 그 파장이 커지고 있고, 그 영향으로 불매운동 리스트에 오르거나 대표이사가 사임하는 경우도 종종 있다, 이처럼 사회적 책임은 기업경영에 필수적인 요소가 되어가고 있다.

국내에서는 기업의 사회적 책임이 기부나 봉사활동에 한정된 것으로 인식하는 경우가 종종 있어왔다. 그러나 이러한 인식과 달리 CSR(Corporate Social Responsibility)은 사회공헌의 차원을 넘어 기업이 속한 사회에 대한 모든 책임을 의미한다. CSR에 대한 구체적인 정의는 다양하지만 그 중에서도 널리 알려진 것은 Carroll의 CSR 피라미드 모델에 기반한 것이다.

Carroll은 이 모델을 통해 CSR을 '기업이 사회 전체에 대해 갖는 책임으로써 경제적, 법적, 윤리적, 자선적 책임'이라고 정의했다. [그림 1]

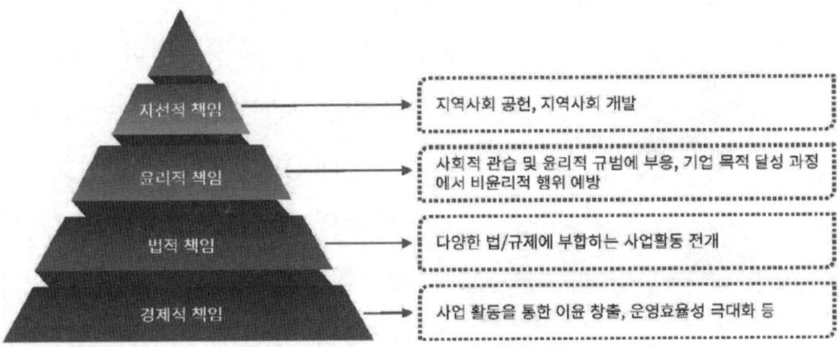

[그림 1] CSR 피라미드

즉, 공정한 거래, 투명한 지배구조, 준법경영, 근로자 인권존중, 제품 품질 및 안전, 환경 보존, 지역사회와의 상생 등 사회, 환경적 책임과 경제적 책임을 함께 고려하는 활동을 CSR이라 할 수 있다.

한편 엔론(Enron)의 회계부정 사태, 영국 석유회사인 BP의 원유 유출 사건 등으로 CSR은 그 기능이 기업 리스크 관리 측면에서 더욱 주목받게 되었다.

특히 UN은 기업의 환경(Environmental), 사회(Social), 지배구조(Governance) 이슈, 즉 ESG 이슈가 투자 포트폴리오 성과에 영향을 미친다고 보았다. 이에 기관투자자들이 투자대상 기업을 선정함에 있어 ESG요소를 고려해야 한다는 내용을 담은 '책임투자원칙 (PRI, Principles for Responsible Investment)'을 발표하였으며, 투자시장에서 ESG라는 개념이 점차 확대되기 시작했다.

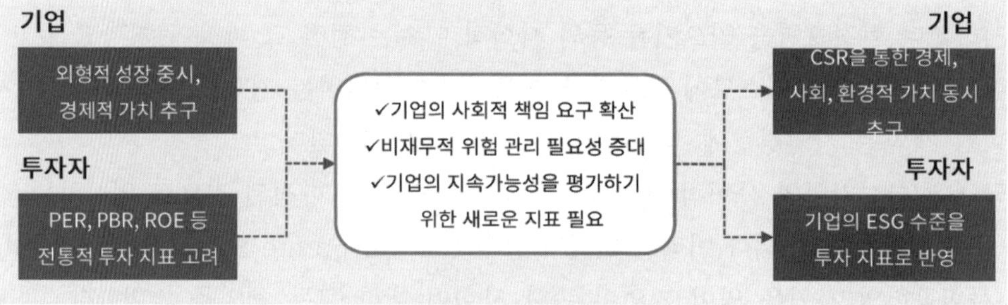

[그림 2] ESG 개념의 등장

또한 ESG는 기업의 비재무적 요소인 환경(Environmental), 사회(Social), 지배구조(Governance)를 일컫는 말이다. 기업이 활동하는 데 있어서 환경을 고려하고, 사회적 책임을 고려하고, 지배구조를 개선해야 재무적인 위험을 줄이고 지속 가능한 발전이 가능하다는 철학을 담고 있다.

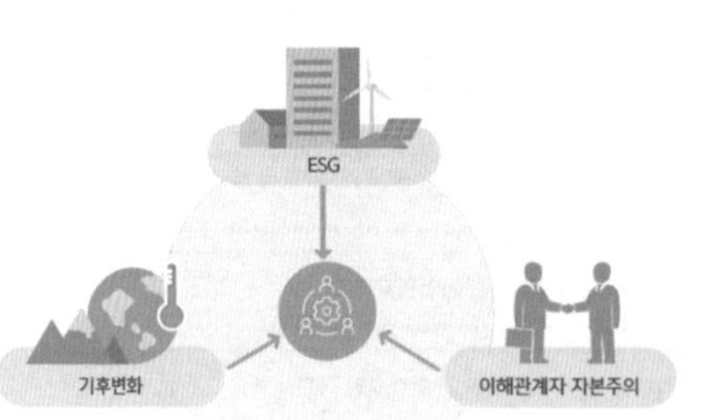

ESG는 환경, 사회, 지배구조 관련 투자 위험을 관리하자는 독립적인 개념이었으나 2000년 이후 기후변화, 이해관계자 자본주의 논리와 섞이면서 그 개념이 발전하는 현상을 보여준다. 3가지 개념이 서로의 논리를 강화해 가면서 최근에는 ESG가 경

영, 경제, 정책 등 우리 사회 전반에 있어 거스를 수 없는 대세가 되어가고 있다.

기후변화에 대응하기 위한 다양한 규제가 만들어지기 시작한 것은 유엔기후변화협약(UNFCCC, United Nations Framework Convention on Climate Change) 이후부터이다. 2015년 파리 협정을 중심으로 RE100, Net-Zero 선언, TCFD 등 기후변화를 둘러싼 이니셔티브와 가이드라인들이 등장하게 된다. 또한 2020년 세계 최대 자산운용사인 BlackRock이 '기후 위기에 따른 투자 위험성'을 경고하면서 기후변화 이슈는 본격적으로 글로벌 기업들의 ESG 활동에 영향을 미치기 시작했다.

기후변화 이슈

ESG와 기후변화 이슈의 Mix

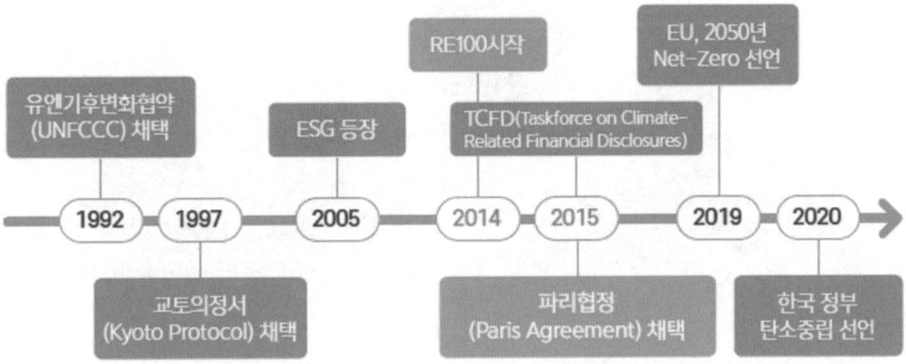

1.1.2 ESG의 시작

ESG는 2004~2006년 사이 IFC(International Finance Corporation) 보고서에서 자본시장의 지속가능성을 높이기 위한 투자자 가이드로 처음 등장하였다. 여기에서 ESG는 투자 자산관리에 활용할 수 있는 새로운 가치 창출 요소로 정의되었다.

ESG는 투자자에게 기업의 비재무성과(지속가능보고서, 이사 회보고서)를 커뮤니케이션하는 프레임이자 툴이다. 환경, 사회, 거버넌스는 사회적 가치와 관련되는 이슈들이지만 ESG는 이를 자본시장과 투자자의 관점에서 들여다

보는 것을 의미하는 용어다.

비즈니스라운드테이블(BRT, Business Round Table)의 사례를 살펴보자. 이 집단은 미국 시가총액의 약 30%를 차지하는 기업들의 연합체이다. 여기서 기업의 목표를 주주 최우선에서 이해관계자에게 가치를 제공하는 것으로 재정의 하는 선언을 하였다. 주주중심주의로 돌아가던 기업의 경영을 주주, 소비자, 임직원, 정부, 협력사 등 기업과 관계된 모든 이해관계자의 이익을 고려하겠다고 천명한 것이다. 이러한 선언으로 인해 ESG 중요성은 계속 강조되고 있다.

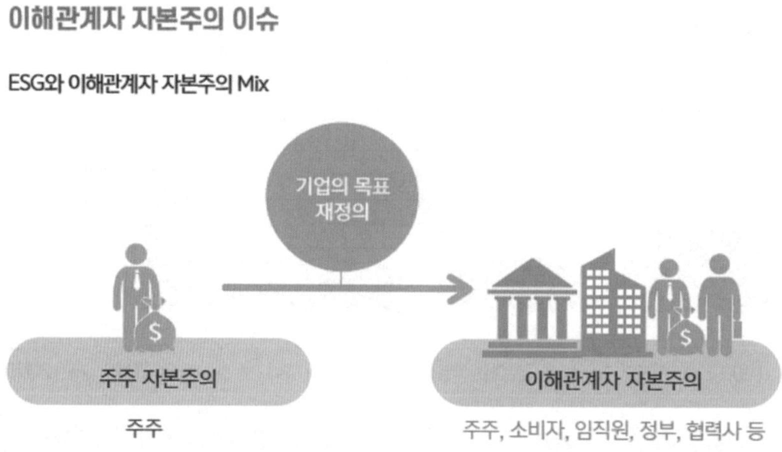

1.2 ESG 경영 특징

ESG는 대기업, 중소 · 중견기업이라는 분류를 넘어 기업이라면 필수적으로 고려해야 할 대상이 되었다. 성공적인 ESG 경영을 위해서는 다음의 7가지 특징을 이해해야 한다.

1.2.1 명확한 타겟

기업을 둘러싼 수많은 이해관계자, 수요자 중에서 선택과 집중을 해야 한다. 대기업은 주요 고객인 기관투자자 중심으로, 중소 · 중견기업은 수요자(납품처) 지향으로 ESG활동을 하는 것이 좋다.

1.2.2 거버넌스, 성과관리체계

사외이사 추천, 지속경영위원회, ESG 경영위원회, 투명경영위원회, 감사위원회 등을 통한 이사회의 투명한 지배가 ESG 평가에서 중요해지고 있다. 또한 핵심평가지표인 KPI의 평가체계도 중요하다. 기업들은 CEO평가에 ESG성과를 반영하고 있으며, FTSE 100 중 45%의 기업이 KPI에 ESG 평가를 반영하고 있다고 언급한다.

1.2.3 공시, 커뮤니케이션

기후변화가 기업의 재무상태에 미치는 영향을 공시하는 TCFD(Taskforce on climate-related financial disclosures)와 같은 글로벌 가이드가 만들어지고 있다. 하지만 공시기준의 표준화가 되어있지 않은 상황이므로 다양한 공시기준에 주의를 기울이며 변화에 대응해야 한다.

1.2.4 차별화, 경쟁력 포인트

SAB Miler는 모잠비크의 제1농산물인 Cassava라는 현지 원료로 맥주를 개발하여 아프리카 전체 시장의 40%를 차지하였다. ESG의 요소를 활용하여 새로운 비즈니스로 연결시킨 좋은 사례다.

1.2.5 Value Chain 상의 더 큰 책임

SAB Miler는 모잠비크의 제1농산물인 Cassava라는 현지 원료로 맥주를 개발하여 아프리카 전체 시장의 40%를 차지하였다. ESG의 요소를 활용하여 새로운 비즈니스로 연결시킨 좋은 사례다.

1.2.6 균형 잡힌 지표, 관리체계

ESG 요인 가운데 가장 중요한 것을 묻는 조사에서 응답자들은 모든 요소를 고르게 선택하였다. 따라서 기후변화와 관련하여 최근 주목받는 E 외에 S, G에 대해서도 균형 잡힌 노력이 있어야 한다.

1.2.7 측정, 평가를 통한 성과의 입증(verify)

다양한 글로벌 평가체계를 활용하거나 기업 내부에서 자발적으로 측정체계를 개발하는 등의 노력을 통해 성과를 대외적으로 입증하는 것이 필요하다.

1.3 ESG 경영 방향

ESG 경영은 단순히 외형적인 변화로 이어지기 쉽다. 플라스틱 빨대가 코에 박혀 고통스러워 하는 거북이의 사진은 이제 유명하다. 하지만 본질적인 변화를 위해서는 50% 이상을 차지하는 어업 쓰레기에 집중해야 한다는 사실은 크게 알려져 있지 않다. 이런 사례는 ESG의 이면을 보여준다. 그렇기에 ESG 경영은 수익을 추구하는 투자자와 실제 변화를 원하는 시민들에 의해 동시에 비판적으로 받아들여져야 한다.

1.3.1 ESG, 비판적인 수용 필요

"ESG와 그 거울 이미지인 이해관계자 자본주의 둘 다 취약한 개념적 토대를 기반으로 하고 있으므로, 적정수익을 추구하는 투자자와 실체적인 변화를 원하는 시민들에 의해 비판적으로 받아들여져야 한다." Financial Times에 실린 로버트 암스트롱의 언급은 시사하는 바가 크다.

1.3.2 기업에게 중요한 것은 실적

Danone의 CEO 파베르의 사례도 살펴보자. 그는 ESG활동은 잘했지만 기업실적이 좋지 않아 해임되었다. 이는 사회책임투자도 중요하지만 기업에게 우선 중요한 것은 실적이라는 것을 반증해준다.

1.3.3 본질적인 변화에 집중 필요

알렉스 에드먼스는 'ESG 파이코노믹스'라는 책에서 기업 스스로 성형적인 변화를 하기보다는 본질적인 변화에 집중해야 한다고 강조한다. 또한 사회적 가치에 방점을 둔 사업이 필요하며 이는 기업에게 장기적인 이익을 가져다 준다고 덧붙이고 있다.

1.4 ESG 경영의 필요성

ESG는 지속적으로 발전되고 있는 다이나믹한 영역이다. 지금까지 알려진 환경, 사회적 이슈에서 머물지 않고 이슈들이 계속 확대되면서 ESG 경영은 가속화될 전망이다. 따라서 기업들은 이제 ESG를 일시적 유행이 아니라 경영패러다임 변화의 핵심 개념으로 인식하고 있다.

1.4.1 ESG 경영에 대한 인식

일반인을 대상으로 한 설문조사에서 응답자들의 90%는 ESG 경영에 대한 중요성을 인식하고 있었다. 또한 500대 기업의 CEO 중 67%는 ESG 경영에 대해 많은 관심을 가지고 있는 것으로 나타났다.

1.4.2 중견기업의 ESG 경영 추진 동기

중견기업이 ESG 경영을 시도하는 이유는 고객의 요구에 대응(43%) 또는 규제에 대응(35%)하기 위한 것으로 조사되었다.

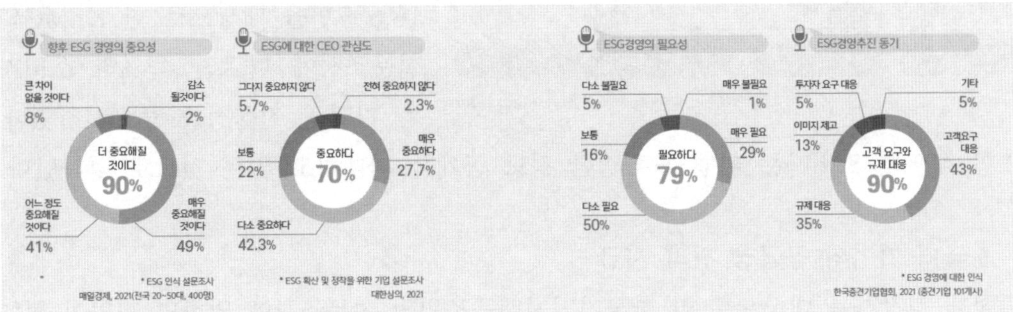

1.4.3 중견기업의 ESG 필요성

101개 중견기업을 대상으로 한 조사에서 응답자의 79%는 ESG 경영이 필요하다고 평가하였다. 특히 비상장사보다는 상장사가, 그리고 매출의 규모가 큰 기업일수록 필요성이 높다고 응답하였다.

1) 고객 · 소비자의 인식변화

ESG 경영체계로의 전환은 중소 · 중견기업들의 생존과 경쟁력 확보를 위한 필수 요소가 되었다. ESG 경영의 필요성은 무엇보다 고객과 소비자의 인식 변화에서 찾을 수 있다.

최근 소비 트렌드와 소비자 인식은 ESG 핵심요소를 갖춘 기업과 브랜드에 주목하기 시작하였고, 이는 실제 구매의사결정에도 영향을 주고 있다. B2B고객 또한 기존에는 제품 생산과 판매에 중점을 두었다면, 이제는 전체적인 밸류체인에 대한 관심이 높아지면서 ESG에 대한 기업의 책임과 요구가 커지고 있다.

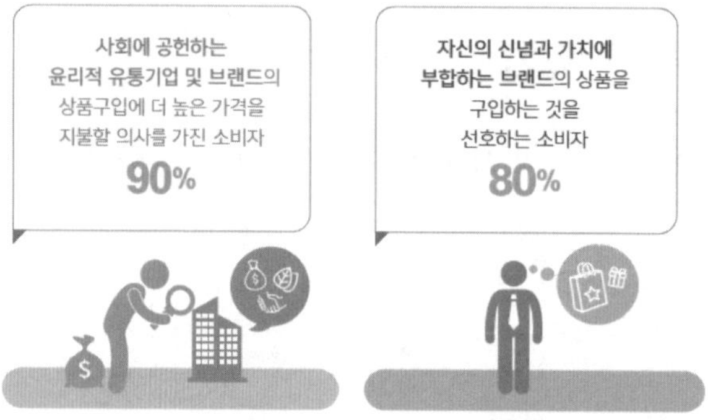

[자료출처] Me, my life, my wallet, KPMG International, 2021

▍소비자 우선순위의 변화

기업의 사회적 책임에 대한 소비자들의 민감도가 높아지면서 ESG 우수기업과 제품에 대한 고객의 로열티가 높아지고 있다. 16개국 18,657명을 대상으로 한 KPMG의 설문조사에 따르면 43%의 소비자는 기업의 진실성을 중요시하였다. 또한 40%의 소비자는 기업의 투명한 정보 공개를 기대하고 있는 것으로 나타났다.

▍국내 기업의 공급망 관리 시급

국내 상장사를 대상으로 한 한국기업지배구조원의 설문조사에 의하면 기업이 협력사에 대해서 ESG를 평가 · 실사하는 비율이 10%를 넘지 못하는 것으로 밝혀졌다. 반면 EU에서 추진하는 '공급망 실사 의무화 법안'과 같이 ESG 관리 범위는 공급망 전체로 확대되고 있다. 따라서 기업들은 공급망 내 협력사 관리역량을 개선하고 있으며,

동시에 중소 · 중견기업의 ESG 체계 구축은 가속화될 전망이다.

2) 정부 규제 강화

기업의 ESG에 대한 국제사회의 요구는 점점 높아지고 있다. 대표적인 것이 기후변화 이슈로서 탄소와 관련된 부분이다. 또 하나는 경영의 투명성에 관한 것으로서 ESG 정보공시에 대한 의무화와 규제 강화를 들 수 있다. 우리나라 정부에서도 세계적인 흐름에 발맞추어 관련 정책을 강화하고 있다. 따라서 이제 경영활동에 있어 ESG의 환경 · 사회적인 부분을 고려하지 않을 수 없다는 것이 공통적인 인식이다.

▮사회적 책임에 대한 요구

한국, EU, 미국 등을 중심으로 한 각국에서는 2050년까지 탄소중립 달성을 위한 관련 정책과 규제가 이루어지고 있다. 특히 탄소와 폐기물 등의 환경영향을 비롯하여 기업의 환경 및 사회적 책임에 대한 요구가 강화되고 있다.

▮경영 투명성에 대한 요구

우리나라도 경영 투명성이 강조되면서 ESG 정보공시가 단계적으로 의무화된다. 2025년부터는 자산총액 2조원 이상 기업, 2030년부터는 코스피의 모든 상장사가 대상이 된다. 향후에는 징벌적 손해배상, 중대재해처벌법, 집단소송제도 등이 일반화되고 확대될 수 있으므로 현재 규제를 받지 않는 중소 · 중견기업도 지금부터 적극적으로 관심을 가질 필요가 있다.

3) ESG 금융 확대

금융권에서는 재무와 비재무 리스크를 잘 관리하는 기업을 대상으로 투자와 여신활동을 하는 것이 리스크를 줄이는 방법이 될 수 있다. 또한 투자자는 기업의 사회적책

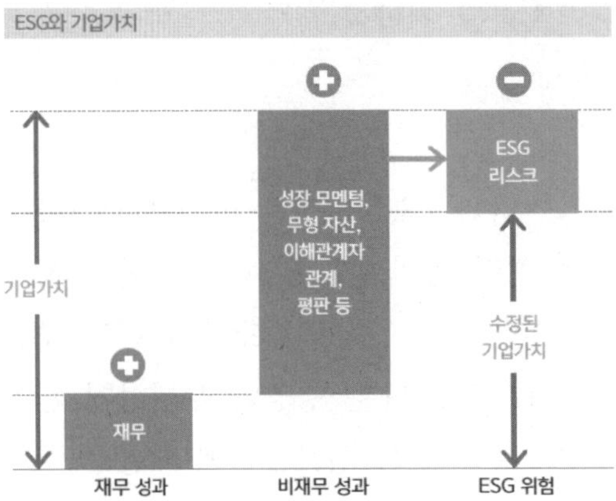

임(CSR)과 관련한 부정적 영향을 기업가치에 대한 리스크로 인식하여 투자 의사결정에 반영하게 된다. 반면 ESG 우수기업에게는 다양한 혜택을 줄 수밖에 없는데, 이는 금융권 역시 근본적으로 금융의 사회적 책임을 고려하고 있기 때문이다.

▌UN PRI(책임투자원칙) 서명기관 증가

UN PRI, 즉 기업의 ESG를 강화하는 투자원칙에 동의하고 서명하는 금융기관 수는 지속적으로 늘어나고 있다. 이는 투자자의 6대 책임투자원칙을 선정하고 원칙 준수, 효과 증진, 활동 보고에 대한 서명에 참여하는 방식이다. 서명기관은 ESG를 모든 투자 의사결정에 반영하며 주주권행사에 ESG 이슈를 활용하고 ESG 정보공개를 하게 된다. 2020년 서명기관은 3,038개, 운용자산 규모는 103조 달러에 달한다.

▌Opportunity & Risk

금융권에서는 중소·중견기업에게 패널티보다는 우선적으로 혜택 위주의 정책을 펼칠 것으로 보인다. ESG 우수기업의 경우 대출금리 우대, 신용한도 향상 등의 인센티브 혜택을 주지만, 반대로 기업의 ESG 성과에 따라 대출 제한 등의 리스크가 발생할 수 있다. 그러므로 중소·중견기업은 ESG 경영을 통해 경쟁력을 높이고 차별화된 가치를 창출할 수 있도록 준비해야 한다.

2. ESG 기업과 인권

2.1 ESG 기업과 인권의 의미

기업의 활동은 인권과 밀접한 관계를 맺고 있다. 기업은 국제적으로 인정되는 인권을 존중해야 하고, 인권 실사를 통해 기업운영과 활동이 이해관계자들에게 부정적 영향을 미치는 것을 예방하며, 인권침해가 발생했을 경우 적절한 구제를 제공해야 한다. 기업과 인권은 준법경영, 기업의 사회적 책임, 기업책임경영 등의 개념과 더불어 발전해 왔다.

2.1.1 ESG 기업활동과 인권의 관계

기업의 활동은 인권에 긍정적, 부정적 영향을 모두 미칠 수 있다. 기업의 부정적 인권 영향은 유발, 기여, 연관으로 구분할 수 있는데, 세계화에 따라 그 형태도 다양해지고 있다.

기업은 상품과 서비스를 생산하고, 고용을 통해 일자리를 만들며, 세금 납부를 통해 국가 재정에 기여하는 등 현대 사회에서 핵심적인 역할을 한다. 이를 통해 사회의 전반적 인권증진에 크게 기여하고 있다.

한편, 기업의 운영과 활동은 인권에 부정적 영향을 끼치기도 한다. 소비자 건강권 및 생명권 침해 등이 대표적이다. 기업에 의한 인권침해 유형은 유발, 기여, 연관으로 구분할 수 있다(아래 표 2-1 참조).

표 2-1 ▮ 기업에 의한 인권침해의 유형 및 사례

구분	정의	사례
인권침해 유발	기업이 직접 인권침해를 초래하는 경우	근로자들을 유해 화학물질에 노출시킴
		지속적으로 고객을 차별대우함
		공장의 폐수 배출로 인한 식수 오염
인권침해 기여	제3자에 의한 인권침해에 기업이 기여한 경우	고객 개인정보를 권위주의적 정부에 넘김으로써 반체제 인사 추적 및 탄압에 일조
		원청업체가 마감이 임박해 납품조건을 변경하여 하청업체가 근로기준을 위반함
		식품회사가 설탕 함량이 높은 음료를 제조, 판매함으로써 소아 비만을 유발
인권침해 연관	기업이 인권침해를 유발하거나 기여하지 않았지만, 인권침해와 사업관계로 연결된 경우	해외 하청업자가 아동노동을 이용함
		불법적 강제퇴거를 수행하는 개발업체에 대출을 제공함
		인신매매를 통해 인력을 조달한 의혹이 있는 회사와의 합작사업

자료: IBA 기업 변호사를 위한 기업과 인권 실무지침 14-15쪽 일부 인용

세계화에 따라 기업의 활동 범위가 넓어지고 영향력이 확대되면서, 인권에 대한 기업의 긍정적 기여도 증가한 반면, 기업에 의해 발생되는 인권 문제의 위험성과 심각성도 증가하고 있다. 특히 기업의 부정적 영향은 국경을 넘어 수많은 사람들의 삶에 영향을 미칠 수 있기 때문에 기업과 인권의 중요성이 더욱 부각되고 있다. 한편 기업과 인권을 통해 기업의 지속가능성도 확보할 수 있다는 의견도 있다.

2.1.2 ESG 기업과 인권의 정의

기업과 인권은 인권을 존중하는 기업문화를 만들기 위한 노력으로, 기업활동에 따른 부정적 인권영향을 방지·완화하는 것이 핵심이다. 기업과 인권은 국제적으로 널리 인정된 모든 인권을 존중하는 것을 목표로 삼는다.

기업과 인권은 인권정책선언, 인권리스크에 대한 실사, 인권침해 발생 시 적절한 구제의 제공을 핵심 내용으로 한다.

기업과 인권은 “국제인권규범을 근거로 기업 등에 의한 인권친화적인 경영활동으로서, 인권선언을 하고, 인권에 대한 영향평가를 통해 인권문제에 사전예방적으로 대처

하며 그 성과를 공개하고, 인권침해 피해자에게는 구제절차를 제공하는 것"으로 정의할 수 있다. 이 중 인권에 대한 영향평가를 통해 인권문제에 사전예방적으로 대처하며 그 성과를 공개하는 일련의 활동을 간단히 인권실사(human rights due diligence)라고 한다.

기업은 자신의 운영과 활동이 임직원, 협력업체, 지역주민, 소비자 등 기업 내·외부 이해관계자들의 인권에 부정적 영향을 초래하지 않도록 적극적으로 노력해야 한다. 동시에 사업관계에 있는 다른 기업을 통해 간접적인 방식으로 이해관계자들의 권리가 침해될 수 있다는 점도 유의해야 한다.

기업과 인권을 직접 다루고 있는 국제규범으로는 「UN 기업과 인권 이행원칙」, 「OECD 다국적기업 가이드라인」, ISO 26000 등이 있습니다. 이들 규범은 「세계인권선언」, 「시민·정치적 권리에 관한 규약」, 「경제·사회·문화적 권리에 관한 규약」, 「인종차별철폐협약」, 「여성차별철폐협약」, 「아동권리협약」, 「장애인권리협약」, 「이주노동자권리협약」 등 유엔의 인권 규범과 ILO의 노동 관련 핵심 원칙 등에 근거를 두고 있다. 따라서 기업과 인권을 수행하는 기업은 이러한 국제규범을 잘 숙지하는 것이 필요하다.

2.1.3 ESG 기업과 인권의 유사 개념

기업과 인권은 준법경영, 윤리경영, 기업의 사회적 책임, 기업책임경영 등의 개념과 깊은 관련을 맺고 발전해 왔다. 그러나 기업의 다양한 이해관계자들의 인권존중을 위해 국제 인권규범을 활용한다는 점에서 차별성이 있다.

준법경영은 기업활동 과정에서 각종 법률을 준수해야 한다는 것으로 기업과 인권의 출발점입니다. 그러나 법률은 최소한의 기준만을 제시하기 때문에 관련 법률을 준수했다는 것이 인권존중을 위한 모든 노력을 다했다는 것을 뜻하는 것은 아니다. 즉, 기업과 인권은 준법경영과 달리 법 이상의 기준을 도입하는 것을 말한다. 예컨대, 인권 기준이 낮은 국가에서 사업 활동을 한 경우 그 국가의 법률을 준수했지만 인권 침해로 간주되는 경우가 종종 있다.

윤리·청렴경영은 기업윤리 및 투명성을 강조하고 부패를 방지하는데 초점이 있지만, 기업과 인권은 다양한 이해관계자들의 인권존중이라는 포괄적 목표를 국제인권규범을 바탕으로 추구한다. 다만 많은 경우 부패는 인권문제라는 것도 고려할 필요가 있다. 예컨대, 부패는 다른 사람의 평등권을 침해하는 행위일 수 있다.

기업의 사회적 책임(CSR)은 기업이 다양한 이해관계자들의 입장을 고려한다는 점에서 기업과 인권에 중요한 실마리를 제공한다. CSR에 관한 국제표준인 ISO26000은 지배구조, 노동, 환경, 소비자 이슈, 공정거래 관행, 지역사회 참여와 함께 인권을 하나의 중요한 사회적 책임 영역으로 제시하고 있다. 일반적으로 CSR은 사회에 대한 기업의 적극적 기여를 강조하는 경향이 있지만, 기업과 인권은 부정적 인권 영향의 감소를 도모한다는 점에서 차이가 있다. 그렇기 때문에 기업과 인권은 CSR과 달리 그 핵심에 권리 담지자(rights-holder)가 있으며 피해자 구제의 중요성을 강조한다.

기업책임경영(responsible business conduct)은 「OECD 다국적기업 가이드라인」 및 「OECD 기업책임경영 매뉴얼」을 통해 정립된 국제사회의 표준 규범이다. 기업책임경영은 인권뿐만 아니라 정보, 환경, 반부패, 경쟁질서 등에 관한 기업활동 규범을 포함하고 있다. 기업책임경영은 실사의 한 유형으로 인권 실사를 포함함으로써, 기업과 인권을 기업책임경영의 축으로 설정하였다. 기업책임경영의 실제 운영과정을 고려할 때, 기업책임경영의 핵심은 기업과 인권이라고 해도 과언이 아니다.

지속가능발전목표(SDGs)는 UN이 채택한 지속가능한 발전을 위해 시행할 목표이다. 빈곤 종식, 건강한 삶, 양질의 교육, 성평등 등 총 17개 목표로 구성되며 기업들은 이러한 원칙을 참고하여 지속가능경영을 추진한다. 기업과 인권과 비교하여 보다 포괄적인 개념이라고 볼 수 있습니다.

2.2 ESG 기업과 인권의 필요성

기업과 인권은 인권을 존중 · 개선하고, 기업활동의 리스크를 관리하며, 전 세계적인 기업과 인권 확산에 대비하기 위해 도입할 필요가 있다.

2.2.1 ESG 기업의 인권존중 책임의 대두

인권의 존중은 사회 구성원으로서 기업의 기본적인 책무입니다. 사회에서 기업이 갖는 영향력이 매우 크기 때문에 기업에 의한 인권침해는 많은 사람들에게 회복하기 어려운 부정적 영향을 끼칠 수 있다.

인권은 전통적으로 개인의 자유를 침해하지 않아야 할 국가의 책임을 중심으로 이해 되었다. 국가에 대해 인간의 존엄한 삶에 필요한 조건을 보장해야 할 의무를 부과한 것이다. 그러나 최근에는 국가의 인권보호 의무와는 별도로, 기업이 독자적으로 인권존중 책임을 진다는 인식이 자리잡고 있다.

무역자유화, 규제완화, 그리고 민영화는 시장의 범위와 영향을 확장하면서 동시에 기업의 영향력을 확대시켰다. 이는 기업의 활동이나 사업관계에 의해 그 부정적 영향력도 훨씬 커진다는 것을 뜻한다. 바로 여기에서 기업과 인권이 하나의 대안으로 등장하였다. 기업은 기업의 인권존중 책임을 글로벌기업 시민의 책무로 받아들임으로써 부정적 영향을 줄이고 인권존중의 책임을 다할 수 있다.

기업의 인권존중 책임에 대한 인식이 확산되어 기업의 인권책임이 강조된다고 하더라도 국가의 인권보호 의무가 배제되거나 축소되는 것은 아니다.

2.2.2 ESG 기업의 인권리스크 관리

기업의 인권리스크가 적절히 관리되지 않는다면 인권침해로 이어질 수 있고 이는 기업 전체의 피해로 이어진다. 반면, 성공적인 인권리스크 관리는 기업 이미지 개선 및 사회책임투자 유치를 통해 기업 가치 증진으로 이어질 수 있다. 국내에서도 기업의 인권침해 사례가 늘어나면서 기업과 인권에 대한 관심이 높아지고 있다.

기업은 재무, 환경리스크 등 사업 과정에서 직면할 수 있는 잠재적 리스크에 대비한다. 인권리스크 역시 기업의 지속가능성에 대한 심각한 위협이 될 수 있으므로 주의 깊게 관리해야 하고. 기업이 인권침해 상황에 연루되면 법적 분쟁 과정에서 많은 비용이 들고, 소비자 및 투자자로부터 외면받게 되며, 매출 및 주가 하락으로 이어지기도 한다. 일단 인권을 침해한 기업이라는 이미지가 만들어지면 회복하기도 어렵지만, 이 과정에서 많은 비용이 발생합니다.

2018년 4월 12일 미국 필라델피아의 한 스타벅스 매장에서 매니저가 흑인 고객 두 명이 주문을 하지 않고 자리를 차지했다는 이유로 신고해 경찰에 체포되는 사건이 발생했습니다. 이 사건이 알려지며 인종차별 논란이 불거지자 스타벅스는 5월 29일 오후 8,000여개 미국 전체 직영 매장의 문을 닫고 175,000여명의 임직원에 대한 인종차별 예방교육을 실시했습니다. 휴업으로 인한 손실 금액은 약 80억원으로 추산된다.

반면 인권리스크 관리 체계를 성공적으로 정착시키고 운영한다면 분쟁 발생과 이미지 손상에 따른 막대한 비용지출을 막을 수 있다. 기업과 인권을 성공적으로 정착시킨 기업에서는 조직 문화의 변화로 임직원들의 만족도가 높아지고, 기업 이미지 개선을 통해 소비자들의 지지를 받을 수 있으며, 향상된 브랜드 가치를 활용해서 협력 회사 선정 및 인재 영입에서도 좋은 성과를 낼 수 있다.

2017년 미국 Cone Communications의 CSR 설문조사에 따르면, 응답자의 78%가 기업이 사회 정의와 관련된 문제들을 해결해야 한다고 답했고, 87%는 자신이 관심을 갖는 문제를 옹호하는 기업의 제품을 구입할 것이라고 답했다. 소비자들은 제품의 질과 가격뿐만 아니라 기업이 추구하는 가치에도 큰 관심을 갖고 있다.

사회책임투자의 확산으로 인해 인권을 존중하지 않는 기업은 투자 유치에 어려움을 겪기도 하고, 반면에 기업과 인권에 적극적인 기업은 매력적인 투자처로 인식되기도 한다. 기업과 인권의 확산은 기업에게 하나의 새로운 기회가 될 수 있다.

열대림 파괴와 선주민들과의 토지 분쟁 문제가 불거진 국내 모기업에 대해 세계적인 국부펀드인 노르웨이 정부 연기금(GPFG), 네덜란드 공적연금(ABP)은 투자를 철회하는 결정을 내렸다. 이 사례는 국내 기업들도 기업과 인권의 도입을 통해 인권리스크를 적극적으로 관리할 필요가 있다는 점을 일깨운다.

국내에서도 기업들이 인권침해에 연루되는 사례가 늘어나면서 소비자들의 기업과 인권에 대한 관심이 높아지고 있다. 대표적 사례로 가습기 살균제 사건은 소비자의 생명권·건강권에 대한 중대한 침해로 밝혀졌다. 기업 갑질 논란은 대표적 인권리스크로 인식되었고 향후 기업의 지속가능성에 큰 걸림돌이 될 것이라는 자성을 불러왔다.

2.2.3 ESG 기업과 인권의 제도화 준비

「UN 기업과 인권 이행원칙」의 도입 이후 두드러진 글로벌 기업 환경의 변화는 기업과 인권과 관련된 다양한 국제 기준이 발전하고 있다는 것이다. 주요 선진국들은 기업과 인권 법제화를 위해 노력하고 있고, 국내에서도 기업과 인권을 도입하기 위한 정책적 노력이 강화되고 있다.

1990년대 이후 세계화의 심화와 다국적 기업의 영향력 확대에 따라 기업이 져야 할 인권 책임에 대한 논의가 등장하기 시작했다. 특히 아동노동 및 강제노동, 열악한 노동환경, 강제이주 등 글로벌 기업이 인권을 침해하는 유형과 사례들이 알려지면서 기업활동에 대한 적절한 규제가 필요하다는 목소리가 커졌다.

기업 역시 「세계인권선언」, 「시민 · 정치적 권리에 관한 국제규약」, 「경제 · 사회 · 문화적 권리에 관한 국제규약」 등 기존의 국제인권규범을 인지하고 준수해야 한다는 요구가 커졌다. ILO의 「노동에서의 기본적 원칙과 권리에 관한 국제노동기구 선언」, 「다국적 기업과 사회정책에 관한 3자 선언」을 준수하여 노동권을 보호하고 고용을 확대해야 한다는 요구도 나왔다. OECD는 「다국적기업 가이드 라인」, 「인권실사 지침서」를 통해 기업과 인권의 도입을 촉구했다.

기업 · 협회나 각국 정부들은 산업체별로 자발적 규범을 제정하여 기업들에게 기업과 인권을 요구하고 있다. 예컨대, 전자산업, 금융산업, 채굴산업은 인권존중을 목적으로 하는 여러 종류의 규범을 가지고 있다. 이들 규범은 상당 정도 기업의 자발성에 의존한다고 하지만, 사실상 많은 기업에게 사실상의 강한 규범력을 행사하고 있다.

2011년 「UN 기업과 인권 이행원칙」이 각국 정부, 기업, 시민사회, 국제기구 등에 의하여 광범위하게 수용되면서 기업과 인권에 관한 표준적 국제규범으로 정착되었다. OECD도 기업과 인권에 관한 많은 지침을 생산하였다. EU도 여러 기업과 인권 관련 연성규범을 생산하였을 뿐만 아니라, 일정 규모 이상의 기업에게는 인권을 포함한 비재무정보의 공개를 의무화하는 규정을 운영하고 있다. 또한 EU는 회원국의 인권실사 의무화를 촉진하는 정책을 추진하고 있다.

주요국에서는 위 이행원칙 채택 이후 기업과 인권과 관련된 법률이 제정되고 있는 추세이다. 영국과 호주의 현대판 노예방지법, 미국의 도드프랭크법, 네덜란드 아동노동실사법 및 스위스 민사의무법(개정안)은 특정 인권문제에서의 실사를 의무화하였고. 프랑스의 실사법, 노르웨이의 투명성법, 독일의 공급망 실사법에서는 전면적인 인권실사를 의무화하였습니다.

영국 현대판 노예방지법(Modern Slavery Act, 2015)은 영국 내에서의 현대적 노예를 전면적으로 금지하고 이 법을 위반한 기업과 개인에 대해서는 강력하게 처벌한다. 다만 해외 공급망에서 발생하는 현대적 노예에 대해서는 기업이 이를 방지하기 위한 실사를 시행하고 그 결과를 공지하도록 의무화하였다.

프랑스 실사법(La loi du 27 mars 2017 relative au devoir de vigilance des societes meres et des entreprises donneuses d'ordre, 2017)은 일정 규모 이상의 기업에게 인권 및 환경에 관한 실사계획을 수립하고 그것을 효과적으로 이행할 의무를 부과한다. 기업은 매년 실사계획과 이행 성과를 공시해야 합니다. 만약 기업이 이를 이행하지 않으면 이해관계자는 법원에 독촉명령을 신청할 수 있고, 실사의 불이행으로 인한 손해배상이 발생한 경우 피해자는 손해배상을 청구할 수 있도록 하였다.

노르웨이 투명성법(Lov om virksomheters apenhet og arbeid med grunnleggende menneskerettigheter og anstendige arbeidsforhold(apenhetsloven), 2021)은 일정규모 이상의 기업에게 자신과 공급망의 인권, 노동, 환경에 관한 실사 의무를 부과하고 이를 공지하도록 하였다. 또 기업에게 관련 정보를 추가적으로 요청하는 정보접근권을 모든 사람에게 부여하였다. 실사 의무를 위반하거나 정보접근권을 보장하지 않는 기업에게는 벌금을 부과한다.

독일 공급망 실사법(Gesetz uber die unternehmerischen Sorgfaltspflichten in Lieferketten, 2021)은 일정규모 이상의 기업에게 환경 및 인권실사의무를 부과하고 실사보고서를 공개할 의무를 부과한다. 기업이 제출한 보고서는 정부가 취합하여 그 적절성을 검토하고 필요한 경우 보고서의 개선 혹은 기업행태의 개선을 명령할 수 있도록 하였다. 법 위반에 대한 강력한 제재의 내용도 담고 있다.

EU의 회원국에서 실사 의무화 법제가 도입되는 것과 별도로 EU 차원에서 인권실사를 의무화하는 법제를 추진하고 있다. 이는 모든 회원국에서 공히 실사를 의무화함으로써 역내에 공정한 시장질서를 만들겠다는 의도를 반영한 것이다. 다만 EU에서 사용하는 목재나 분쟁광물에 대해서는 이미 관련 기업에게 실사 의무를 부과하고 있다.

글로벌 기업들은 기업과 인권의 확산에 따라 기업의 전반적인 활동에 이를 적극적으로 도입하고 있다. 따라서 해외 시장에 대한 의존 비중이 높은 국내 대기업뿐 아니라 중소기업 역시 중장기적인 가치창출이라는 관점에서 기업과 인권을 도입할 필요가 있다.

기업과 인권 도입과 관련된 글로벌 공급망 차원의 압력은 국내 기업에도 시급한 현안으로 등장하고 있다. 대한상공회의소 산하 지속가능경영원이 국내 수출기업 120여 개 사를 대상으로 한 조사 결과, 과반수의 수출기업이 해외 기업에 대한 공급과정에서 사회적 책임 이행 수준에 대한 평가를 받았고, 좋지 않은 평가를 받아 거래가 중단되는 등의 불이익을 받은 기업도 있는 것으로 나타났다. 선진국에서는 기업과 인권이 정착되고 있는 단계라는 점을 고려할 때 추후 국내 기업이 글로벌 공급망을 통해 받게 될 압력은 점차 커질 것으로 예상된다.

국내에서도 기업과 인권 도입을 독려하는 정부 차원의 노력이 가시화되고 있고, 국가인권위원회는 「공공기관 인권경영 가이드라인 및 체크리스트 적용 권고(2014)」, 「공공기관 경영평가 제도개선 권고(2016)」, 「기업과 인권 NAP 수립 권고(2016)」 등을 통해 공공기관의 기업과 인권 체계 도입을 촉구한 바 있다.

이후 공공기관을 중심으로 기업과 인권이 빠른 속도로 제도화되고 있고, 우선, 「제3차 국가인권정책기본계획(2018-2022)」에 기업과 인권 관련 내용이 포함되었다. 또한, 모든 정부 부처 및 광역지방자치단체의 산하기관 경영평가에 "인권경영" 점검 지표가 포함되었고, 860개 공공기관이 "인권경영" 실행계획을 수립하였다. 행정안전부도 「2019년 지방공기업 경영평가 편람」에 "인권경영" 관련 지표를 신설하여 평가에 반영하겠다고 공표했다.

2016년 구의역 스크린도어 사망 사고를 계기로 하청 노동자의 산업재해 예방을 위한 원청 사업주의 책임을 강화한 '김용균법'(산업안전보건법 개정안)이 만들어졌으며 2019년에는 직장 내 괴롭힘 방지를 위한 '양진호 방지법'(근로기준법 및 산업재해보상보험법 개정안)이 만들어졌다. 기업과 인권을 도입하고 강화하는데 바탕이 되는 법률들이다.

2.3 산업별 인권현황

기업은 산업의 상황 및 특성을 고려하여 그 산업에 적합한 인권실사를 실시할 필요가 있다. 모든 기업은 인권에 대한 부정적 영향을 예방하기 위하여 기본적으로 기업과 인권 체계 구축, 고용상의 비차별, 결사 및 단체교섭의 자유 보장, 강제노동의 금지, 아동노동의 금지, 산업안전 보장, 직장 내 괴롭힘 방지, 책임 있는 공급망 관리, 현지주민의 인권보호, 환경권 보장, 소비자 보호 등과 같은 영역을 중심으로 인권실사를 시행해야 한다.

그러나 산업의 특성에 따라 다양한 인권침해가 발생할 수 있으므로, 기업은 그 산업의 특성에 따라 더 흔히 발생할 수 있는 인권리스크에 대해서는 각별히 주의해야 한다. 그리고 한 산업에서도 세부 업종 특성에 따라 많은 편차가 존재하므로, 인권실사를 통해 자사 기업에 가장 맞는 선택과 집중이 필요하고 기업들은 각 산업의 특성에 따라 인권이슈가 다르게 발생할 수 있다는 점을 감안하여 각 산업에 적합한 인권실사를 시행할 필요가 있다.

2.3.1 제조업

제조업은 자동차, 항공, 의류, 전기, 식품 유통 등의 새로운 제품을 생산하는 모든 과정을 의미하며, 노동자의 인권 및 안전과 환경 문제 등에 유의해야 한다. 주요 인권 이슈는 아래와 같다.

▮주요 인권 이슈

- 노동자의 안전 및 보건 문제
- 강제노동 및 아동인권
- 해외 생산공장에서의 노동 문제
- 책임 있는 공급망 관리
- 제품 책임 관리, 소비자 안전 및 건강
- 환경 및 지역사회에의 영향 등

▮주요 인권 실사 영역

노동자 보건 및 안전: OECD 한국연락사무소(NCP)에 제소된 대부분의 사건은 제조업에서 발생하였고, 노동조합의 권리 보장, 공정임금 지급, 부당한 해고, 유해한 화학물질 사용 문제, 해외 생산공장에서의 노동 문제와 해외 노동 법령 준수 등이 문제 되었다는 점에서 이 부분에 대한 인권실사는 더 강화되어야 할 것이다. 노동자의 안전과 환경에 미치는 영향을 평가하여 노동자가 안전하고 위생적인 작업환경에서 근무할 수 있도록 해야 한다.

강제노동 및 아동인권: 노동자의 정신상 또는 신체상의 피해, 의무적 초과노동의 실시, 빚을 담보로 한 노역과 같은 강제노동 등과 같은 인권침해를 하지 않도록 유의해야 한다. 또한, 반드시 먼저 나이를 확인한 후에 고용하도록 하는 등 아동노동에 대한 평가도 실시해야 한다.

공급망 관리: 공급망에서 강제노동 및 아동인권 문제가 발생하는지 평가하고 관리해야 한다. 기업은 자신이 직접 인권침해한 것에 대해서만 책임지는 것이 아니고, 자신의 영향력 범위 내에 있는 공급업자, 하청업자, 자회사 기타 주요 협력회사에 대해서도

인권 리스크를 관리하여야 한다. 그러므로 해당 기업은 협력회사 등에 기업과 인권을 요구할 수 있고 모니터링도 실시할 수 있다. 만약 이러한 인권침해가 감지되면 공급망과의 거래를 중지하는 등 필요한 조치를 취할 수 있다.

해외 자회사, 협력업체 및 공급망 관리: 한국 제조업체는 해외에 자회사, 합작회사, 해외법인 및 생산공장을 두고 있는 경우가 흔하기 때문에 해외 생산 과정에서 발생할 수 있는 여러 노동, 보건, 안전 문제와 공급망 문제에 대해서도 유의할 필요가 있다. 해외에서 활동하고 있는 한국의 제조업체는 기본적으로 현지국의 국내법을 따라야 하지만, 현지법이 국제 표준에 부합하지 않을 수 있으므로 모든 해외 활동이 국제 표준에 따를 수 있도록 충분한 모니터링을 실시할 필요가 있다.

나이키(Nike)에 따르면, 나이키는 공급망에서 발생할 수 있는 강제노동을 예방하기 위하여 책임 있는 채용 정책(Responsible Recruitment Policy)을 도입하였습니다. 즉, 취업 또는 알선 업체에서 노동자를 상대로 채용 수수료(recruitment fee)를 요구하는 것을 금지하고 있으며, 고용자가 전적으로 모든 수수료를 부담하도록 하고 있다.

2.3.2 건설업

건설업은 사회기반 시설을 마련하기 위한 다양한 생산, 건설 활동을 포괄하는 것으로서 노동자의 인권 및 안전과 환경 문제 등에 유의해야 합니다. 주요 인권 이슈는 아래와 같다.

▮주요 인권 이슈

- 건설 과정에서의 노동자 안전 및 보건관리
- 선주민 지역사회 및 전통적인 생계 보전 문제
- 선주민의 강제이주 및 재정착 문제
- 이주민 인권
- 환경 및 지역사회에의 영향

▮주요 인권 실사 영역

노동자의 안전 및 보건 관리: 노동자의 안전 및 보건 문제는 건설업에서 적법한 절차의 부재와 불충분한 리스크 평가와 관리 등으로 인해 가장 심각하게 나타난다는 점에서 더 유의해야 하는 영역입니다. 안전 설비를 설치하고, 적합한 안전 교육을 실시하는 등 산업안전보건법을 포함한 관련 안전 법령을 준수할 수 있도록 철저한 평가 및 모니터링을 실시해야 한다.

환경 및 지역사회에 대한 영향: 건설업은 토지 사용과 유해물질의 배출로 인해 지역사회 주민의 생존권, 건강권, 주거권, 교육권 등에 영향을 미칠 수 있다. 그러므로 그 영향을 측정할 수 있는 지표를 개발하여 인권리스크를 최소화하고 예방할 필요가 있다.

2.3.3 제약 및 화학 산업

제약 및 화학 산업은 허가된 의약품을 개발, 생산, 판매하는 과정을 모두 포괄하며, 건강과 안전에 초래할 수 있는 위험을 진단하고 인권에 미칠 수 있는 부정적 영향을 사전에 예방할 필요가 있다. 주요 인권 이슈는 아래와 같다.

▌주요 인권 이슈

- 약에 대한 접근성
- 노동자 안전 및 보건관리 문제
- 책임 있는 공급망 관리
- 생물 다양성
- 물 관리
- 환경 문제
- 소비자 안전 및 건강
- 원자재 소싱(sourcing)으로 인한 지역사회에의 영향 등

▌주요 인권 실사 영역

위험물질 사용 관련 건강권 · 보건권 · 안전권: 상품이 소비자 및 노동자의 건강과 보건에 부정적 영향을 미치는지에 대한 실사를 실시해야 한다. 특히, 가습기 살균제 사건에서와 같이 소비자의 생명권에 위협이 되는지 평가한다.

약에 대한 접근성: 소수자 및 취약계층에 대한 약의 접근이 보장되는지 평가해야 합니다. 특히, 개도국에서는 약에 대한 접근성이 매우 낮다는 점을 감안하여, 개도국에서의 인권실사를 강화할 필요가 있다.

바스프(BASF)의 공식입장에 따르면, 2011년부터 지속가능경영전략을 수립해 "인권경영"을 추진하고 있습니다. 최고경영진에 지속가능이사를 선임하고, 지속가능전략부서에서 "인권경영"을 전담하고 있다. 또한, 모든 부서에 "인권경영" 실무자를 배치해 각 사업 단계에서 인권침해 요소가 있는지 판단하고 있다.

책임 있는 관리 경영시스템을 도입하여 모든 이해관계자들의 안전이 보장될 수 있도록 연구와 생산과정에서 발생할 수 있는 모든 인권 리스크를 평가하고 있으며, 지역주민에게 미치는 영향도 함께 검토한다. 지속적인 모니터링을 통해 실사 과정이 국제기준에 부합할 수 있도록 하고 있으며, 협력사와의 계약이 체결될 때 인권을 필수요소로 포함하고 있다.

2.3.4 정보와 통신기술 산업

정보와 통신기술은 정보의 생산, 가공, 처리 제공 등을 효율적으로 수행하기 위하여 통신기술을 이용하는 산업으로서 사생활의 비밀과 자유 및 차별 문제 등에 유의해야 합니다. 주요 인권 이슈는 아래와 같다.

▎주요 인권 이슈

- 사생활의 비밀과 자유 및 개인 데이터 보호
- 표현의 자유 및 차별 문제
- 자동화로 인한 노동권 침해
- 접근성의 문제 등

▎주요 인권 실사 영역

사생활의 비밀과 자유, 개인 데이터 보호 및 표현의 자유: 정부에서 특정 개인의 데이터를 요청하거나 특정 데이터 또는 내용을 제거할 것을 요청하는 경우에 발생할 수 있는 인권에 대한 부정적 영향을 평가할 필요가 있습니다. 정부의 요청에 응하는 것이 법률상 불가피한 경우를 제외하고는 인권침해 발생을 최소화할 수 있도록 내부적인 지침 또는 규정을 마련해야 할 것이며, 이러한 기업의 정책방향을 이해관계자와 공유해야 한다.

접근성: 정보와 통신기술에 대한 접근이 모든 개인에게 동등하게 보장되는지 평가합니다. 특히, 장애인 또는 다른 취약 계층의 접근성이 보장되는지 파악할 필요가 있다.

개인정보자기결정권: 기업활동 과정에서 개인정보를 포함한 데이터를 수집, 이용 또는 제3자에게 이전할 경우, 개인정보의 주체인 고객 등의 권리가 충분히 보장되었는지 평가할 필요가 있다. 정보주체가 개인정보 수집 목적을 충분히 설명 받은 뒤 개인정보 수집에 동의할 수 있도록 보장하였는지, 정보주체가 자신의 개인정보가 어떠한 목적에 실제로 활용되었는지 알 수 있도록 조치하였는지 등을 모니터링하고, 개인정보자기결정권의 침해를 예방 및 구제할 수 있는 체계를 마련해야 한다.

2.3.5 금융업

금융업은 자금의 융통 및 공급을 행하는 모든 영리사업을 포괄하는 것으로서 지속적이고 책임있는 대출 기준을 토대로 환경 및 사회적 거버넌스 요소를 고려해야 한다. 주요 인권 이슈는 아래와 같다.

▮주요 인권 이슈

- 환경적, 사회적 거버넌스적 요소
- 지속적이고 책임 있는 대출 기준
- 부패와 뇌물 등

▮주요 인권 실사 영역

대출 과정에서의 인권리스크 관리: 대출 과정에서 발생할 수 있는 인권리스크를 관리할 필요가 있습니다. 고객의 인종, 종교 및 성별에 따른 차별행위가 발생할 수 있고 취약계층에 대한 부당한 대출이 이뤄질 수도 있습니다. 또한, 대출 서비스를 제공하는 과정에서 고객의 사회 및 환경에도 여러 영향을 미칠 수 있으므로 이와 관련된 모든 인권리스크(가령, 해당 자금으로 추진하는 사업에 인권침해 요소가 있는지 여부)를 평가할 필요가 있다.

대출 계약서 상 대출 조건의 하나로 기업과 인권 준수 등을 진술과 보증(representations and warranties) 항목에 포함시켜, 기업과 인권 위반 시 기한이익 상실 또는 추가 대출 제한 등의 효과를 설정할 수 있다.

부패 및 뇌물 방지 관리: 국제 반부패 및 뇌물 방지 기준에 부합할 수 있도록 관리해야 한다. 부패는 특히 취약계층의 인권에 심각한 영향을 미칠 수 있다. 취약계층의 복지 및 교육에 사용되어야 할 자금이 잘못 전달되고, 민주주의 절차에 참여하는 것을 방지할 수도 있다. 그러므로 금융 산업에서는 부패에 연루되지 않도록 투명하고 책임 있는 시스템을 구축할 수 있도록 관련 영향평가를 실시해야 한다.

2.3.6 채굴 및 에너지 산업

채굴 및 에너지 산업에서 활동하는 기업은 개도국 진출 시 해당 국가의 인권상황을 고려하여 여러 인권, 사회적 및 환경적 영향 등에 대해 유의해야 한다. 주요 인권 이슈는 아래와 같다.

▮주요 인권 이슈

- 지역의 경제, 사회 및 노동 리스크
- 선주민의 강제이주 및 재정착 문제
- 노동자 안전 및 보건관리 문제
- 강제노동 및 아동 인권
- 책임 있는 공급망 관리
- 이주민 인권
- 부패와 뇌물
- 환경 문제
- 선주민 지역사회 및 전통적인 생계 보전 문제 등

▮주요 인권 실사 영역

지역에 대한 사회 및 환경 영향: 기업은 미개척된 원자재 개발 및 채취 사업지에 진출하는 과정에서 그 지역에 다양한 사회 및 환경적 영향을 줄 수 있으므로 그 영향을 측정할 수 있는 지표를 개발하여 인권 리스크를 최소화하고 예방할 필요가 있다. 특히, 지역 환경과 주민의 안전, 보건, 식량 및 경제활동에 미치는 영향에 대한 평가와 더불어, 지역의 문화 보전 및 생물의 다양성 문제도 함께 고려해 볼 수 있다.

선주민의 재정착 및 보상 관리: 선주민들이 전통적으로 소유해 온 지역에서 기업활동을 하면 선주민의 생존권과 경제적 활동과 관련된 문제에 직면할 수 있다. 따라서, 기업은 실질적인 기업활동을 시작하기에 앞서 사회적 사업 허가(social license to operate)를 획득할 수 있도록 해야 하며, 기업활동이 선주민의 재정착 및 보상 문제에 어떠한 영향을 미치는지 파악할 필요가 있다.

공급망 관리: 공급망에서 강제노동 및 아동 인권관련 문제가 발생하는지 평가하고 관리해야 한다. 기업은 자신이 직접 인권침해한 것에 대해서만 책임지는 것이 아니고, 자신의 영향력 범위 내에 있는 공급업자, 하청업자, 자회사 기타 주요 협력회사에 대해서도 인권리스크를 관리하여야 한다. 그러므로 해당 기업은 인권보호 의무를 요구할 수 있고 모니터링도 실시할 수 있다. 만약 이러한 인권침해가 감지되면 공급망과의 거래를 중지하는 등 필요한 조치를 취할 수 있다. 미국은 분쟁 광물 관련 법령 등에서 주요 수출대상국의 공급망에서 강제노동 및 아동 인권관련 문제를 예방하기 위한 규제를 두고 있고, 이와 같은 규제는 국제적으로 확산 될 것으로 예상된다.

한국 기업들이 실제로 개도국에서의 채굴 산업 활동 과정에서 강제노동 및 선주민의 재정착 문제 등에 연루되어 OECD 한국연락사무소(NCP)에 진정이 제기된 사례가 있다는 점을 감안하여 해외에서도 체계적으로 영향평가를 실시할 필요가 있습니다. 특히, 권위주의적 정권이 통치하는 국가에서 활동하면 인권리스크는 높아지므로 직원들에 대한 인권교육을 강화하고, 지역 주민과의 대화 등을 통해 충분한 피드백을 받아야 한다.

2.3.7 농업

농업은 토지를 이용한 모든 생산 활동을 의미하며, 노동자의 인권 및 안전과 환경 문제 등에 유의해야 한다. 주요 인권 이슈는 아래와 같다.

▌주요 인권 이슈

- 현대판 노예제도 및 인신매매
- 강제노동 및 아동 인권
- 노동자 인권 및 보건 상태
- 이주민 인권
- 책임 있는 공급망 관리
- 물 관련 인권보호
- 선주민의 강제 이주 문제
- 선주민 지역사회 및 전통적인 생계 보전 문제 등

▌주요 인권 실사 영역

노동자 인권: 농업은 상당한 노동력을 요구하고 계절에 민감한 산업이기 때문에 노동자를 위한 보호 또는 혜택이 보장되지 않는 단기계약이 체결될 가능성이 높다. 또한, 취업 또는 알선업체에 의하여 고용되는 경우가 빈번하므로 인권침해에 노출될 위험이 더 높아진다. 이러한 점을 감안하여 노동자의 안전과 환경에 미치는 영향을 평가하여 노동자가 안전하고 위생적인 작업환경에서 근무하고 공정한 대우를 받을 수 있도록 해야 한다.

현대판 노예제도 및 인신매매: 노동자의 정신상 또는 신체상의 피해, 의무적 초과노동의 실시, 빚을 담보로 한 노역과 같은 현대판 노예제도 또는 인신매매 행위와 같은 인권침해를 야기하지 않도록 관련 지표를 준비하고 그 영향을 평가한다.

아동인권: ILO에 의하면, 세계적으로 아동노동의 60%는 농업에서 발생한다고 한다. 특히, 개도국에서는 아동노동에 의존하여 생계를 유지하는 경우가 상당하므로 해외 플랜테이션 농장에서 아동 인권침해가 발생할 가능성은 더 높아진다. 불법적인 아동노동이 이뤄지지 않도록 먼저 나이를 확인한 후에 고용하도록 하고, 아동노동 현황에 대한 평가를 실시해야 한다.

선주민 지역사회 및 전통적인 생계 보전: 농업 과정에서 선주민과 그 지역에 여러 사회 및 환경적 영향을 줄 수 있으므로 그 영향을 측정할 수 있는 지표를 개발하여 인권리스크를 최소화하고 예방할 필요가 있다. 특히, 지역 환경과 주민의 안전, 보건, 식량 및 경제활동에 미치는 영향에 대한 평가와 더불어, 지역의 문화보전 및 생물의 다양성 문제도 함께 고려해볼 수 있다.

2.3.8 어업

어업은 포획, 양식, 내수면 어업 활동 등을 모두 포괄하며, 공급망에서 발생하는 인신매매, 현대판 노예제도 및 아동인권 문제 등에 대해 유의해야 한다. 주요 인권 이는 아래와 같다.

▌주요 인권 이슈

- 현대판 노예제도 및 인신매매
- 강제노동 및 아동 인권
- 이주자 인권 및 보건 상태

- 선주민 지역사회 및 전통적인 생계 보전 문제
- 책임 있는 공급망 관리
- 해적 행위로 인한 인권침해 등

▮주요 인권 실사 영역

현대판 노예제도 및 인신매매 영향평가: 어업노동자들의 인권을 보장할 수 있는 제도적 장치가 부족하기 때문에 강제노동, 인신매매 및 아동인권 등과 같은 인권침해 위험에 노출될 가능성이 높다. 그러므로 기업 측에서 이와 관련된 지표를 설계 및 개발하여 적극적으로 관련 인권침해가 발생할 위험이 있는지 파악해야 한다.

공급망의 투명성 평가: 강제노동, 인신매매 및 아동인권 문제는 공급망에서 주로 발생하므로 해당 기업은 공급망이 얼마나 투명하게 운영되고 있는지 평가해야 하고 채무노역에 관여하는 조직이나 업체에서 인력을 공급받지 않도록 하는 등 투명하게 운영될 수 있도록 해야 한다. 만약 이러한 인권침해가 감지되면 공급망과의 거래를 중지하는 등 필요한 조치를 취해야 한다.

태국 어업 기업인 타이 유니언(Thai Union)에 의하면, 타이 유니언은 윤리적 이주고용 정책(ethical migrant recruitment policy)을 실행하여 노동자는 공식적으로 승인되거나 등록된 제3의 공급자(알선 및 관리업 등)로부터만 고용함으로써 투명성을 제고하고 있다.

2.3.9 사업 유형에 따른 유의사항

기업과 소비자 간 거래(B2C: Business to consumer): 고객에 기반을 둔 사업 형태에서는 소비자 인권보호와 윤리적 소비(ethical consumerism) 문제에 특히 유의해야 한다.

기업과 기업 간 거래(B2B: Business to business): 다른 기업을 상대로 사업을 하는 경우에는 공급망 관리에 유의해야 하고, 원자재를 공급받는 과정에서 발생할 수 있는 인권침해가 그 예가 될 수 있다.

기업과 정부 간 거래(B2G: Business to government): 기업과 정부 간 거래 과정에서 저가 입찰로 인해 노동자의 인권에 부정적인 영향을 미칠 수 있으므로 노동 인권 보호에 유의해야 하며, 대규모 건설 사업 과정에서 발생할 수 있는 지역주민에 대한 인권 리스크도 검토할 필요가 있다.

3. ESG의 국내외 법률과 리스크 관리

3.1 기업과 법의 변화

ESG가 대세로 자리잡으면서 소비자의 요구는 정책과 규제를 변화시키고 이와 함께 투자의 기준도 바뀌고 있다. 결국 소비자, 정부, 투자자의 압력이 기업의 변화를 이끌어내고 있는 것이다. 여기에 중소·중견기업의 경우는 거래 상대방이 되는 대기업의 ESG요구까지 수용해야 하는 위치에 놓이게 되어 이제 전방위적인 ESG 압력에 대처할 준비를 하여야 한다.

3.1.1 기업 투자의 변화

글로벌 기업과 투자회사들은 ESG 기준에 미달되는 기업들을 자사 공급망이나 투자대상에서 배제하기 시작하였다. '삼림파괴'를 이유로 원자재 공급업체를 공급망에서 제외하는 사례, 연기금펀드가 노동문제를 지적받고 있는 기업에 대한 투자를 거부하는 사례 등 ESG를 통해 거래구조와 투자기준이 바뀌는 사례들이 일반화되는 추세이다.

3.1.2 법의 변화

ESG는 법률 등을 통해 빠르게 제도화되고 있다. 프랑스는 기업에 대해 인권, 건강, 안전, 환경 등의 위험 요소, 즉 ESG평가를 의무화하는 법률을 제정하였다. 또한 영국은 삼림파괴 행위로 수집된 원목을 수입하지 못하도록, 공급망에 대한 관리·감독 의무를 부과하는 환경법안의 입법을 추진하고 있다.

3.2 해외 ESG 소송사례

기업의 대표적인 법률 리스크는 소송이다. ESG에 관한 실제 소송사례를 확인해보면 법률 이슈에 대한 로드맵을 만드는 데 큰 도움이 된다. 소송사례를 살펴볼 때는 소송의 단서, 즉 소송이 어디에서 비롯되었는지, 그리고 ESG 법률 리스크가 다른 법률 리스크와 어떤 점에서 다른지에 주목해야 한다.

3.2.1 소송 · 분쟁 사례(환경분야)

1) 허위 과장 광고에 대한 소비자집단 소송

GMO식용유를 100% 천연 식용유인 것처럼 광고하여 소비자를 속였다고 주장하며 소비자들이 소송 제기한 사례가 있다. 이런 류의 분쟁은 기업의 신뢰에 직접적인 타격을 입히고, 또 장기간 지속되는 경향이 있다.

2) 공급업체 소속 노동자의 인권실태 표시

원재료 공급업체가 노예 노동 또는 아동 착취 등을 통해 원재료를 생산했을 가능성에 대해, 이를 제품에 표시하지 않았다는 이유로 소비자가 집단소송을 제기한 사례가 있다. 기업이 원재료 공급업체의 ESG 준수 여부에까지 책임이 확대될 수 있다는 점을 보여준다.

3) 이해관계자들의 인권 및 관련 국제관습법상 청구권

이해관계자 환경단체 및 17,000명의 시민들은 정유회사 Shell이 탄소를 과도하게 배출하여 자신들의 유럽인권조약(ECHR) 제2조(생명권), 제8조(개인생활권)를 침해하였다고 모회사의 책임 있다는 주장하으로 쉘의 주의의무(duty of care) 위반주장, 기후 협약 및 국제적 논의에 비추어 예견 가능성과 인과관계가 인정됨에도 불구하고 기후변화 대응에 부족한 정책과 네덜란드 민법제6조 162항(unwritten law에 따른 권리침해방지 의무)에 위반 하였다고 한다. 기업의 항변으로는 Shell은 탄소배출한도를 지키지 않는 행위에 대한 법적근거가 없어 위법이 아니라고 항변한다. 그러나 네멜란드 헤이그 법원 판결은 2021년 5월 Shell의 주의의무 위반 인정 2030년까지 자회사의 탄소배출량을 2019년 대비 45% 저감을 명령한다.

3.2.2 소송 · 분쟁 사례(사회분야)

1) 사내 행동 · 윤리강령

사내 성적 차별과 성희롱 문제에 대해 워싱턴 포스트지에서 보도하였다. 기업이 행동강령, 윤리강령을 준수하거나 집행에 의지를 보여주지 않았다면 법적 책임의 단서가 될 수 있다는 점을 알 수 있다.

2) 페루 농부와 전기생산회사와의 분쟁

전기생산 회사의 배출가스가 거주지 인근 산의 빙하를 녹이는 원인이 되었다는 이유로 한 농부가 수해 대비 비용을 지급하라는 소송을 제기한 사례가 있다. 인과관계가 분명하지 않은 환경문제에도 소송이 빈발할 수 있는 가능성을 보여준다.

3) 자회사의 ESG 준수 여부에 대한 모회사의 책임

글로벌기업의 아프리카 소재 자회사가 원유 유출, 토양오염 등 불법행위를 통해 환경피해를 야기하였다며, 지역 주민들이 모회사를 상대로 소송을 제기한 사례가 있다. 모회사의 책임 범위에 관한 시사점을 가진 사례이다.

4) 이해관계자들의 인권 및 관련 국제관습법상 청구권

이해관계자들은 캐나다 채굴기업인 Nevsun의 에리트리아 광산의 강제노동피해자가 Nevsun이 국제관습법을 위반하여 불법행위를 하였다고 모회사의 책임 주장하였다. Nevsun 회사의 항변은 사기업은 국제관습법 위반을 근거로 책임을 부담하지 않는다고 주장하지만 캐나다 대법원 판결은 2020년 2월 국제관습법 위반을 근거로 기업의 캐나다 Common Law상의 주의 의무(duty of care) 위반을 인정할 수 있다고 판시, Nevsun이 실제로 주의의무를 위반했는지에 대한 구체적인 판단은 하급심법원 판단하여 2020년10월 Nevsun가 합의금(금액 비공개)을 지불하기로 원고들과 합의하여 소송을 종결한다.

3.2.3 소송 · 분쟁 사례(지배구조분야)

1) 회사의 고용 및 인사정책

회사의 고용인사정책이 남성 · 여성 또는 인종적 포용성 등을 구현하려는 의지가 약하고, 이에 관하여 일반인들을 오도할 수 있는 정보를 제공했다는 이유로 주주대표소송이 제기되었다.

3.3 국내 ESG 규제 동향

우리나라에도 이미 ESG 관련 다양한 법률, 즉 정부가 개입할 수 있는 근거나 소송의 근거가 될 수 있는 법률들이 시행되고 있다. 최근에는 환경안전 규제, 산업안전 규제 그리고 그린워싱에 해당될 수 있는 허위 · 과장 공시에 대한 규제가 강화되는 추세이다. 이렇게 법 집행이 강화되면서 관련 소송도 더욱 증가할 것으로 예상된다.

3.3.1 환경안전 분야의 ESG규제 강화

새로운 환경규제가 매년 증가하고 있고, 동시에 환경법규 위반 건수도 늘어나고 있다. 예를 들어 2014년 대비 2018년을 비교해보면 폐수 배출시설 인허가 사업장 수의 증가추세보다 환경법규 위반 단속건수가 월등한 수준으로 급증하였다.

3.3.2 환경법규 위반에 대한 강력한 제재

조업정지, 사용중지, 폐쇄명령 등의 환경 관련 제재도 늘어나고 있다. 특히 여러 제재조치 중 허가취소와 같은 고강도의 제재조치가 더 빨리 늘어나고 있는 추세이다.

3.3.3 산업안전 분야의 ESG 규제 강화

2022년부터 중대재해처벌법이 시행되었다. 주로 근로 · 공사현장에서 발생하는 중대산업재해, 그리고 가습기 살균제 사건처럼 제품 관련하여 발생하는 중대시민재해에 대한 강력한 형사처벌과 징벌적 손해배상이 골자다.

중대재해처벌법의 특징은 크게 2가지이다. 먼저 대표이사 또는 안전보건총책임자에게 안전확보 의무를 부과하고 위반 시 형사 처벌 규정을 신설하였다. 또한 안전의무의 범위를 도급용역 위탁으로 인한 제3자의 종사자에 게까지 인정하고 있다. 이는 향후 ESG 입법의 척도가 될 것으로 보인다.

3.3.4 ESG 공시 강화

지속가능경영보고서 공시의 단계적 의무화

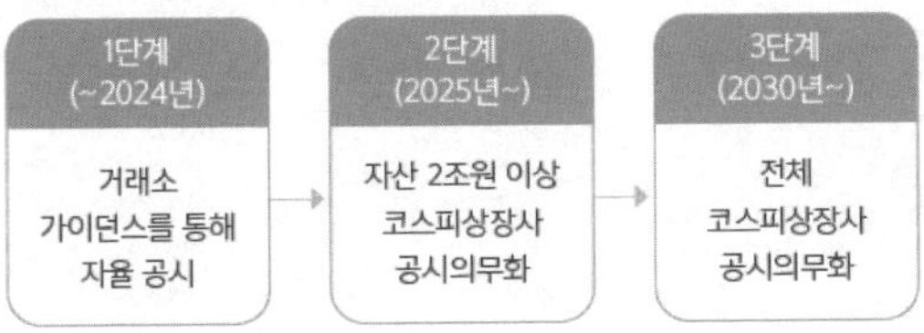

해외 사례를 보면 허위·과장 공시, 즉 그린워싱이 현재 가장 큰 ESG 리스크라고 할 수 있다. 우리나라도 2030년부터는 모든 상장기업들이 지속가능경영보고서의 공시 대상이 될 수 있다. ESG 공시자료가 불성실한 경우, 즉 실제와 어긋나거나 과장되어 있다면 소비자, 투자자나 거래상대방으로 부터 손해배상 등 법적 책임을 추궁당할 수도 있고, 심각한 사례에서는 형사처벌 가능성도 배제될 수 없다. 따라서 회사 내부에 R&R 개선 및 법률전문가의 사전검토 프로세스를 수립하고, ESG 관련 커뮤니케이션을 할 때는 검증이 가능한지 또 정확한 내용인지를 반드시 검토해야 한다.

3.4 법률 리스크에 대한 대책

중소·중견기업이 가장 먼저 해야 할 일은 법률 이슈와 법률 리스크에 대한 로드맵을 준비하는 일이다. 로드맵의 기초요소는 4가지로 정리할 수 있다.

첫째는 ESG 영역에서 회사가 처한 위치와 상황, 즉 어떤 요구를 받고 있는지를 확인하는 것이다. 둘째는 법률 리스크의 단서가 무엇인지, 즉 분쟁과 책임의 단서가 무엇인지 점검하는 것이다. 셋째는 ESG 법률리스크가 다른 법률리스크와의 차별점이 무엇인지 파악하여 대응하는 것이다. 넷째는 ESG 정책, 규제, 법집행 및 소송동향을 확인하여 회사정책에 반영하는 것이다. 지금 당장 기업들이 숙지하고 실천해야 할 사항을 요약한다면 아래의 그림과 같다.

ESG 법률리스크 관련 기업 실천사항

- 기업의 ESG 지표, 성과에 관해 허위·과장 정보를 제공하지 않는다.
- ESG경영, 전략 등에 관해 근거 없는 낙관적 목표를 제시하지 않는다.
- 노동, 환경 관련 이슈와 관행에 특별히 더 주의한다.
- 회사에 적합한 ESG 리스크 조기 경보 시스템을 구축한다.

3.5 ESG 관련 법률

3.5.1 친환경 경영

환경경영	기업 등이 환경친화적인 경영목표를 세우고 이를 달성하기 위하여 인적 · 물적 자원 및 관리체제를 일정한 절차와 기법에 따라 체계적이고 지속적으로 관리하는 경영활동(환경친화적 산업구조로의 전환촉진에 관한 법률 제2조 제5의2호)
녹색경영	기업이 경영활동에서 자원과 에너지를 절약하고 효율적으로 이용하며 온실가스 배출 및 환경오염의 발생을 최소화하면서 사회적, 윤리적 책임을 다하는 경영(탄소중립기본법 제55조)
녹색경영체제	기업 등이 녹색경영을 도입하여 실행함으로써 환경요인을 효율적으로 관리하기 적합하도록 구축한 체제(환경친화적 산업구조로의 전환촉진에 관한 법률 제2조 제7호)
환경경영체제	기업 등이 환경경영을 도입하여 실행함으로써 환경요인을 효율적으로 관리하기 적합하도록 구축한 체제(환경친화적 산업구조로의 전환촉진에 관한 법률 제2조 제7의2호)-ISO 14001(환경경영시스템)
녹색기술	기후변화대응 기술, 에너지 이용 효율화 기술, 청정생산기술, 신재생에너지 기술, 자원순환 및 친환경 기술(관련 융합기술을 포함) 등 사회 · 경제활동의 전 과정에 걸쳐 에너지와 자원을 절약하고 효율적으로 사용하여 탄소중립을 이루고 녹색성장을 촉진하기 위한 기술(저탄소 녹색성장 기본법 제2조 제3호)
녹색제품	에너지 · 자원의 투입과 온신가스 및 오염물질의 발생을 최소화하는 제품(탄소중립기본법 제66조 제4항)

* 기타 법령/조례 등-친환경 녹색건축, 친환경벌채, 친환경 농어업, 친환경소재산업, 친환경 학교급식 등

3.5.2 환경 법령체계

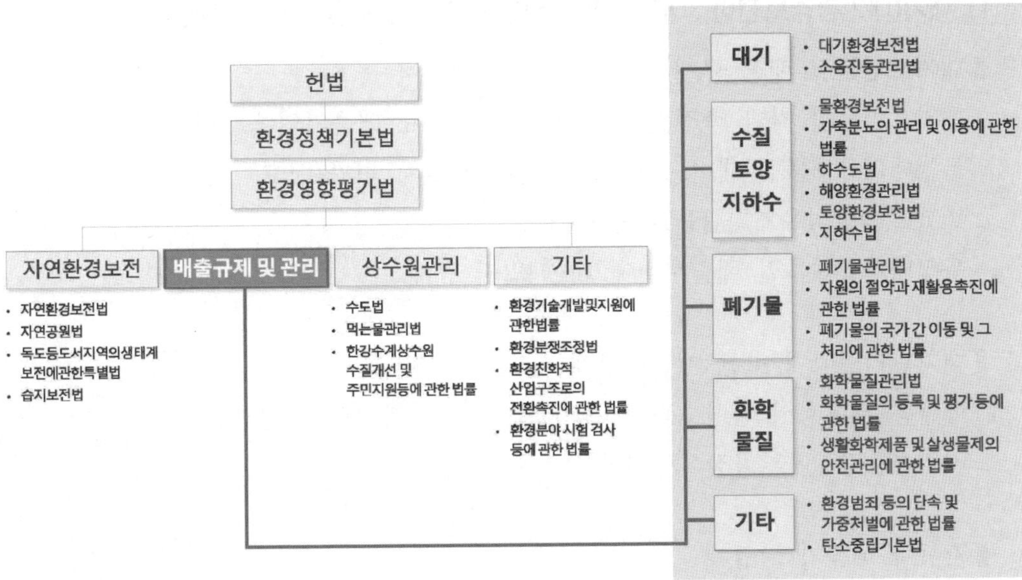

3.5.3 환경 규제 흐름도

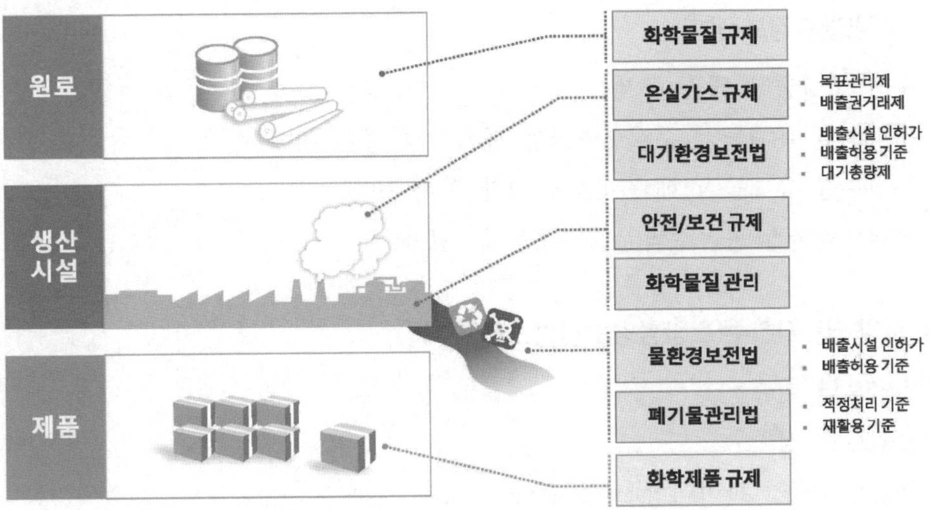

3.5.4 환경 관련 주요 법령 및 이슈

1) 대기(대기환경보전법, 대기관리권역의 대기환경개선에 관한 특별법)

▌대기오염물질 배출 규제

대기오염물질 자가 측정결과 적정성 문제(주요 배출기업에 대한 수사)

특정대기유해물질/대기오염물질 배출시설 설치 허가/신고

VOCs(휘발성유기화합물)배출 규제

특정대기유해물질 배출시설에 대한 입지 규제

▌대기관리권역에 따른 배출총량제

배출총량 초과시 종량초과과징금(질소산화물, 황산화물, 먼지}

지역별종량에따른공장설립제한

▌자동차 배출가스 규제

배출가스 인증

온실가스 평균 배출량 규제

2) 수질(물환경보전법)

▌수질 오염물질 배출 규제

특정수질 유해물질/수질오염물질 배출시설 설치 허가/신고

특정수질 유해물질 배출시설에 대한 입지 규제

수질오염물질 공공수역 무단 배출 등 규제

3) 토양 및 지하수(토양환경보전법, 지하수법)

▌토양오염 이슈

오염토양 정화

특정토양오염 관리대상 시설 토양 오염도 검사

▌지하수 오염

무허가 지하수 개발 · 이용, 오염

4) 화학물질(화학물질관리법, 화학물질의 평가 및 등록 등에 관한 법률, 생활화학제품 및 살생물제의안전관리에 관한 법률)

▮화학물질 관리법

유해화학물질 수입/제조/판매 등 인허가

유해화학물질 수입 규제(허가/신고)

유해화학물질 취급시설 설치기준

유해화학물질취급기준 등

▮화학물질의 평가 및 등록 등에 관한 법률

등록 대상 화학물질 범위 확대에 따른 화학물질 등록 의무, 신규 화학물질 등록/신고 의무

▮생활화학 제품 및 살생물제의 안전관리에 관한 법률

생활화학 제품(세정제, 소독제, 코팅제 등 39종) 안전 확인

안전기준/표시기준

살생물제(살생물물질, 살생물제품, 살생물 처리 제품) 승인 등 규제

5) 환경유해인자 관련 이슈

▮사업활동 관련 빛 공해(glass-wall 건물의 빛 반사) 관련 분쟁

▮원자력 발전소 인근 방사능으로 인한 건강 피해 분쟁

▮시멘트공장 인근 분진 등에 따른 분쟁

▮공장 설립 등 관련 주민 민원 등 환경 controversy에 대한 대응 필요

6) 제품안전 관련 이슈

▮제품 원료의 안전성으로 인한 분쟁

가습기 살균제, 라돈 침대, 배터리 폭발, 담배/전자담배, 석면 등 이슈

▮제품의 환경성에 대한 표시 광고 규제

▮녹색제품 등 인증제도

3.6 ESG 리스크 관리 체계

3.6.1 이사의 의무 위반 방지

1) 회사의 주요 ESG 리스크 방지를 위해 회사가 상당한 주의와 감독 이행하는 경우 리스크 방어/예방 가능하다.

▌이사의 의무 위반 방지를 위한 ESG 리스크 고려요소

1. 기업의 핵심(mission-critical) ESG 리스크 점검
2. ESG 시스템 구축: ESG 리스크에 대한 이사회 보고, 정기적 업데이트
3. 전문가 자문 및 교육: 이사회 구성원에 대한 정기 교육 실시
4. ESG 이슈 확인 시 적시 개입: 모니터링 강화, 경영진, 독립 전문가 보고
5. 이사회 활동에 대한 기록: 부정적 ESG 영향 보고, 구체적인 논의, 미팅 기록
6. 회사 사업 사항 이사회 공개 및 관련 익명 보고 시스템 구축

G

E&S 리스크 관리

- 전사적리스크 관리(ERM)체계 내에서 E&S 리스크 관리 통합
- E&S 리스크 관리에 대한 방침을 전달하고 효율적 실행을 유도하기 위해 내부정책과 행동강령을 수립하고 이러한 정책을 협력업체 들에게도 확장
- 이사회가 일반적 경영판단을 할 때 E&S 리스크가 적절히 반영되고 있는지 평가
- 경영진의 ERM 운용, E&S 리스크에 대한 중요성 평가 등을 이사회가 검토하기 위한 절차를 명시적으로 마련

E&S 전략수립

- 기업의 주요 E&S 이슈들이 기업의 장기전략목표에 반영되도록 함
- 이사회가 이를 감시하고 E&S 요소가 기업의 전략목표에 반영되는 것이 기업의 비전 및 전략 계획과 일관성을 가질 수 있도록 함
- 이사회와 경영진은 E&S전략이 추진 요인, 경험 및 지식의 변화를 포섭해 나가고 있는지 평가하기 위해 정기적으로 논의

E&S 성과지표

- 이사회는 적절한 측정 기준 및 목표치를 사용해 E&S 리스크 관리에 대한 성과를 감시
- 이사회는 바람직한 기업문화의 정착과 같은 질적 영향이 보상위원회의 결정 메커니즘에 반영되도록 함
- E&S의 중요성이 보상과정에서 부각될 수 있도록 보상위원회와 E&S 위원회 사이에 충분한 교류와 의사소통

Source : "Running the Risk: HOW CORPORATE BOARDS CAN OVERSEE ENVIRONMENTAL, SOCIAL AND GOVERNANCE (ESG) ISSUES", Ceres(2019), "The Directors' E&S Guidebook", CCGG(2018).

3.6.2 ESG 리스크 관리 전략

ESG 리스크를 식별하는 분류정책을 가지고 파악된 리스크에 대한 심층 조사 및 분석하여 리스크 관리시스템 도입하여 시행 및 점검을 한다.

ESG 리스크 파악 전 단계	
리스크 현황	▪ ESG 리스크 불확실 ▪ 관계 형성에 있어서 비용 및 충성도 고려
소통 현황	▪ ESG 관련 전문팀 사이의 공조 부재 ▪ 감사 위주의 팀간 관계 ▪ 이해관계자들과의 제한적 소통
정책 현황	▪ ESG 정책 및 정보에 대한 제한적 공개 ▪ 법률 compliance 위주의 정책

ESG 리스크 관리 단계	
지속가능성 확보	▪ ESG리스크파악,분류 및 관리 절차 ▪ 사업지속성을개선하는이슈담당팀에대한보상
이해관계자 소통	▪ ESG관련전문팀사이의이해관계조율 ▪ ESG관련전문팀사이의정기적소통강화 ▪ ESG리스크관련 익명제보절차활성화
리스크관리 정책	▪ ESG리스크파악,선별,관리에대한투명성강화 ▪ 대외이해관계자들로부터의의견수렴절차 ▪ 법률compliance를 넘어서는ESGcompliance정책

3.6.3 ESG 정보, 리스크 관리/평가/공시 체계의 효과

기업의 ESG 리스크 최소화와 ESG 시장 확장을 통한 기업 가치 극대화를 해야 한다.

▮효율적, 체계적 ESG 기회 포착 및 리스크 저감

ESG 각 분야별 리스크 사전 파악 및 개선방안 식별

법무부, 환경부, 노동부, 행정안전부 등 유관기관 감독강화에 따른 선제적 대응

사회공헌, 환경, 노동, 협력사 등 담당자의 ESG 리스크관리, 예방능력 증대

▮회사/경영진 리스크 최소화 및 경제적 피해 예방

경영활동으로 인한 리스크점검

회사 및 경영진 리스크 최소화

벌금 · 과징금 · 과태료 등 직접적 불이익 방지

잠재적 사업 기회 상실 방지 및 법률비용 감소

▮이해관계자 소통을 통한 ESG 시장 확장

ESG 비전 및 활동에 대한공시 및 홍보를 통한 평가 향상

ESG 프로젝트 체계화를 통한 ESG 투자채권, 대출 등 시장 확장

친환경 브랜드 이미지 구축 및 기업의 지속가능성 확보

3.6.4 ESG 체제 관련 대내외 기준 통합관리

Soft Law	
공시기준	GRI, SASB, TCFD, 한국거래소 E&S정보공개가이던스 등
평가기준	한국지배구조원, MSCI, S&P Global 등
모범기준	모범규준, UN인권경영기준, OECD 책임경영 가이드라인, ISO 등

사내 규정(예)	
E(환경)	기후 변화 대응 규정; 녹색 제품 규정; 녹색구매방침 등
S(사회)	위기관리매뉴얼; 윤리행동; 내부신고절차; 공시정보관리; 이해관계자 대응; 표준계약서 등
G(지배구조)	정관, 이사회 규정, 직제 및 사무분장규정, 내부감사규정 등

Law	
E (환경)	탄소중립기본법 ,대기환경보전법, 대기관리권역법, 배출권거래법, 폐기물관리법, 물환경보전법, 환경기술산업법, 화학물질관리법, 토양환경보전법 등
S (사회)	헌법, 중대재해처벌법(2022.1.27. 시행), 근로기준법, 노동조합법, 파견법, 산업안전보건법, 남녀고용평등법, 고령자고용법, 장애인고용법, 고용보험법, 근로자참여법, 인권정책기본법, 공정거래법, 하도급법, 형법, 정치자금법, 특정경제범죄법, 공급망 실사법(해외) 등
G (지배구조)	상법, 자본시장과 금융투자업에 관한 법률, 금융회사의 지배구조에 관한 법률, 주식회사 등의 외부감사에 관한 법률 등

4. ESG 환경 실행을 위한 안전보건경영시스템

4.1 ESG 안전보건관리 체계 정의

4.1.1 ESG 안전보건관리 체계란?

'ESG 안전보건관리 체계의 구축 · 이행'이란 일하는 사람의 안전과 건강을 보호하기 위해, 기업 스스로 위험요인을 파악하여 제거 · 대체 및 통제방안을 마련 · 이행하며, 이를 지속적으로 개선하여 ESG환경에 맞는 일련의 활동을 말한다.

개인의 노력과 의지만으로는 산업재해를 예방할 수 없다. '사람은 실수하고, 기계는 고장 난다'는 사실을 인지하고, 기업은 ESG환경에 맞는 안전보건관리 체계를 만들어야 한다. 경영자의 기본적인 의무는 근로를 제공하는 사람의 생명 · 건강 보호입니다.

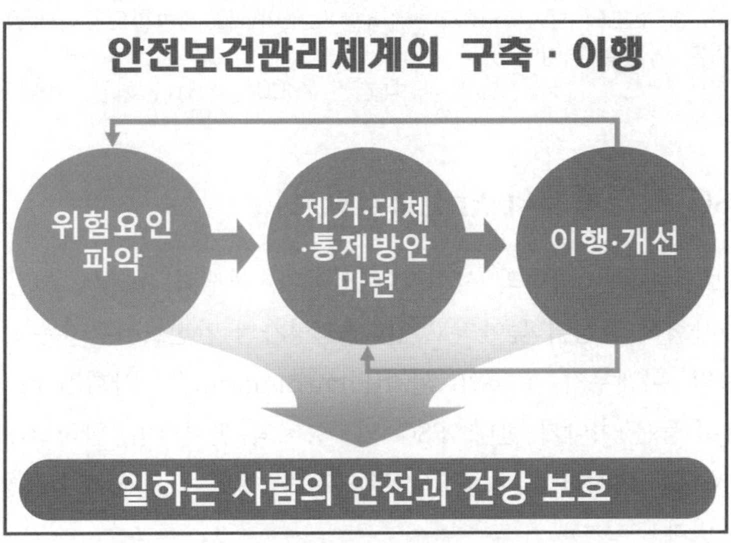

[그림 4-1] 안전보건관리 체계의 구축 · 이행

그러나 2020년 한 해에만 2,062명이 산업재해로 목숨을 잃었다. 근로자의 인권은 안전한 환경에서 근무할 수 있는 권리는 헌법이 보장하는 기본권이다.

[헌법 제32조제1항] ① 모든 국민은 근로의 권리를 가진다.(이하 생략)③ 근로조건의 기준은 인간의 존엄성을 보장하도록 법률로 정한다.

근로의 권리가 "일할 자리에 관한 권리"만이 아니라 "일할 환경에 관한 권리"도 함께 내포하고 있는바, 후자는 인간의 존엄성에 대한 침해를 방어하기 위한 자유권적 기본권의 성격도 갖고 있어 건강한 작업환경, 일에 대한 정당한 보수, 합리적인 근로조건의 보장 등을 요구할 수 있는 권리 등을 포함한다.

- 헌법재판소 2007.8.30. 2004헌마670 전원재판부

일하는 사람의 안전과 건강을 보호하기 위해

기업 스스로 위험요인을 파악하고 제거·대체 및 통제방안을 마련하여

이를 이행하고, 지속적으로 개선하는 활동

사용자는 근로계약에 수반되는 신의칙상의 부수적 의무로서 피용자가 노무를 제공하는 과정에서 생명, 신체, 건강을 해치는 일이 없도록 인적 · 물적 환경을 정비하는 등 필요한 조치를 강구하여야 할 보호의무를 부담하고, 이러한 보호의무를 위반함으로써 피용자가 손해를 입은 경우 이를 배상할 책임이 있다.

- 대법원 2000. 5. 16., 선고, 99다47129, 판결

4.1.2 ESG 경영체계의 안전보건관리

ESG 안전보건관리는 기업의 사회적 책임이며, 경쟁력 제고의 첫걸음이다. 최근 ESG에 대한 사회적 관심이 높아지고 있다. 경영자의 안전보건관리는 ESG의 기본이다. 즉 기업의 비재무적 요소인 환경(Environmental), 사회(Social), 지배구조(Governance) 등을 이야기 한다. ESG 의무공시와 관련하여, 한국거래소는 사회(S) 분야에 산업재해를 명시하고, 업무상 사망 · 부상 · 질병 건수와 조치내용을 명시하도록 권고하고 있다.

미국 US steel 사는 계속되는 산업재해를 줄이기 위해 '생산제일'이었던 경영방침을

「안전제일(Safety First), 품질제이(Quality Second), 생산제삼(Production Third)」으로 바꾸고 작업환경을 정비하여 산업재해가 감소하고 품질과 생산성이 향상된 사례에 보듯이 안전은 경영이라고 할 수 있겠다.

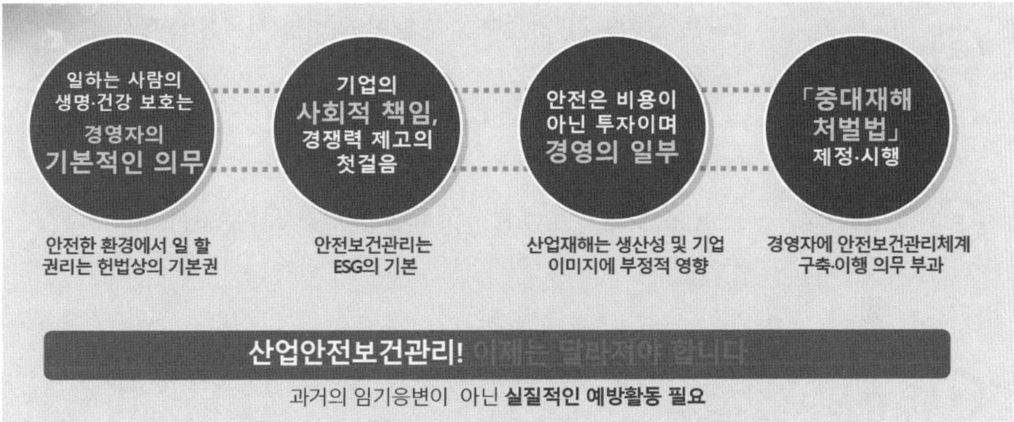

[그림 4-2] 안전보건관리 체계의 구축의 필요성

법 제4조
(사업주와 경영책임자등의 안전 및 보건 확보의무)

① 사업주 또는 경영책임자등은 사업주나 법인 또는 기관이 실질적으로 지배·운영·관리하는 사업 또는 사업장에서 종사자의 안전·보건상 유해 또는 위험을 방지하기 위하여 그 사업 또는 사업장의 특성 및 규모 등을 고려하여 다음 각 호에 따른 조치를 하여야 한다.
1. 재해예방에 필요한 인력 및 예산 등 안전보건관리체계의 구축 및 그 이행에 관한 조치
2. 재해 발생 시 재발방지 대책의 수립 및 그 이행에 관한 조치
3. 중앙행정기관·지방자치단체가 관계 법령에 따라 개선, 시정 등을 명한 사항의 이행에 관한 조치
4. 안전·보건 관계 법령에 따른 의무이행에 필요한 관리상의 조치

② 제1항제1호·제4호의 조치에 관한 구체적인 사항은 대통령령으로 정한다.

[그림 4-3] 중대재해처벌법 제4조 사업주와 경영책임자 등의 확보의무

ESG 경영 안전보건관리 체계는 어떻게 하면 될까요? ESG 경영 안전보건관리 체계는 아래 [그림 4-4]와 같이 7가지 핵심요소를 고려하여 구축하면 된다.

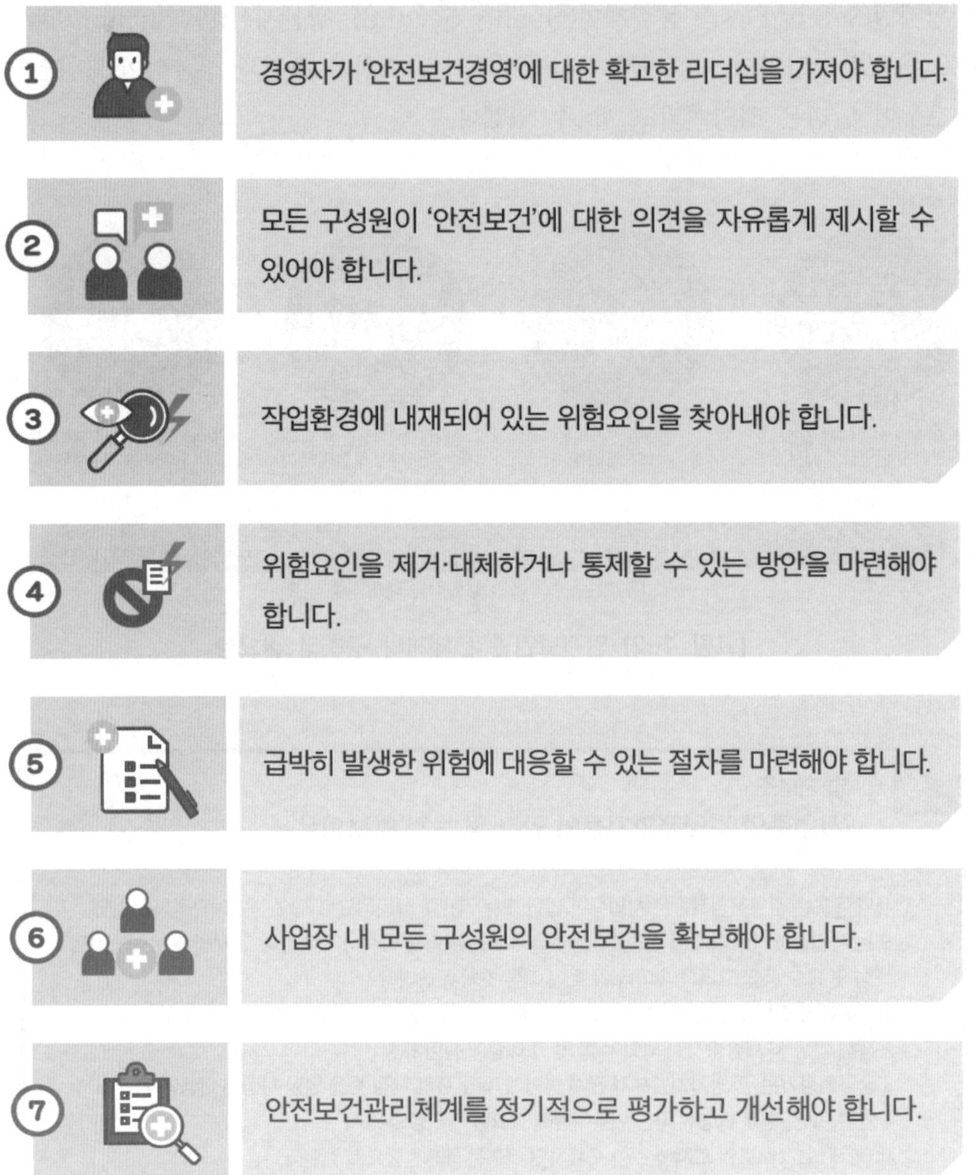

[그림 4-4] 안전보건관리 체계 구축 방법

그리고 기업에 따라 보유한 기계 · 기구 및 공정과 작업방법 등이 모두 다르므로 기업 여건에 맞게 구축하고, 기술적 역량이 부족하고, 재정적 여건이 어려운 기업은 기초적인 안전보건 조치부터 시작해야 한다. 또한 공정이 복잡하고 위험요인이 많은 기업은 공식적이고 구체적인 ESG 경영 안전보건관리 체계를 구축하면 된다.[그림 4-5]

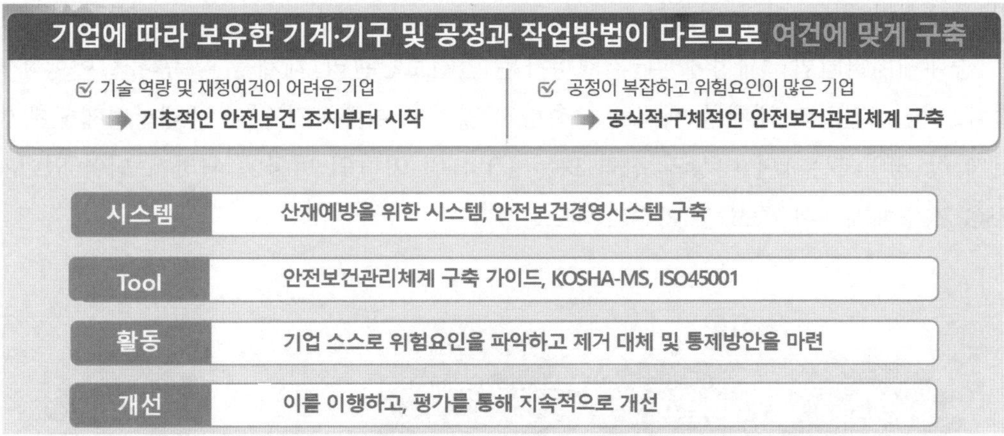

[그림 4-5] 기업 여건에 막는 ESG 경영 안전보건관리 체계 구축

4.1.3 ESG 경영체계 도입으로 달라져야 할 안전보건관리

ESG 안전보건관리는 기업의 사회적 책임이며, 경쟁력 제고의 첫걸음이다. 과거에는 안전보건 감독을 받거나 사고가 발생하고 나서야 문제를 해결하는 등 '소 잃고 외양간 고치는' 식의 관행이 일반적이었다.

산업재해 예방 목적이 아닌 형벌이나 과태료를 피하기 위해 안전보건 활동을 형식적으로 하는 경우도 많았다. 하지만 산업재해로 인한 피해와 손실은 기업의 생존을 위협할 수 있으므로 임기응변식이 아닌 실질적인 예방 활동이 필요하다.

법령에서 정한 기준을 넘어, 기업별 작업환경과 재정적 · 기술적 여건에 맞는 안전보건관리 체계를 구축하는 것이 바람직하며 기업의 특성에 맞는 안전보건관리 체계를 구축 · 이행하여 산업재해를 예방하여 ESG 경영 시스템을 구축해야 할 것이다.

4.2 ESG 경영 7가지 안전보건관리 체계

안전은 비용이 아닌 투자이며, 경영의 일부이다. 산업재해가 발생하면 심각한 작업 차질과 함께 품질, 생산성 및 기업 이미지에 부정적 영향을 미친다.

2020년도에는 산업재해에 따른 경제적 손실추정액 29조 9,841억원, 근로손실일수 5,534만일이다. 그래서 2021년에는 「중대재해처벌법」 제정으로 안전보건관리 체계의 중요성이 한층 더 높아졌다.

「중대재해처벌법」 제정에 따라 경영자는 안전보건관리 체계를 구축하고 이행해야 한다. 안전보건관리 체계를 제대로 구축하지 않거나 이행하지 않아 중대산업재해에 이르게 한 경영자는 1년 이상의 징역 또는 10억 원 이하의 벌금에 처하게 되어 있어서 ESG 경영체계에서 중요한 이슈가 되고 있다.

[그림 4-6] ESG 경영 7가지 핵심 안전보건관리 체계 요소

4.2.1 경영자 리더십

1. 효과적인 안전보건관리 체계를 구축하고 이행하기 위해서는 경영자가 확고한 '리더십'으로 비전을 제시하고, 인력 · 시설 · 장비 등 자원을 제공해야 한다. 안전보건에 대한 의지를 밝히고, 안전보건 목표와 개선의지를 담은 경영방침을 널리 알린다. 그리고 ESG 경영 안전보건관리 체계 이행 수준을 측정할 수 있는 목표를 설정한다.

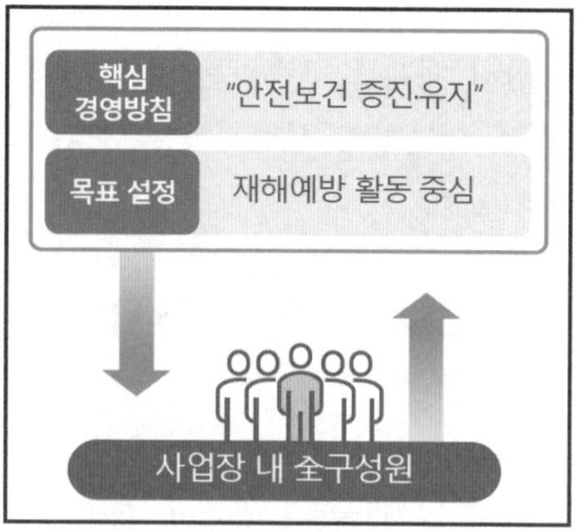

실행방법으로는 「안전보건 증진 · 유지」를 핵심적인 경영방침으로 하고, 사업장 내 모든 구성원이 인지할 수 있도록 한다. 또한 경영방침을 담은 동영상 · 문서를

인트라넷 · 게시판 등에서 언제나 확인할 수 있도록 조치하며 하청업체, 파견업체, 공급 · 판매업체(Suppliers and vendors) 및 고객에게도 안전보건 경영방침을 알려야 한다. 그리고 주요 업무관계자에게 밝힘으로써 안전방침 경영방침 실천 의지가 강화되는 효과가 발생한다.

'재해예방 활동'을 중심으로 목표를 정하고 정기적으로 평가하며 사업장 내 공장 신축, 공정 · 설비 · 화학물질 변경 등 작업환경 변화가 있는 경우 사전에 안전보건 확보방안도 마련한다.

2. 안전보건에 필요한 자원(인력 · 시설 · 장비)을 배정하고. 위험요인의 제거 · 대체 및 통제에 필요한 자원을 확인하며 기업의 재정적, 기술적 여건을 고려하여 자원을 배정한다.

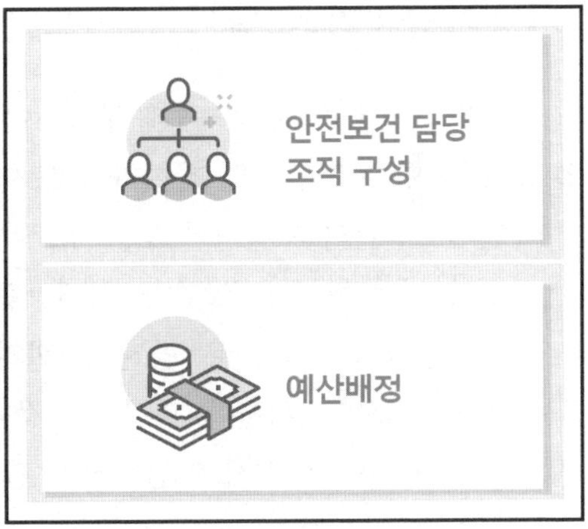

실행방법으로는 사업장 안전보건 확보를 위한 안전보건 조직(담당자)의 제안이 원활하게 이행될 수 있도록 조직 체계를 구성 · 재편한다.

또한 대기업은 가급적 안전보건 담당 조직을 경영자 직속 기구로 배치하고 중소기업은 정부의 기술지도사업, 안전관리전문기관 · 보건관리전문기관 등 외부의 자원을 활용할 수 있는 방안도 검토하며 위험요인 제거 · 대체 및 통제를 위한 시설 · 장비 확충, 안전보건 담당자 배치, 비상조치계획 수립 · 훈련 등에 관한 구체적인 계획을 수립하고 이를 이행할 수 있는 예산을 배정한다.

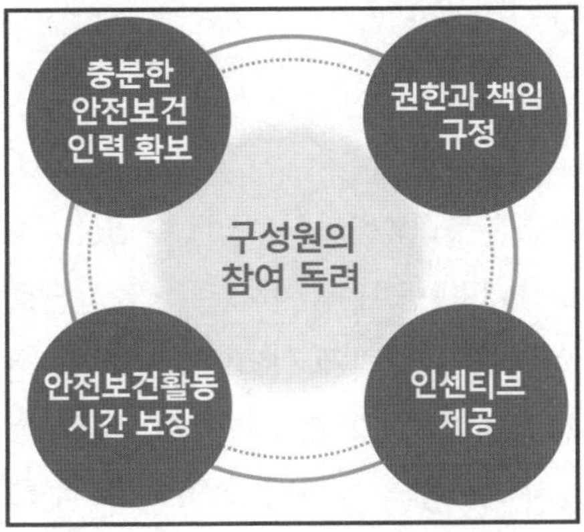

3. 구성원의 권한과 책임을 정하고, 참여를 독려하며 안전보건 인력을 충분히 확보하고, 구성원의 권한과 책임을 정한다. 또한 안전보건활동에 참여할 수 있는 시간을 보장하고, 인센티브를 제공하여야 한다. 실행방법으로는 사업장 안전보건 확보를 위한 충분한 인력이 있는지 확인하고, 부족한 경우에는 추가로 확보

한다. 그리고 안전보건관리 체계 구축·이행은 안전관리자·보건관리자만의 업무가 아니며, 모든 경영자와 관리자의 기본적인 업무임을 명확히 한다.
또한 안전보건관리규정 등 사내 규정에 위험요인별 제거·대체 및 통제방안에 대한 주요 내용과 구성원의 권한과 역할을 규정하며 현장 작업자들이 관심을 가지고 참여할 수 있도록 충분한 시간을 부여한다. 적극적인 참여자에 대해서는 격려하고 인센티브를 제공하여, 긍정적인 분위기를 조성해야 한다.

4.2.2 근로자의 참여

성공적인 안전보건관리 체계 구축·이행을 위해서는 잠재된 위험에 대해 가장 잘 알고 있는 현장 작업자의 참여가 반드시 필요하다.

1. 안전보건관리와 관련된 모든 정보는 공개를 원칙으로 하고 안전보건 관련 참여 절차를 적극적으로 알린다. 실행방법으로는 안전보건 경영방침과 목표, 산업안전보건법령의 주요 내용, 안전보건관리규정, 산업안전보건위원회 의결사항 등을 홈페이지 등에 게시한다. 또한 사업장내 유해위험 기계·기구 및 물질, 아차사고 발생 현황 등 그 밖에 안전보건과 관련된 정보를 공개한다.

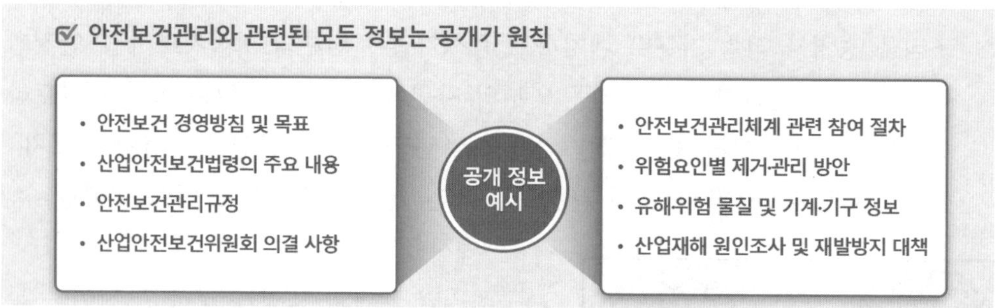

[그림 4-7] 공개정보 예시

2. 산업안전보건위원회, TBM, 안전 제안 활동 등 모든 구성원이 참여할 수 있는 공식적인 절차를 마련한다. 실행방법으로는 근로자대표 등이 참여하는 산업안전보건위원회를 구성·운영하고 '도급인·수급인 안전보건 협의체(산업안전보건법 제64조제1항제1호)', '건설공사 안전보건 협의체(산업안전보건법 제75조)' 등을 활용하여, 사업장 내 모든 구성원의 의견을 수렴할 수 있는 절차를 마련한다. 또한

기업의 여건에 맞게 사업장, 부서, 현장, 공정 단위로 '작업전 안전미팅'(Tool Box Meeting; TBM)을 도입한다.

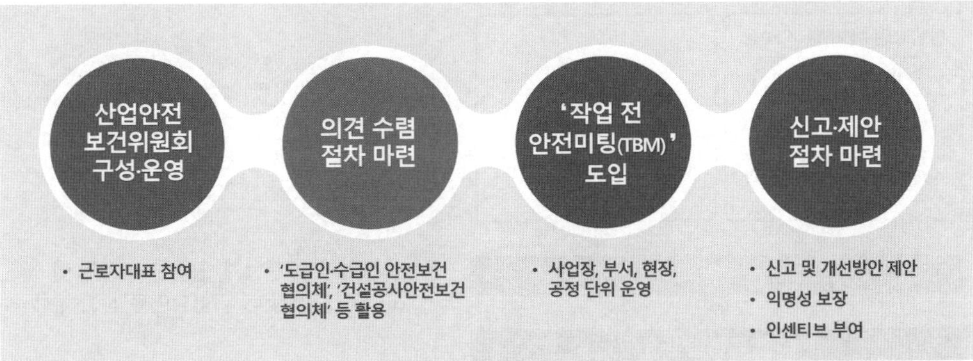

[그림 4-8] **의견수렴 절차**

3. 자유롭게 신고 · 제안할 수 있는 절차와 분위기를 만들고 안전보건관리 체계 구축 · 이행의 모든 과정에 참여할 수 있는 절차를 검토한다. 실행방법으로는 자유롭게 의견을 제시할 수 있는 분위기를 조성과 위험요인 신고, 제도개선 제안 등을 독려하고 인센티브를 마련하며, 신고 · 제안자에게 징계 · 업무증가 등 불이익이나 부담이 없도록 하며 신고 및 제안에 대해서는 정기적으로 조치결과를 공개한다. 또한 안전보건 활동은 근무시간으로 인정하고 위험 제거 · 관리 방안 마련 시, 해당 작업과 연계된 작업자를 참여시킨다.

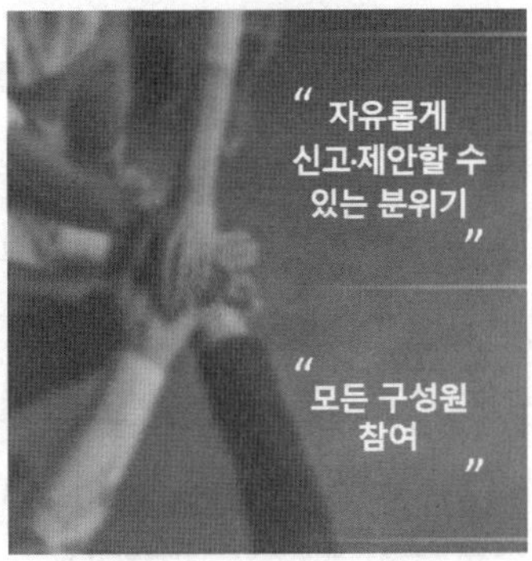

4.2.3 위험요인 파악

산업재해 예방은 위험요인 파악에서 시작합니다. 위험요인과 위험의 정도를 제대로 알고만 있어도, 경각심을 가지고 작업할 수 있다.

1. 위험요인과 관련한 정보를 수집하고 파악된 위험요인은 유형별로 분류하여 정리한다. 실행방법으로는 경영자 · 관리자는 현장 작업자의 참여를 바탕으로 위험요인을 발굴하며 누구나 자유롭게 위험요인을 발굴하고 신고할 수 있는 공식적인

절차를 마련한다. 또한 하청업체, 파견업체, 공급 · 판매업체(Suppliers and vendors) 및 고객도사업장 내 위험요인을 신고 · 제보할 수 있도록 해야 한다.

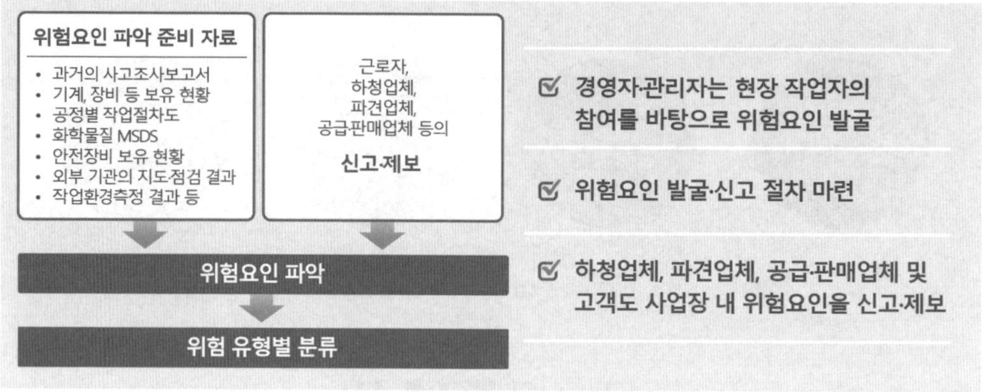

[그림 4-9] 위험요인 파악

2. 과거의 산업재해는 물론 아차사고까지 조사하여 위험요인을 파악한다. 실행방법으로는 사업장 내에서 발생한 모든 '산업재해'와 '아차사고' 현황을 분석하여 위험요인을 파악하며 아차사고 공유 채팅방 개설, 우수 발굴자 포상제 도입 등 활용하고 사고조사 시에는 안전보건 담당자 및 전문가를 중심으로 하되, 해당 작업자 또는 동종 · 유사 작업자가 참여해야 한다.

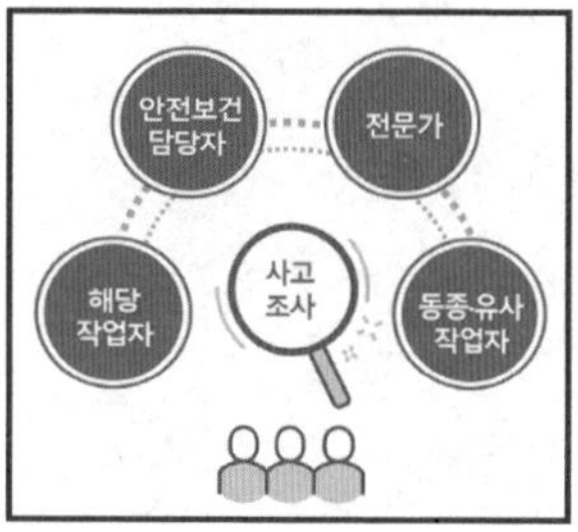

3. 위험 기계 · 기구 · 설비 등을 파악한다. 실행방법으로는 사업장 내 모든 기계 · 기구 · 설비를 파악하고 위험 유무를 파악한다. 또한 새로운 기계 등을 구매할 때는 안전하게 설계된 제품을 선택하고 산업재해, 아차사고가 발생한 기계는 반드시 위험요인으로 분류한다.

[그림 4-10] 제조현장의 주요위험기계(( ) 안은 최근 5년간 사망자수)

4. 화재 · 폭발 · 누출의 위험이 있는 화학물질과 건강에 위해를 가하는 화학물질, 물리적 인자 등을 파악하며 화학제품의 경우, 반드시 물질안전보건자료(MSDS)를 확인한다. 실행방법으로는 화학제품 제조 · 수입자가 의무적으로 제공하는 물질안전보건자료(MSDS)에 있는 화학물질의 명칭, 유해 · 위험성 정보, CAS번호를 확인한다. 또한 화학제품에 함유된 화학물질이 고용노동부 고시 '화학물질 및 물리적 인자의 노출 기준' 별표 1에 해당한다면 유해인자에 해당되며 해당 고시에 따른 노출 기준을 준수하지 않은 경우, 건강에 위해를 야기한다. 그리고 소음 · 진동 · 방사선 · 기압 · 기온 등 물리적 인자가 적정 수준인지와 감염병 등 생물학적 인자와 근골격계 부담작업, 직무스트레스 등 인간공학적 인자를 확인해야 한다.

[그림 4-11] 유해인자 파악

5. 모든 구성원의 참여를 바탕으로 위험 장소와 작업별 위험요인을 조사해야 한다.

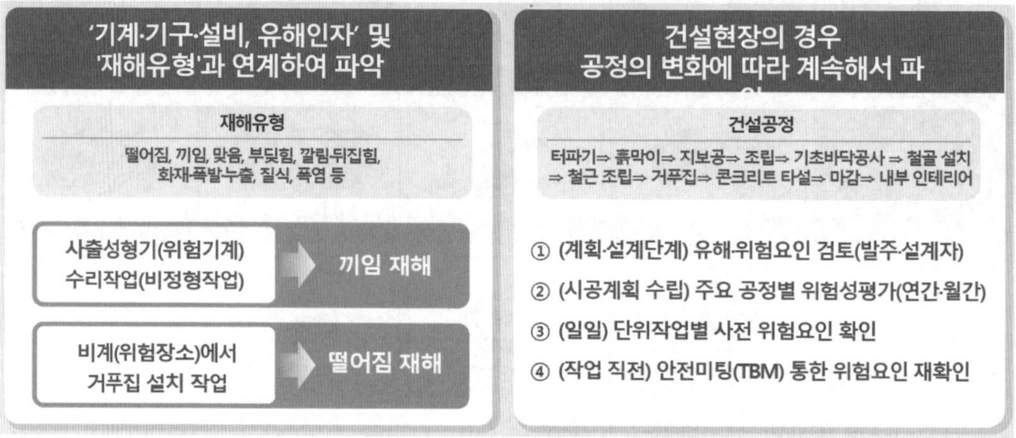

[그림 4-12] **위험장소 및 작업형태별 위험요인 파악 현황**

4.2.4 위험요인 제거 · 대체 및 통제

위험요인을 제거 · 대체하거나 통제할 수 있는 방안을 마련할 때는 사람은 실수하고 기계는 고장날 수 있다는 점을 특히 유의해야 한다.

1. '발생 가능성'과 '중대성'을 예측하여 위험요인별 우선순위를 정한다. 실행방법으로는 발굴한 위험요인은 유형별로 분류하여 기록하고 관리하고 각각의 위험요소에 대해 '산재사고 발생 가능성'과 '중대성*'을 예측하여 위험의 정도를 평가한다. 평가 결과에 따라 위험 요소별 우선순위를 정해야 한다.

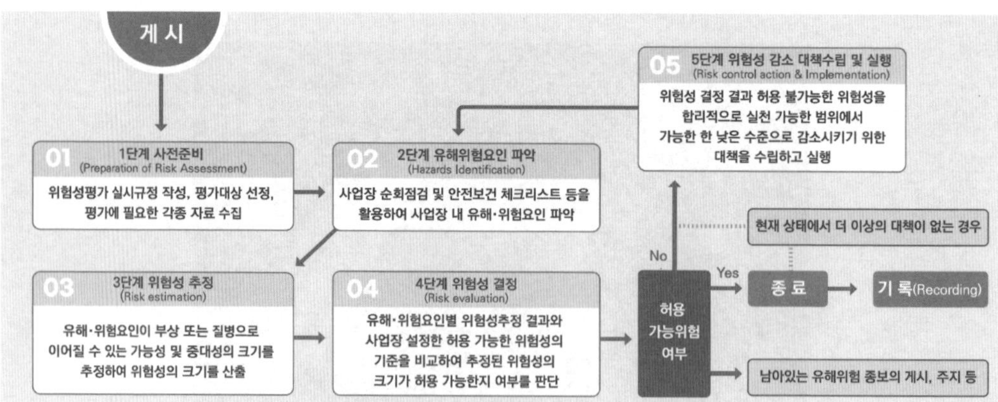

[그림 4-13] **위험성 평가 실시 흐름도**

2. 위험요인별 '제거→대체→통제→개인보호구' 순으로 검토한다. 실행방법으로는 밀폐공간 내 작업이 필요 없도록 구조를 변경하는 등 위험요소를 물리적으로 제거하고 메탄올을 에탄올로 대체하는 등 위험성이 낮은 위험요인으로 대체하며 또한 방호장치의 설치, 환기장치 등을 통해 위험요소와 작업자를 격리하며 작업절차서 정비, 작업허가제 도입 등 작업방법을 변경한다. 제거 · 대체가 불가능할 경우, 공학적 · 행정적 통제방안을 검토하고 개인보호구(PPE; Personal Protective Equipment) 활용방안도 함께 마련한다. 그리고 위험요인별로 복수의 방안을 검토해야 하며, 현장 작업자, 관리감독자, 안전보건담당자가 함께 논의와 자체적으로 방안을 마련하기 어려울 경우, 전문가의 자문을 구한다.

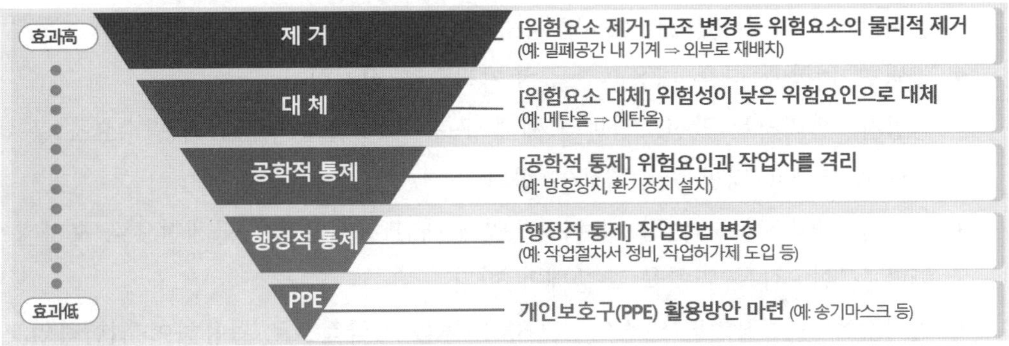

[그림 4-14] 위험요인별 제거 · 대체 및 통제방안

3. 위험요인별 제거 · 대체 및 통제방안을 확정하여 종합적인 대책을 수립하며 모든 구성원이 공유하고 이행한다. 실행방법으로는 위험요인별 '위험의 정도' 및 '가능한 복수의 방안'을 정리하고 위험요인별 방안을 결정할 때는, 효과가 가장 높은 수단을 선택하는 것을 원칙으로 하되, 예산 · 기술 부족 등 현실적 측면도 고려한다. 또한 현실적 이유로 근본적인 개선(제거 · 대체)이 어려울 경우에는 임시적인 방안(공학적 · 행정적 통제 및 개인보호구)으로 관리하며 위험요인별로 선택한 방안이 '작업자가 실수하거나 기계 · 기구 등이 고장'이 나더라도 중대재해로 이어지지 않는지를 확인한다. 그리고 위험요인별 제거 · 대체 및 통제방안이 결정되면, 자원(예산 · 인력 등) 배정방안도 마련하고 종합적인 대책이 확정되면, 모든 구성원이 공유하고 이행한다.

4. 각 작업자는 구체적인 위험요인 제거 · 대체 또는 통제방안을 이해하고 모든 구성원이 안전보건관리 체계의 전반적인 내용을 숙지해야 한다. 실행방법으로는 모든 구성원이 자신의 직무와 관련된 위험요인을 인지하게 하고, 위험요인 제거 · 대체 및 통제 기법에 관해 교육 · 훈련을 실시합니다.

- 다양한 개인보호구의 착용 시점과 방법을 알 수 있도록 한다.
- 모든 구성원이 안전보건관리 체계의 개념과 전반적인 절차를 이해할 수 있도록 교육을 실시한다.
- '산업안전보건위원회', '안전보건 협의체' 등을 활용하여 안전보건 확보를 위해 필요한 정보를 정기적으로 제공한다.
- 교육 · 훈련 내용은 동영상 및 문서로 정리하여, 사내 인트라넷 등을 통해 언제든지 다시 볼 수 있도록 조치한다.
- 급박한 위험에 따른 대응훈련을 주기적으로 실시한다.
- 경영자 · 관리자는 안전보건관리 체계 구축 · 이행을 경영행위의 필수요소 중 하나로 생각하고 역할을 수행해야 한다.
- 경영자 · 관리자는 사업장 내 위험요인에 대한 통제방안을 구체적으로 숙지해야 하며, 지휘 · 감독 역할을 수행해야 한다.
- 관리감독자는 '작업전 안전미팅(TBM)' 등을 적극적으로 활용하여 위험작업 시작에 앞서 기본 안전수칙을 상기시키고 점검한다.
- 안전보건관리 체계 구축 및 이행에 관한 사항을 교육자료에 포함하고, 정기적으로 교육 · 훈련을 실시한다.
- 도급 · 용역 · 위탁 등 계약을 할 때는 사업장 위험요인별 제거 · 대체 및 통제방안에 관한 종합적인 대책을 상세하게 설명하고, 이를 이행할 수 있도록 한다.

구분		신규교육	정기교육 / 보수교육	작업내용 변경 시 (1회)	특별교육 (1회)
근로자	일반	8시간	- (일반) 분기별 6시간 - (사무직) 분기별 3시간 - (관리감독자) 연 16시간	2시간	16시간
	일용	1시간	-	1시간	2시간
특고	일반	2시간	-	-	16시간
	단기·간헐	1시간	-	-	2시간
안전 보건 업무 담당자	안전보건관리 책임자	6시간 이상	6시간 이상(2년 주기)	-	-
	안전관리자/ 보건관리자	34시간 이상	24시간 이상(2년 주기)	-	-
	안전보건관리 담당자	-	8시간 이상(2년 주기)	-	-

[그림 4-15] 교육대상별 · 유형별 교육시간

4.2.5 비상조치계획 수립

중대재해 발생에 대처할 수 있는 비상조치계획을 수립하고 준비함으로써 피해를 최소화할 수 있다.

1. 중대재해로 이어질 수 있는 재해요인을 파악하고 사업장 단위로 재해 발생 시나리오를 작성한다. 실행방법은 위험요인별로 어떤 재해가 발생할 수 있는지를 검토하고 사망사고로 이어질 수 있는 중대한 위험요인에 대해서는 '재해 발생 시나리오'를 작성하며 다수의 사업장을 보유한 기업의 경우, 사업장마다 발생 가능한 재해상황이 다르므로 사업장별로 재해 발생 시나리오를 작성한다.

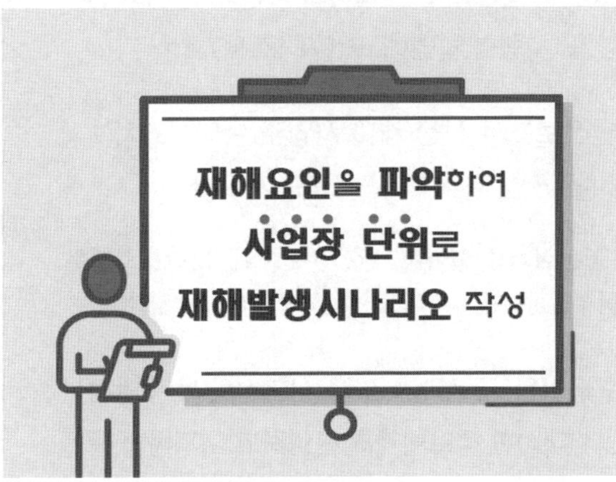

2. 재해 발생 시나리오별 조치계획을 구체적으로 작성하고 급박한 위험 등에 대비할

수 있도록 작업 중지 권한을 명확히 한다. 실행방법으로는 작성된 재해 발생 시나리오를 바탕으로 조치계획을 수립한다. 또한 조치계획을 수립할 때는 관련된 모든 구성원의 의견을 수렴하고 조치계획에는 상황 보고 · 전파(내 · 외부), 임시적인 위험요인 제거방안, 대피방안, 추가피해 방지방안 등을 포함한다. 조치계획에 사업주의 작업중지 의무와 작업자의 작업중지권을 반영하며, 관리자에게도 작업중지권을 부여한다.

비상조치계획

- ✩ 상황보고·전파(내·외부)
- ✩ 임시적인 위험요인 제거방안
- ✩ 근로자 대피방안
- ✩ 추가피해 방지방안

3. 비상조치계획을 이행하고 검증하며, 주기적으로 반복한다. 실행방법은 비상조치계획에 따른 구성원별 역할과 대피 방법을 교육한다.
   - 비상조치계획 이행을 위한 장비를 확보하고 주기적으로 훈련한다.
   - 사업장별 조치계획 훈련을 통해 실효성을 검증한다.
   - 훈련과정에서 발견된 문제점을 검토하여 조치계획을 개선한다.

급박한 위험 시 대응절차 등 마련 사업주·경영책임자등은 중대산업재해가 발생할 급박한 위험이 있는 경우, 작업중지·대피·보고·위험요인 제거 등 대응절차와 중대산업재해 발생 시 구호조치, 추가피해방지 조치 및 발생보고 등 절차를 마련하고, 이를 반기 1회 이상 확인·점검 <중대법 제4조제1항 및 시행령 입법예고안 제4조제7호>

PSM 사업장 비상조치계획 수립 공정안전보고서 작성·제출 사업주는 비상조치계획 등*을 포함하여 공정안전보고서를 작성 <산안법 제44조 및 시행령 제44조>

* 공정안전보고서 내용 공정안전자료, 공정위험성 평가서, 안전운전계획, 비상조치계획, 그 밖에 공정상의 안전과 관련하여 고용노동부장관이 필요하다고 인정하여 고시하는 사항

도급인 비상조치계획 수립 도급인은 수급인의 근로자가 도급 사업장에서 작업하는 경우, 발파작업, 화재·폭발, 붕괴, 지진 등에 대비한 경보체계를 운영하고 대피방법 등을 훈련해야 함 <산안법 제64조제1항5호>

[그림 4-16] 비상조치 관련 안전보건 관계 법령

4.2.6 도급 · 용역 · 위탁 시 안전보건 확보

안전보건관리 체계는 소속 직원 뿐만 아니라, 사업장 내 모든 구성원을 대상으로 구축하고 이행해야 한다.

1. 계약에 앞서, 안전보건 수준을 평가하고 계약을 할 때는 충분한 비용과 작업기간 등을 보장한다. 실행방법으로는 도급 · 용역 · 위탁 등 계약을 할 때는 계약서에 사업장 안전보건 확보를 위해 필요한 조건을 명시하고 안전보건에 대한 수준을 평가하여, 안전보건 확보가 어려울 것으로 보이는 경우에는 계약하지 않는다. 또한 '안전보건 확보를 위한 조건'을 이행하지 않는 경우에 대한 조치방안을 사전에 마련하고 도급 · 용역 · 위탁 등 계약을 할 때는 업종의 특성 등을 고려하여, 사업장 내 안전보건 확보를 위한 충분한 비용과 작업기간 등을 보장한다.
2. 안전보건관리 체계 구축 및 운영에 있어, 사업장 내 모든 구성원이 보호받을 수 있도록 한다. 실행방법으로는 아래와 같다.

- 안전보건관리 체계 구축 및 이행을 통해, 소속 직원 뿐만 아니라, 사업장 내 모든 구성원에 대한 안전보건을 확보해야 한다.
- 하청업체, 파견업체, 공급 · 판매업체(Suppliers and vendors)에게 안전보건 경영방침을 알린다.
- 안전보건 관련 정보제공, 공식 절차(작업전 안전미팅, 안전제안 활동) 등은 사업장 내 모든 구성원이 참여할 수 있도록 운영한다.
- 사업장 내 모든 위험요인을 파악해야 하며, 위험요인별 대체 · 제거 및 통제 방안은 사업장 내 모든 구성원을 보호할 수 있도록 마련한다.
- 비상조치계획의 수립 및 이에 따른 훈련에 사업장 내 모든 구성원이 참여할 수 있도록 한다.
- 사업장 내 위험요인이 제거 · 대체되었거나 통제되어 사업장 내 모든 구성원의 안전보건이 확보되고 있는지, 확인 · 평가하고 개선한다.
- 하청업체, 파견업체, 공급 · 판매업체 등에게 안전보건관리 체계 구축 · 이행에 필요한 정보를 제공 · 설명하고, 소통 및 협력체계를 구성 · 운영한다.

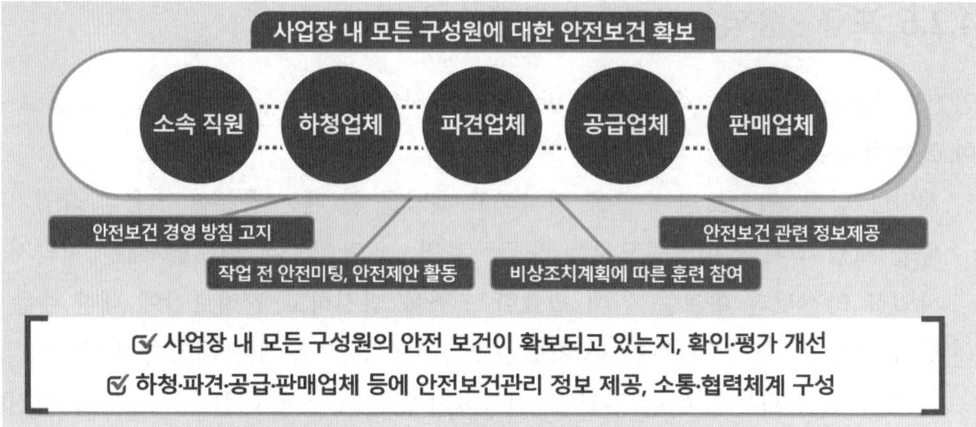

[그림 4-17] **사업장 내 안전보건 확보**

4.2.7 평가 및 개선

안전보건관리 체계 이행 현황을 정기적으로 확인하고, 문제점을 파악 · 개선하여 안전보건관리 체계를 지속적으로 개선한다.

1. 안전보건관리 체계 구축 · 이행 과정을 평가할 수 있는 목표를 설정하고 정기적으로 평가한다. 실행방법으로는 본사, 부서별, 사업장별로 안전보건에 관한 목표를 설정하고 평가하고 안전보건에 관한 목표는 안전보건관리 체계 구축 및 이행을 위한 과정을 평가할 수 있는 지표로 설정한다. 또한 정기적으로 목표 달성 여부를 평가하며, 모든 구성원에게 공개하며 설정한 목표에 대한 평가 결과가 양호함에도 산업재해 발생 건수가 증가하는 경우에는 목표가 올바르게 설정되었는지 점검하여 개선한다.

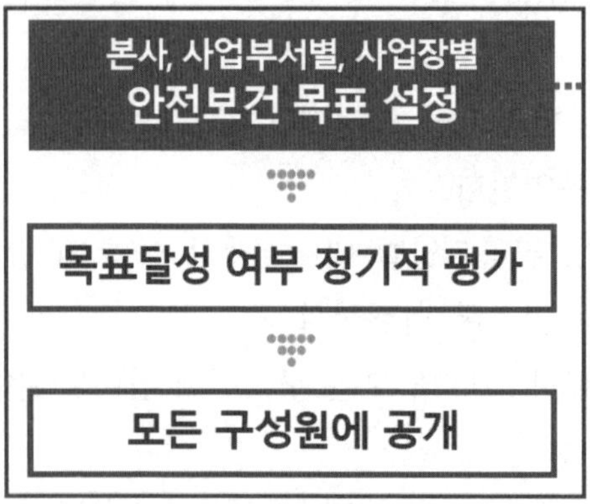

2. 현장에서 계획대로 이행되고 있는지 확인하고 사고가 발생하면 관리체계의 근원적인 문제를 찾는 데 집중한다. 실행방법은 아래와 같다.
   - 안전보건관리 체계가 계획대로 이행되고 있는지, 위험요소가 적절히 제거 · 대체되었거나 통제되고 있는지, 정해진 절차대로 운영되고 있는지를 정기적으로 점검한다.

- 주요 공정에 대한 전문성을 갖춘 자를 중심으로 점검팀을 구성하고, 현장의 안전작업절차가 위험요인 관리에 적정한지 평가한다.
- 경영자 리더십, 근로자 참여, 위험요인 파악, 위험요인 제거 · 대체 및 통제방안 마련, 비상조치계획 수립, 도급 관리 등 핵심 요소 전반을 점검하고, ①면담, ②서류 확인, ③현장점검 등을 통해 확인한다.
- 산업재해 및 아차 사고 발생 시에는 특별점검을 통해 사고의 근본적인 원인을 파악하고 개선방안을 마련한다.
- 확인 결과, 도출된 문제점과 개선방안은 경영자에게 보고하고, 교육훈련 등을 통해 전파한다.

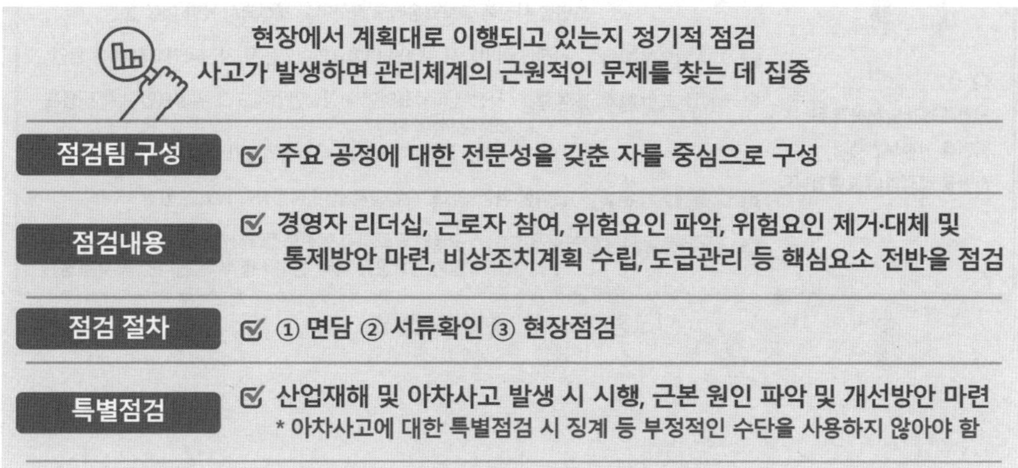

[그림 4-18] 안전보건체계 정기 점검

3. 발굴된 문제점을 주기적으로 검토하고 개선한다. 실행방법은 평가 및 점검에서 발견된 문제는 분기별(또는 반기)로 조치계획을 마련하여 경영자에게 보고하고 경영자는 자원을 배정하고 이행하고 조치계획 수립 및 이행 과정은 투명하게 공개한다.

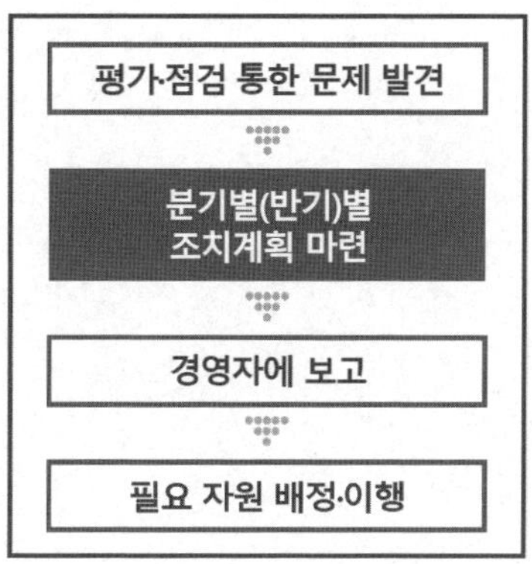

❶ 안전보건관리체계에 따른 계획 및 절차대로 이행되고 있는지 정기적으로 점검 (반기 1회 이상)

❷ 주요 공정 또는 위험요인에 대한 전문성을 갖춘 자로 점검팀 구성운영

❸ 안전보건관리체계 전반을 점검하고 ① 면담 ② 서류확인 ③ 현장점검 등을 통해 확인

[그림 4-19] **자체감사방법**

☆ 산업재해가 발생하게 된 원인을 안전보건체계 전반을 점검하여 도출합니다.

❶ 경영자 리더십 ▶ 적절한 예산, 인력 등 자원이 배정되어 투입되었는지

❷ 근로자 참여 ▶ 근로자가 해당 위험요인을 사전에 발굴하지 못한 이유, 근로자가 위험요인을 사전에 통보했음에도 불구하고 개선되지 못한 이유 등

❸ 위험요인 파악 ▶ 사전에 파악되지 않았던 위험요인이었는지, 사전파악되지 않은 원인

❹ 위험요인 제거, 통제 등 ▶ 사전에 파악됐었던 위험요인임에도 그 위험요인이 제거·통제되지 못했던 원인 (안전작업절차 미작동, 사전작업허가 대상 미포함 등)

❺ 비상조치 계획 ▶ 급박한 위험임에도 작업중지 등이 작동하지 않았던 원인

❻ 도급·용역·위탁 안전보건조치 ▶ 수급인 근로자가 안전보건조치를 충분히 이행하지 못한 원인(정보공유 미비, 참여소통 부족, 관리·감독 부재 등)

[그림 4-20] **특별점검방법**

5. ESG 안전문화

5.1 ESG 안전문화 개념

안전문화라는 용어는 조직문화의 개념에서 파생되어 새롭게 출현한 단어로써 조직문화라는 포괄적인 의미에서 조직의 목표와 성과를 달성하기 위하여 조직문화를 구성하고 있는 요소들의 초점이 안전에 맞추어지는 것을 의미한다.

조직문화는 고객 중심 문화, 혁신 문화처럼 영역 혹은 분야에 따라 다양한 조직문화로 구분해서 생각해볼 수 있다. 안전문화는 이러한 다양한 조직문화 중 '안전과 관련된 조직문화'라고도 할 수 있다. 안전문화의 개념은 1986년 체르노빌 원자력 누출 사고에 따른 국제원자력기구(IAEA) 국제원자력자문단(INSAG)의 보고서인 INSAG-1에서 최초 사용되었으며, 1988년 원자력발전소 자문단은 INSAG-3에서 '원자력 발전소 기본 안전 원칙'에서 가장 우선적인 안전원칙으로 제시하였다.

안전문화의 개념은 다양한 학자들에 의해 정의된 바 있는데, 대체로 안전에 대한 믿음, 가치 등 의식 부분과 이를 바탕으로 나타나는 행태, 행동양식을 포괄하는 개념으로 정의하였다.

구체적으로 국내외 학자들의 안전문화에 대한 개념을 살펴보면 다음과 같다. 한국산업안전보건공단(2021)에서 제시한 안전문화란 "작업장 안전과 관련된 조직 구성원들이 공유하고 있는 기본 가정"이라고 정의하고 있다.

Clarke(2012)는 안전문화를 조직에 내재된 안전에 관한 기본 가치와 신념을 나타내는 것으로 보았고, 안전분위기를 작업환경의 상태에 대한 조직 구성원의 주된 인식이라고 정의하였다. 한국산업안전공단은 안전문화를 안전제일의 가치관이 개인 또는 조직 구성원들 각자에게 만족되어 개인의 삶이나 조직 활동 안에서 관행, 의식이 안전으로 체질화된 것으로 보았고, 안전문화에서는 인간의 존엄과 가치의 구체적 실현을 위한 행동양식이나 태도, 사고방식 등이 모든 의미를 가진다.

또한, 영국안전보건위원회(Health and Safety Commission, HSC)에서는 안전문화를 조직의 보건과 안전관리에 헌신하게 하는 행동의 유형, 개인 및 집단의 가치, 태도, 능력, 지각 등의 산물로 정의하고 있다.

Findikcoglu(2018)는 안전문화를 포괄적인 개념으로 보았다. 안전문화란 신념, 가치, 태도, 규범, 해석, 가정, 경험, 행동 패턴, 책임 인식, 작업장에서 일하는 사람들이 공유하는 안전과 건강을 향상시키기 위한 노력이며, 위험과 위험 행동에 대한 예방조치를 하는 요소라고 정의하였다. 이처럼 안전문화는 자연재해, 교통, 발전소, 제조, 건설, 서비스 분야, 원자력 등 대중적인 부분과 산업계 전반에 걸쳐 광범위하게 사용되고 있다.

선행연구를 바탕으로 안전문화에 대한 개념을 정의하면, 조직 내에서 안전에 관한 기본 가치, 신념, 행동 양식, 위험에 대한 행동 및 예방조치 행동 등의 총괄적 산물로 조직의 안전성과를 창출하는 문화라고 할 수 있다.

5.2 안전문화 선행연구

최근 복잡하고 불확실성이 증대되는 사회 환경 속에서 각종 재난 및 안전사고에 효과적으로 대비하려면 무엇보다 안전문화의 확산 및 정착이 필요하다. 2014년 세월호 사고 이후 우리 사회는 안전의식에 대한 반성과 더불어 안전문화 구축의 중요성이 강조되고 있다. 안전사고의 원인으로 안전의식의 부재, 안전규칙 준수 소홀, 안전규제 미흡, 부주의 등이 언급되면서 안전문화 확산의 필요성에 대해 많은 사람들에게 공감을 얻게 되었다. 특히 대형사고가 발생할 때마다 제기되는 '안전불감증'을 해결하기 위해서는 정부 중심의 안전문화 확산 정책이 필요하다는 인식이 사회적으로 확산되고 있다.

해외의 경우 1986년 4월 말 러시아에서는 체르노빌 사고가 발생하였고, 같은 해 미국에서는 우주선 챌린저호가 발사 73초 만에 공중에서 폭발하는 사고가 발생했다. 수많은 사람들이 현장에서 그리고 TV로 지켜보는 중에 탑승자 7명이 전원 사망한 이 사고는 미국인들에게 엄청난 심리적 타격을 주었다. 당시 레이건 대통령과 미 하원은 각각 독립적인 사고 조사를 지시하였다. 조사 결과, 폭발의 직접적인 원인은 O링이라는 고무 패킹이 추운 날씨에 얼어 기능하지 못했기 때문으로 밝혀졌다. 그러나 더 놀라운 사실은 O링을 제작한 협력업체 엔지니어들이 이러한 문제점을 이미 상부에 보고하였음에도 불구하고, 발사에 대한 최종 의사결정자들에게 이 사실이 전달되지 않았다는 것이었다. 그 외에도 다양한 조직적 문제가 지적되었는데, 협력업체 계약 시 안전과 품질보다는 비용과 일정 준수에 더 높은 인센티브를 주게 되어있던 것도 한 예이다.

위의 사례들은 조직의 안전문화와 사고는 안전의식 부재와 직접적인 연관성이 있음을 보여주고 있다. 그동안 안전문화는 조직문화의 일종으로 연구되어 왔으며, 1986년 체르노빌 원자력 누출사고로 인해 그 중요성이 산업분야로 확산 강조되어 왔다.

한편, 경쟁 가치 이론에 따르면 조직에는 중요하게 고려해야 할 다양한 가치들, 즉 중요하게 여기는 것들이 존재한다. 많은 조직에서 안전을 중요하게 생각하지만 동시에 비용, 이윤, 생산성, 효율성, 품질, 일정 준수, 고객 만족 등 역시 매우 중요한 가치로 고려된다. 문제는 이러한 가치들이 서로 밀접하게 연결되어 있으며 때로는 서로 경쟁적인 관계를 가진다는 것이다. 조직에서 하나의 가치를 중요하게 여기는 것이 다른 가치를 덜 중요하게 여기게 만드는 의도치 않은 결과를 낳을 수 있다는 것을 보여주는 흥미로운 연구가 있다. 이 연구에서는 근로자 50명 이상의 미국 중소기업 86개사를 대상으로 성과기반 보상제도 시행 여부가 재해로 인한 근로손실일수를 예측할 수 있는지를 분석하였다. 보다 정교한 분석을 위해 산업평균 재해 근로손실일수, 노조여부 등 기업의 재해 근로손실일수에 영향을 미칠 수 있는 변인들의 효과를 통제하였다. 분석 결과 성과제 보상을 하는 기업이 그렇지 않은 기업에 비해 재해 근로손실일수가 더 높은 것으로 나타났다.

기업에서는 생산성을 높이기 위해 성과제 보상을 시행했는데 전혀 의도치 않은 결과가 발생한 것이라고 할 수 있다. 그런데 기업에서 사용하는 성과지표에는 일반적으로 생산성, 일정 준수, 불량률 등이 중요하게 고려된다. 따라서 조직에서 성과기반 보상제도를 사용한다는 것은 그 조직이 생산성, 일정 준수, 불량률을 중시한다는 것을 보여주는 것이고, 이는 경쟁적인 관계를 가지는 안전이 덜 중요하다는 신호를 보내는 것이다. 결과적으로 이 연구결과는 조직에서 특정 가치를 중시한다는 것이 다른 가치를 덜 중요시하게 만드는 결과를 초래할 수 있다는 것을 보여준다.

따라서, 한 조직에서 생산성과 같은 성과 가치를 추구할 경우 안전문화를 소홀히 할 수 있으며 이로 인해 사고가 발생하여 전반적인 조직의 지속적인 경영에 큰 어려움을 만드는 요인이 될 수 있다.

안전문화는 조직 내의 안전에 관한 기본 가치, 신념, 행동 양식 등의 총괄적 산물로서 조직 내의 구성원들의 안전태도, 안전행동에 영향을 미치는 선행요인이 되기도 하고 영향을 받는 후행요인으로도 인식되기도 한다. 결과적으로 안전문화는 조직신뢰 및 안전성과를 향상 시키는 중요한 요인으로 작용하는데 선행요인이 되기도 하고 후행요인이 되기도 한다.

국내외 학자의 안전문화에 대한 선행연구를 살펴보면 다음과 같다. 이경재와 송광선(2013)은 조직구성원이 느끼는 조직의 안전문화가 직무만족과 조직몰입에 미치는 영향을 파악하고자 제조업체의 현장 근로자들을 대상으로 조사·분석하였다. 연구결과 안전문화와 종속변수인 직무만족의 관계에서 조직신뢰가 유의미한 긍정적 영향을 미치는 것으로 나타났다. 즉 조직의 안전문화는 조직구성원의 조직에 대한 신뢰를 높이며 이러한 조직에 대한 긍정적 신뢰관계는 개인의 직무만족도를 높이고 조직몰입을 강화시켜 조직의 성과를 높이는 중요한 요인임을 제시하였다.

김승호와 윤석준(2017)은 행동기반 안전을 통한 안전문화정착 방안에 관한 연구에서 행동 데이터를 정확하게 수집하고 면밀하게 검토해 그 결과에 따라 정확한 지침을 마련하고, 작업자들에게 행동과 관련해 자신이 얼마나 위험에 노출되어 있는지 체계적으로 평가하고, 동료 작업자들에게 피드백을 제공할 수 있도록 지원해야 한다고 제시하였다. 이러한 행동기반안전 즉 안전과 관련된 중요한 행동을 파악하고 그 행동을 체계적으로 관찰하여 피드백을 제공하는데, 이러한 원칙을 다음 단계로 가져가고, 동일한 원칙을 적용하여 작업장에 기계장치 및 설비가 설치된 이후에도 이를 지속적으로 평가하고 개선함으로써, 조직의 안전문화가 정착된다고 주장하였다.

이수원(2018)은 안전리더십과 조직안전문화의 안전행동에 대한 영향에 관한 연구에서 안전문화요소를 안전풍토, 안전절차, 안전동기 3가지 하위요인으로 구성하여 실증적으로 검증하였다. 연구결과 안전리더십은 조직의 안전문화에 유의미한 영향을 미치는 것으로 나타났으며 조직 내에서 부장의 안전리더십은 부서 내 조직안전문화에 중요한 역할을 한다고 강조하였다. 또한 조직의 안전문화는 안전행동에 유의미한 영향을 미치는 것으로 나타났으며, 결론적으로 조직 내에서 안전절차, 안전동기, 안전풍토는 부서 내 구성원의 안전행동에 영향을 주는 것으로 규명되었다. 문광수(2019)의 조직문화, 안전문화, 스트레스 그리고 사고에 관한 사례연구를 살펴보면 기업의 중대사고가 발생하기 이전에는 해당 부서의 스트레스 지수가 증가하였고, 안전관리 담당 부서의 스트레스 역시 증가하였음을 알 수 있다.

그리고 스트레스 증가 이전에 조직문화와 안전문화가 변화하는 계기가 있었다는 것을 확인할 수 있었다. 추가적인 설문분석 결과, 다양한 조직 문화 요인들이 안전문화에 영향을 미치지만 리더십과 전략의 적절성이 상대적으로 더 많은 영향을 미치는 것으로 나타났다.

김회춘(2020)의 기업의 안전문화와 사고와의 영향관계에서 안전행동몰입을 매개로 한 연구에서 기업의 안전문화를 정착시키기 위해 조직 구성원의 자발적인 노력은 기업의 안전문화를 형성해서 안전행동몰입에 긍정적인 영향을 미치며, 안전행동몰입은 기업의 안전문화와 사고의 관계에서 매개역할을 하는 것으로 확인되었다. 즉, 조직 구성원의 사고 감소와 안전행동몰입과의 연관성을 밝혀 안전행동몰입을 강화시킴으로서 기업발전에 기여할 수 있다는 사실을 제시하였다. 김회춘(2020)의 연구모형은 [그림 5-1]과 같다.

[그림 5-1] A Study model of Kim Hoi-choon(2020)

최근 김주희(2021)는 안전조직문화와 리더십이 회복역량을 매개로 조직의 안전행동과 안전성과에 미치는 영향을 분석한 연구에서 기업의 조직문화는 유형에 차이가 있지만 회복역량을 매개로 조직의 안전행동과 안전성과에 유의미한 긍정적 영향을 미치는 것으로 확인하였다.

안전문화에 대한 해외학자들의 선행연구를 살펴보면, Griffin와 Neal(2000)은 작업장에서의 안전에 대한 의식에 관한 연구에서 안전문화의 구성요소로 경영자 가치, 안전 커뮤니케이션, 안전관행, 안전교육, 안전장비 등을 제시하였다. 그들의 연구모형에 의하면 조직의 사고 및 재해를 예방하기 위해 시설이나 보호구에 대한 공학적·기술적 조치를 강구했음에도 불구하고 지속적으로 발생하는 각종 재해 원인을 찾는 과정에서 안전문화를 구성원의 행동과 행동 양식을 포괄하는 개념으로 보았다. 또한, Khan 등(2018)의 연구에서 제시한 바와 같이 조직의 안전성과는 조직구성원의 안전의식과 안전문화에 영향을 받는다고 하였다. 즉 조직의 안전문화는 안전성과를 향상 시키는 선행변수임을 강조하고 있다.

Ismail 등(2009)은 안전문화 요인의 특징을 심리적, 행동적, 상황적 관점에서 제시하였다. 그들은 건설업에 종사하는 조직 구성원을 대상으로 안전문화에 영향을 미치는 요인을 연구하였는데 주체적 속성의 심리와 환경적인 요소의 상황, 그리고 자원적인 요소인 행동을 제시하였다. 하나의 문화를 형성하기 위해서 주체, 자원, 환경의 조화가 이루어져야 하는 것처럼 안전문화 형성을 위해서도 상황적 관점과 심리적 관점이 행동적 관점과 조화를 이루어야 한다고 주장하였다. Ismail 등 (2009)의 안전문화에 영향을 미치는 요인 연구에 대한 모형을 보면 [그림 5-2]와 같다.

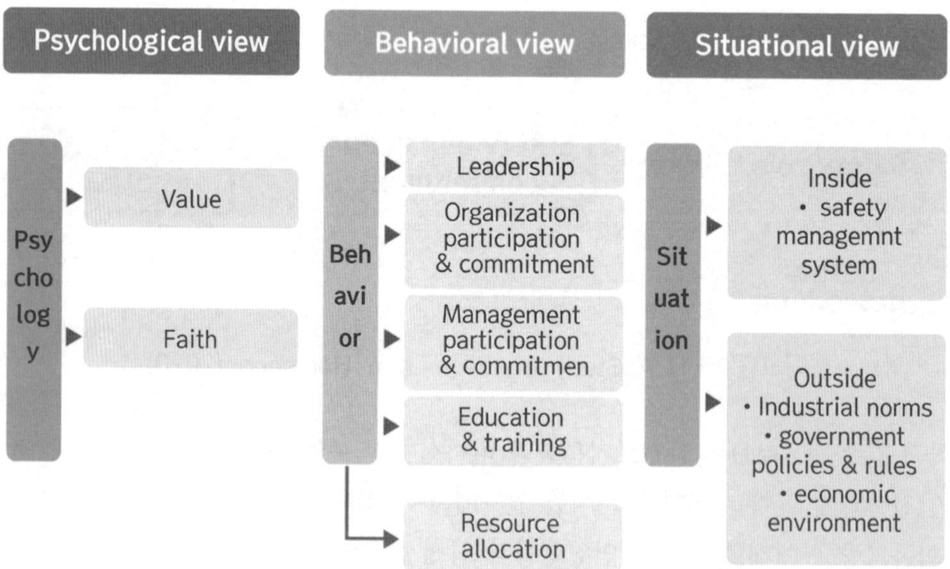

[그림 5-2] A Study on the factors influencing safety culture(Ismail et al., 2009)

Patankar 등 (2012)는 [그림 5-3]과 같이 안전문화를 진단하는 기준을 제시하였다. 책임성과 학습성으로 카테고리를 나눌 수 있는데 책임성은 부정적 상태인 비밀주의 문화와 비난주의 문화, 긍정적 상태인 보고문화와 공정문화로 구분한다. 비밀주의는 잠재적인 문제를 알면서도 숨기는 행위로 조직의 피해를 우려해 발생한다. 비난문화는 사고가 발생할 경우 책임을 묻고 비난하는 행위로 조직과 개인 간의 신뢰성을 낮추는 특징이 있다.

보고문화는 위험을 인지할 경우 보고하여 조사를 통해 사고를 예방할 수 있게 한다. 공정문화는 개인의 실수를 보고했을 때 격려해주고 위험성을 보고하는 경우에는 보상해주는 행위이다.

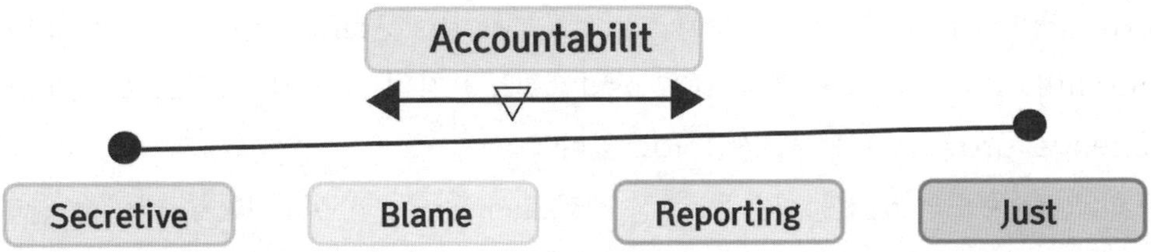

[그림 5-3] Positive and negative states of safety culture

가장 최근에, Gaur 등 (2022)은 강력한 안전문화를 가진 조직은 조직활동의 고위험 특성을 인식하고 문제를 해결하기 위해 직급과 분야를 초월하여 협력하기 위해 모든 관련 정보나 자원을 사용한다고 강조하면서, 안전문화에 내재된 바른 문화의 원칙에 대해 아래의 표 5-1과 같이 제시하였다.

표 5-1 ▌The Principles of safety(Principles of safety culture)

- Recognizing the high-risk nature of the organization's activities and its determination to achieve continued safe operation. - A blame-free environment in which individuals can report errors or near-misses without fear of reprimand or punishment - Encourage cooperation by rank and field to find solutions to the safety issues of members - Commitment of organizational resources to solve safety issues

한편, 안전문화운동에 대한 국내외 사례를 살펴보면 다음과 같다. 우리나라의 안전

문화운동은 정부가 주도하여 도입하였으며, 고용노동부와 안전보건공단에서 추진하는 산업영역의 안전문화운동과 국민안전처의 생활영역 안전문화운동으로 구분할 수 있다. 안전문화운동은 1995년 발생한 대형사고에 대한 반성으로 안전문화추진중앙협의회의가 구성된 이후 본격적으로 정부 차원에서 도입되었다. 산업분야에서 '조직문화'의 일환으로 발전을 거듭한 '안전문화'의 개념이 범사회적으로 확대됨에 따라 정부의 주도로 안전문화활동의 강조와 기업 경영자의 조직구성원의 안전사고에 대한 책임성을 더욱 더 강조하고 있다.

선진국의 구체적 사례를 고찰해 보면 다음과 같다. 대부분의 선진국에서 그렇듯이 미국의 산업안전 분야도 정부가 주도하여 안전문화운동을 전개하고 있다. 컨트롤 타워 역할을 OSHA가 수행하며, 다양한 Voluntary protection 프로그램, 산업안전보건성취인정 프로그램(SHARP: Safety and Health Achievement Recognition Program), Alliance 프로그램(AP), 산업안전보건청의 도전적 협력프로그램(OSHA Challenge program) 등을 운영하고 있다.

또한 민간 주도의 안전문화운동 추진 사례로서 Dupont 사의 Dow 케미컬 안전 교육 프로그램으로, 미국의 경우 민간 부문에서는 기업이 주도적으로 단계별로 만들어서 보여주고, 직원 안전 컨설팅 사례는 Dupont사의 자회사 뿐만 아니라 하청업체 관리도 포함하여 운영하고 있다.

DuPont사의 안전조직문화사례를 구체적으로 살펴보면, 안전조직문화를 형성하기 위하여 Discovery team을 구성한 후 사고가 자주 발생하는 작업장과 사고가 적은 작업장의 차이를 비교 분석하였다. 그 결과 사고가 자주 발생하는 사업장의 관리자들 대부분은 안전에 대한 이해와 헌신이 부족하였고 의사소통이 원활하지 않았으며 리더십이 자주 바뀐다는 것을 알아냈다. 반면 사고가 적은 사업장은 정반대의 조직문화를 가지고 있었다. DuPont사는 이러한 결과를 바탕으로 안전을 강조하는 조직문화를 정착시키기 위해 컨설팅 서비스를 제공하게 되었다. DuPont사에서 실시하는 안전컨설팅 서비스는 무사고를 원칙으로 한다. 사업장에서 일하는 구성원은 높은 기준의 환경과 안전 및 건강을 추구하여 안전문화가 기업에 정착하도록 도와준다. DuPont사는 안전문화에 대한 투자가 기업의 생산성과 이윤을 증진시킬 뿐만 아니라 사업장에서의 사고를 줄인다는 것을 강조한다. DuPont사의 안전프로그램은 2013년에 National safety council의 Robert W. Campbell Award를 수상함으로써 그 우수성이 대외적으로 입증되었다.

DuPont사의 컨설팅은 세 가지 요소를 중심으로 이루어졌다. 첫째는 리더십인데 관리자들은 안전의 중요성을 인지하고 안전이라는 가치에 헌신해야한다. 또한 기업의 안전 정책, 목표, 계획이 뚜렷해야하며 절차적 기준과 성과기준에 안전이 명시되어있어야 한다. 둘째는 구조적 요소이다. 안전담당자를 두어 안전상태를 점검하게 하고, 각 라인의 안전 책임소재를 명확하게 설정하여 안전이 조직 구조에 녹아들 수 있게 하였다. 또한 고용인들이 안전에 민감할 수 있게 동기부여 시키고 교육을 실행하였다. 마지막으로 절차와 행동을 강조하였다. 효과적인 의사소통, 교육 프로그램, 사고 조사, 감사 및 현장시찰 등으로 정기적인 안전 노력을 적극적으로 수행하였다.

영국 산업안전 분야의 안전문화운동 추진 사례를 보면, 정부가 주도하는 산업안전분야는 HSE(Health and Safety Executive)에서 관리 감독하는데 혼선을 줄이기 위해 안전문제를 단일화하여 추진한다. HSE가 컨트롤 타워 역할을 하며 정책의제 및 사업계획을 수립한다. HSE는 무료 워크숍을 진행하고, 사업주들의 입장에서 안전문제를 진단하고 프로그램을 실행한다. 선진 두 개국의 사례를 보면 민간 컨설팅, 자발성, 기업의 사회적 역할 강조, 협력적 정책 수립, 중소기업을 위한 프로그램을 운영하고 있다. 산업안전분야에서는 기업이 안전사고를 덮지 않고 자발적인 개선을 할 수 있도록 기업의 이익과 안전이 직결된다는 것을 강조한다. 또한 안전중심의 조직문화가 정착할 수 있도록 중앙정부 차원에서 다양한 유인책을 마련해 주고 있으며, 사업주의 일방적 지침이 아니라 작업현장에 참여하는 모든 근로자들이 이해하고 함께 만들어가는 일괄적 안전기준을 적용하고 있다.

영국 정부는 산업안전 문화 이니셔티브(Safety culture initiatives)를 통해 안전문화 리더십(Leadership), 양방향 의사소통(Two-way communication), 노동자참여(Employee involvement), 안전문화학습문화(Learning culture), 비난 없는 안전중심의 태도(Attitude towards blame)의 5가지 요소로 구분한 후 안전문화조성을 유도하였다. 영국기업의 우수한 Better Business 추진 사례를 꼽는다면 Rolls Royce PIC 이다. Rolls Royce는 연간 근로자의 질병결근 비율이 3~9%이었다. 질병결근 비율을 타파하기 위해 먼저 Rolls Royce에서는 결근 비율을 10% 감소시킴으로써 경영비용에서 상당한 이득을 거둘 수 있을 것으로 추산하였다.

Better Business를 실행하기 위하여 관리자, 산업보건자문가, 인적자원 자문가 등 각각의 책임을 규정하는 전사적 질병 · 결근 관리 프로그램을 실시하였다. 4주 이상 결근하는 근로자에 대해 물리치료 서비스를 제공하는 조기 복귀 실행계획을 실시하였고, IT 프로그램을 도입하여 직원들의 결근을 모니터링 하고, 결근 이유와 결근에 따른 비용을 계산하였다. Rolls Royce는 이렇게 산업안전에 투자함으로써 직원들의 결근을 줄일 수 있었고, 직원들은 사내활동의 활동량을 증가시켰다. 이러한 프로그램을 운영함으로써 사망자 수는 절반으로 감소되었고 직원들의 주인의식은 향상되었다. 회사에서는 무료 물리치료 또한 외부적으로 제공된 서비스를 받게끔 해주었고, 이런 복지는 직원들의 사기를 향상시켰다.

안전문화에 대한 선행연구를 살펴보면 안전문화는 정부 주도하에 사회적에서 먼저 시작되어 조직이나 기업으로 확산되어 왔다. 조직의 안전문화는 많은 연구에서 조직구성원의 안전태도와 안전행동을 위한 선행변수이며 일부 연구에서 안전문화는 안전태도와 안전행동의 후행변수의 요인이기도 한 것으로 확인되었다. 하지만 일반적으로 안전문화구축은 구성원의 안전태도와 행동의 선행요인이며 조직의 안전성과 및 조직신뢰를 향상시키는 주요요인이라고 제시된다. 안전문화에 대한 선행연구를 정리하면 표 5-2와 같다.

표 5-2 ▌A Preliminary study on safety culture(Continue)

Research	Contents
Korea Occupational Safety & Health Agency(2021)	- An interesting study showing that in an organization, To think one value important can have the unintended consequences of making another value less important. - When an organization pursues performance values such as productivity, safety culture may be neglected, which may cause accidents and create great difficulties in the continuous management of the overall organization.
Lee, Kyung Jae & Song, Gwang Sun.(2013)	- It has been proven that organizational trust has a significant positive effect on the relationship between safety culture and job satisfaction, which is a dependent variable.
Kim, Seung Ho & Yoon, Suk Joon(2017)	- In a study on how to establish a safety culture through behavior-based safety, it was suggested that we systematically evaluate how much risk we are exposed to behavioral risks to workers by

Research	Contents
	accurately collecting behavioral data, carefully examining it, and preparing accurate guidelines based on the results.
Lee, Soo Wo.(2018)	- It was emphasized that safety leadership is a factor that has a significant influence on the organizational safety culture, and that the safety leadership of the manager within the organization plays an important role in the organizational safety culture within the department.
Kim, Hoi-choon(2020)	- By revealing the relationship between the commitment to safety behavior and the reduction of accidents among members of the organization, it was suggested that it can contribute to the development of the company by strengthening the commitment to safety behavior.
Kim, J. H.(2021)	- Although there are differences in the type of company organizational culture, it was confirmed that the recovery capacity had a significant positive effect on the organization's safety behavior and safety performance.
Griffin & Neal (2000)	- In any organization, in the process of finding the cause of various disasters that continuously occur despite technical and engineering measures taken for protection or facilities to prevent accidents, and disasters, safety culture includes the actions and behaviors of members, and shows as a reflection of the cultural aspect.

5.3 ESG 안전문화

사고와 재해가 발생하는 이유는 다양하지만, 가장 직접적인 원인은 사람의 행동이다. 사람이 어떤 행동을 하기 위해서는 그 행동에 필요한 지식과 기술이 있어야 하고, 동시에 그 행동을 하겠다는 동기가 있어야 한다. 안전문화는 바로 구성원들의 안전행동에 필요한 지식, 기술, 동기에 영향을 미쳐서 안전행동을 하거나 하지 않게 만든다. '행동-결과 기대' 이론은 안전문화가 구성원들의 안전 관련 지식, 기술, 동기에 영향을 미치는 원리를 설명한다. 안전을 중요시하는 조직문화는 구성원들에게 안전에 도움이 되는 행동을 하면 좋은 결과가 생길 것이라는 기대를 하게 만든다. 반대로 안전이 덜 중시되는 조직문화에서는 그런 행동을 하는 것이 큰 도움이 안 되거나 오히려 안 좋은 결과를 낳을 것이라는 기대를 하게 된다. 이러한 기대가 안전 지식, 기술, 동기에 영향을 주고, 결국은 안전한 혹은 불안전한 행동을 하게 만드는 것이다.

한편, 사고와 재해 예방에 도움이 되는 안전행동은 정해진 안전규정을 따르는 안전 준수행동 뿐만 아니라, 적극적으로 안전한 작업장을 만들기 위해 노력하는 안전참여행동을 포함한다. 동료가 안전하게 작업할 수 있도록 도와주고, 자발적으로 위험요소를 찾아 개선을 요청하는 등의 안전 참여행동은 ESG 경영에서 안전한 작업장을 만들기 위해 반드시 필요하며, ESG 경영 안전문화는 구성원들에게 이러한 행동을 하는 것이 긍정적인 결과를 낳을 것이라는 기대를 하게 만든다.

끝으로 안전한 작업장을 만들기 위해 성격과 같은 구성원들의 개인특성을 이해하는 것이 중요하지만, 조직이 개개인의 다양한 특성을 모두 관리하는 데는 한계가 있습니다. 연구에 따르면, ESG 경영 안전문화는 개인특성이 안전에 주는 영향력을 감소시킬 수 있다. 따라서 건강한 ESG 경영 안전문화를 만드는 것은 안전한 작업장을 만들기 위한 보다 효과적인 방법입니다.

6. ESG 조직신뢰

6.1 조직신뢰 개념

신뢰(trust)는 위험(risk)과 관련된 개념이며, 불확실한 상황에서 위험을 감소시켜 준다. 위험부담이 없는 상태에서 업무를 수행할 때 생기는 믿음으로 인해 신뢰는 지속될 수 있고, 업무수행 중 종사자가 위험을 높게 인식할수록 조직신뢰는 낮아지게 된다.

조직신뢰란 조직이 유익하거나 해롭지 않을 것이라는 조직 구성원들의 전반적인 평가와 확신의 개념을 의미한다. 조직에 대해 신뢰하는 조직구성원들은 조직신뢰를 통하여 조직구성원들에게 공동체의식을 가지게 됨으로써 보다 조직의 목표를 향해 자발적으로 참여하고 적극적인 태도와 행동을 보일 것으로 기대한다. 따라서 조직의 관리 및 운영에 있어서 조직 내에 안전교육수준, 안전한 작업환경을 갖출 시 조직의 구성원들은 조직에 대한 신뢰도가 높을 것이며 이에 따라 업무에 보다 자발적으로 참여하고 몰입하게 된다.

또한 조직신뢰란 조직의 제도에 대한 신뢰와 더불어 조직구성원이 조직 내 위험요인을 기꺼이 받아드리려는 심리적 상태이며 개인이 조직을 신뢰하는 것으로서 조직의 제도적 측면에 대한 구성원들의 신뢰를 의미한다. 조직구성원이 불확실한 상황에서도 자신이 종사하는 조직 및 경영진에 대해 기꺼이 믿고 따르려는 의지이자 기업이나 경영진들에게 사회적 책임활동과 더불어 매우 중요한 요인으로 고려되고 있다.

선행연구를 바탕으로 본 연구에서는 조직신뢰를 불확실한 상황에서도 조직의 개인 구성원들이 경영진을 믿고 따르려는 조직에 대한 전반적인 믿음으로 개념화 한다.

6.2 조직신뢰 선행연구

조직에 대한 신뢰는 개인에 대한 신뢰와 더불어 중요한 연구대상이며, 조직신뢰는 조직과 개인 간에 형성되는 신뢰를 의미하며, 개인의 직무만족 뿐만이 아니라 조직의 성과 향상에 있어서 필요한 요소이다. 조직에 대한 구성원들의 신뢰는 조직의 안전시스템을 구현하는데 중요한 역할을 하며, 조직 내에서 조직의 안전과 성과를 개선한다. 한편, 많은 학자들은 조직의 신뢰가 열린 의사소통을 촉진하는 효과를 나타나며, 작업장의 안전사고를 줄일 수 있다고 제안하였다. 국내 · 외 학자들의 조직신뢰에 대한 선행연구를 살펴보면 다음과 같다.

이경재와 송광선(2013)은 조직의 안전문화에 대한 인식이 개인의 직무만족과 조직몰입에 미치는 영향에 관한 연구에서 조직신뢰에 대한 매개효과를 검증한 결과, 조직의 안전문화는 조직신뢰를 매개로 조직구성원의 직무만족과 조직몰입에 긍정적 영향을 미친다고 밝히고 있다. 즉 조직의 안전문화는 조직신뢰에 직접적인 영향을 미치며 조직신뢰를 통해 조직구성원이 직무에 대한 만족도와 직무에 몰입정도를 향상시킨다고 주장하였다. 이와 같이 조직신뢰는 조직의 안전문화에 의해 생성될 수 있으며 조직을 신뢰하는 구성원은 업무에 더욱 더 몰입할 수 있음을 확인하였다. 또한 이재건 등(2016)은 의류물류센터를 중심으로 안전의식이 조직신뢰 및 조직몰입에 미치는 영향에 관한 연구에서 안전의식 수준의 하위 요인들 가운데 위험처리방식, 안전이해도, 안전규칙엄격성, 안전교육 효율성 모두 종속변수인 정서적 신뢰에 유의한 영향을 미치는 것으로 나타났으며 안전의식이 조직신뢰에 유의미한 긍정적 영향을 미치는 것으로 확인하였다.

또한 안전의식의 향상은 조직의 신뢰를 향상시키며 조직구성원으로 하여금 조직몰입도를 증가시키는 긍정적 영향을 미치는 것으로 밝혔다. 이러한 연구결과를 바탕으로, 물류산업의 환경변화에 따른 안전사고가 증가하고 있는데 이러한 물류산업의 재해요인으로 물류설비의 자동화, 대형화, 근로자의 고령화, 3D 기피업종으로 인식 등으로 재해발생률이 상승하였는데, 이에 따른 물류산업 재해 안전을 위해 조직구성원의 안전의식 향상이 선행되어야 함을 시사점으로 제시하고 있다. 이재건 등(2016)의 연구모형은 아래 [그림 6-1]과 같다.

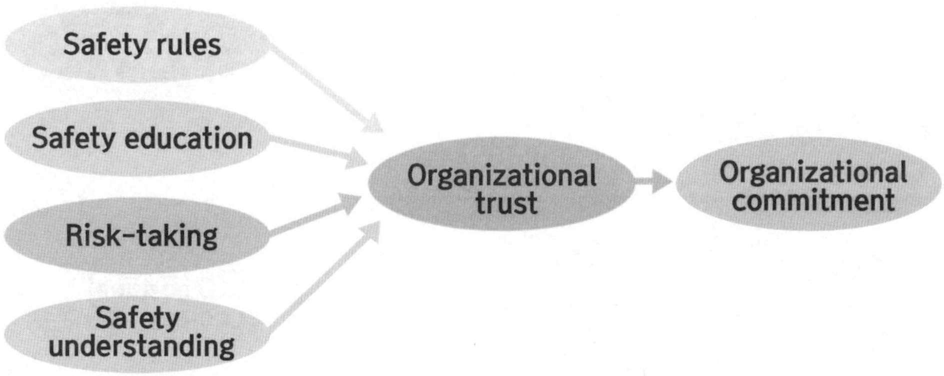

[그림 6-1] A Study model of Lee Jae-gun et al. (2016)

오수인(2015)은 건설업을 중심으로 기업의 정성적 · 정량적 안전경영활동과 근로자의 안전의식, 조직신뢰가 조직성과에 미치는 영향에 대해 조사 분석하였다. 연구결과 조직구성원의 안전의식은 직무만족에는 영향을 미치지 않았으나, 조직몰입과 이직의도에는 유의미한 영향을 미치는 것으로 확인하였다. 또한, 조직신뢰는 조직성과의 직무만족과 조직몰입에 정(+)의 영향을 미치는 것으로 입증하였다. 이러한 연구결과를 바탕으로 볼 때 기업에서 조직구성원의 직무만족과 조직몰입을 높이고 이직의도를 낮추는데 있어 안전경영활동의 중요성을 제시하였으며, 조직만이 아니라 개인의 안전의식과 조직신뢰 또한 조직성과를 높이는데 있어 중요한 요인으로 밝혔다.

이희라(2015)는 항공서비스사를 대상으로 항공사 객실승무원의 항공사의 안전풍토에 대한 인식이 조직신뢰 및 정서적 몰입에 미치는 영향을 검증하였다. 연구결과 항공사의 안전풍토는 경영자의 안전에 대한 태도, 안전관련 교육프로그램, 상향적 의사소통으로 나타났으며, 항공사 승무원은 자신이 속한 항공사 경영자의 안전에 대한 태도에 대해 높은 평가를 하게 되면 조직을 신뢰하게 된다는 것을 확인하였다. 또한 안전에 대한 상향적 의사소통이 서로 간에 잘 이루어지고 있다고 평가한 승무원일수록 강한 조직신뢰를 갖는 것으로 나타났다. 이희라(2015)의 연구모형은 아래 [그림 6-2]와 같다.

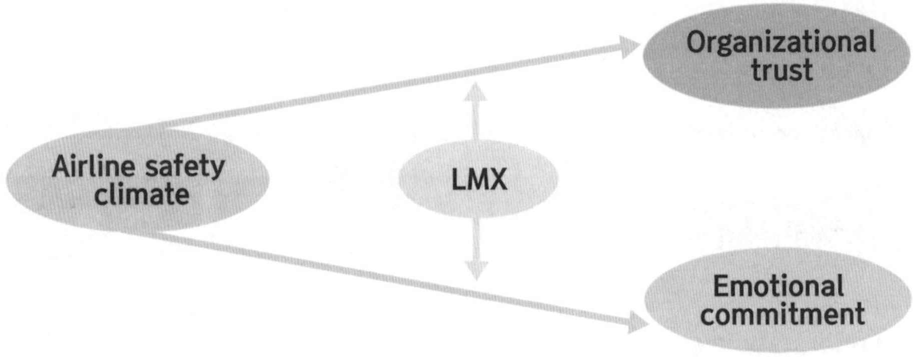

[그림 6-2] Lee Hee-ra(2015) Research model

Fleming(2000)이 주장한 안전문화 성숙모형 중 시작단계, 관리단계, 참여단계, 협력단계를 거쳐 최종단계인 지속적인 개선단계로 조직의 안전문화를 구축함으로써 안전사고를 감소시키고 조직의 신뢰를 높일 수 있다. 이러한 조직의 안전문화를 향상시키고 결과적으로 조직신뢰를 높여 조직의 성과를 향상시키는 선순환 구조를 창출할 수 있다고 하였다. 또한, 긍정적 안전문화를 가진 조직은 상호 신뢰에 바탕을 둔 커뮤니케이션, 안전문화의 중요성에 대한 공감된 이해 및 안전사고를 방지하는 조치에 대한 효능감을 가지고 있는 특징이 있다고 하였다.

Liu 등 (2013)은 중국의 11개 기업을 대상으로 조직안전에 대한 구성원의 신뢰와 안전참여행동의 관계에 대한 연구를 조사·분석하였다. 연구결과 조직의 안전장비에 대한 신뢰가 안전참여행동을 예측할 수 있는 변수이며, 심리적 안정감과 소속감 그리고 이 두 변수로 구성된 다중변수를 통해 신뢰와 안전참여행동에 영향을 미치는 것으로 확인하였다. 조직의 안전기관에 대한 신뢰는 안전참여행동에 직접적이며 중대한 영향을 미치지 않는 것으로 나타났다. 조직신뢰는 무엇보다 구성원의 심리적 안전을 향상시키는 중요한 요인으로 제시하고 있다. 심리적 안전은 직원이 조직과 공개적이고 정직하게 의사소통하고 안전에 대한 우려를 표명하고 관리자로부터 추가 피드백을 구하도록 하는 요인이 되며, 심리적 안전을 통해 직원은 평화롭고 낙관적인 태도로 긍정적인 업무에 대한 인식을 갖도록 함으로써 직원의 안전 업무 및 활동에 대한 적극적인 참여를 촉진하고 향상시킬 수 있다고 하였다.

조직에 대한 직원의 신뢰는 안전성과를 향상시키는 중요한 요소이며, 상호성 이론(reciprocity theory)은 직원이 신뢰를 쌓을 때 조직이 자신을 가족의 구성원으로 간

주한다고 믿는다. 따라서 직원은 도움, 협력, 자기보고 및 안전문제 제기를 통해 안전 관련 활동에 적극적으로 참여하여 조직에 보답하고자 노력한다고 하였다.

한편 사회교환이론을 살펴보면 조직과 구성원은 가치와 규범을 통해 교환관계에 있기 때문에 조직이 구성원의 안전을 위해 노력한다면(안전풍토가 조성될 경우) 구성원들은 이에 보답하려고 한다. 구성원들은 조직신뢰를 바탕으로 개인의 태도와 행동을 조직에 기여하는 방향으로 전환시킬 가능성이 있다고 강조한다.

즉, 조직 내의 안전풍토에 대해 구성원들이 불충분하다고 인식하게 되면 안전에 관한 조직의 지원에 불만족감을 느끼고 이를 통해 자발적인 안전행동을 회피하게 되어 사고 발생으로도 이어질 수 있다.

결과적으로 조직신뢰가 높은 조직은 조직이 조직구성원의 감시와 통제를 위해 높은 비용을 지불할 필요성을 줄이고 소통을 촉진시킬 수 있기 때문에 조직의 중요한 자산이라고 하였으며, 조직의 안전관리, 안전문화에 대한 조직신뢰는 결과적으로 조직구성원의 직무만족을 높이고 조직성과를 결정한 중요한 요인으로 고려된다.

이와 같은 선행연구를 바탕으로 볼 때, 조직의 안전문화요인, 구성원의 안전의식 등은 조직의 신뢰를 향상시키며 결과적으로 조직의 성과를 높이는 긍정적 요인이 되는 것으로 파악된다. 즉 조직신뢰는 안전문화나 안전의식의 결과 변수 요인이며 직무만족이나 조직몰입의 조직성과에 미치는 선행변수임을 보여주고 있다. 조직신뢰에 대한 선행연구를 정리하면 표 6-1과 같다.

표 6-1 ▮ A Preliminary study on organizational trust(Continue)

Research	Contents
Lee, Kyung Jae & Song, Gwang Sun. (2013)	- It was argued that organizational safety culture directly affects organizational trust and that organizational trust improves job satisfaction and job commitment by organizational members.
Lee, Jae-gun et al..(2016)	- Among the sub-factors of the safety awareness level, risk-taking method, safety understanding, safety rule strictness, and safety education efficiency were all found to have a significant effect on emotional trust. - It was confirmed that safety awareness had a significant positive effect on organizational trust.

Research	Contents
O. Soo-Un(2015)	- The safety awareness of organizational members did not affect job satisfaction, but it was confirmed that it had a significant effect on organizational commitment and turnover intention. - It was proved that organizational trust has a positive (+) effect on job satisfaction and organizational commitment of organizational performance.
Yi, Hee-La. (2015)	- An airline's safety climate is formed by management's attitude toward safety, upward communication, and safety-related education programs. - It was confirmed that when airline crew members gave a high evaluation of the airline's management's attitude toward safety, they would trust the organization.
Fleming(2000)	- In the safety culture maturation model, safety accidents can be reduced and the trust of the organization can be increased by establishing an organizational safety culture from the start stage, management stage, participation stage, and cooperation stage to the final stage, the continuous improvement stage.
Liu et al.(2020)	- It was confirmed that trust in organizational safety equipment is a variable that can predict safety participation behavior, and that it affects trust and safety participation behavior through multiple variables consisting of psychological stability and belonging, and these two variables.

6.3 ESG 조직신뢰

조직관리자의 ESG 경영 안전리더십 발휘를 통한 ESG 경영안전경영활동과 구성원의 ESG 경영안전의식 향상은 무재해 업무환경을 조성하고 조직의 신뢰를 높여 궁극적으로는 조직의 성과를 향상시키는 선순환적 영향을 미치게 된다. 상호성 이론(reciprocity theory)에서는 직원이 조직을 신뢰하게 되면 조직이 자신을 가족의 구성원으로 간주하게 되며 이에 따라 직원은 조직에 매우 협력적이며 자기보고 및 안전문제 제기를 통해 안전 관련 활동에 적극적으로 참여하여 조직에 헌신하고자 한다. 조직신뢰는 조직의 성과를 높이는 중요한 선행요인이다. 그러므로 이러한 ESG 경영 안전문화를 정착시키며, 조직구성원의 조직신뢰를 향상시키고 조직성과를 높이는 요인은 바로 조직관리자의 ESG 경영 안전리더십에서 시작된다.

7. ESG 안전리더십

7.1 안전리더십 개념

리더십에 대한 연구는 매우 많으며, 리더십을 연구하는 사람마다 각자 자기만의 정의를 가지고 있다고 하였다. 그만큼 학자들마다 사회적 현상과 연구관점에 따라 다양한 개념이 생겨났다는 것이다. 학자들의 연구에 따르면 리더십이 구성원에 대해 영향력을 행사한다는 것에는 이견이 없다. 다만 어떤 환경에서 사용되어지고 활용하느냐에 따라 그 의미가 다르게 나타나고, 다르게 받아들여진다는 것이다. 안전리더십은 이러한 리더십의 개념에 안전이라는 의미가 더해진 경우이다. 즉, 안전리더십은 근로자에 대한 관리자의 영향력 행사라는 개념은 기존의 이론들과 유사하지만 산업현장에서의 물리적 · 심리적 위험성과 근로자들의 안전참여, 안전행동 유도 등 안전에 대한 개념이 추가된 것으로 정의할 수 있다.

20세기 후반부터 리더십과 안전문화에 대한 개념이 정착되기 시작하면서 리더십의 개념과 모형을 근간으로 안전리더십에 대한 정의가 발전되었다. Peterson은 최초로 안전리더십의 개념과 리더의 역할에 대해 설명하였는데, 안전리더십은 조직관리 차원에서 어떤 정책보다도 중요하며, 안전관리자는 자신의 행동이나 결정을 통해 현장에 적합한 규정이나 관리 방안이 어떤 것이 있는지 경영진에 전달하는 역할을 한다고 하였다. O'Dea & Flin(2001)은 안전리더십이란 부하직원으로 하여금 안전에 대한 성과 향상을 위하여 매진하고 효율적으로 활동하는 것이며, 안전에 대한 책임감을 갖도록 동기를 부여하는 것이라고 하였다. 호주의 NSWMC(New South Wales Minerals Council; 2005)은 안전리더십이란 근로자의 행동 · 태도 · 습관을 변화시키고 현장의 안전문화가 향상될 수 있도록 근로자의 믿음과 가치에 영향을 주고 변화시키는 것이라고 정의하였다. 또한, Wu, Lin, & Shiau(2010)은 안전리더십이란 조직의 목표를 달성하기 위해 리더가 구성원에게 강력한 영향력을 발휘할 때 리더와 구성원 간에 형성되는 상호 동조의 과정이라고 하였다. 안전리더십의 운용상 정의를 살펴보면 안전 코칭, 안전보호, 안전통제에서 경영진이 가지는 리더십으로 정의된다.

이러한 안전리더십에 대한 선행연구를 바탕으로, 본 연구에서는 안전리더십을 조직리더가 조직 구성원에게 안전에 대한 동기를 부여하고 안전의식, 안전태도, 안전행동에 긍정적 영향을 미치는 조직 리더의 리더십 행동이라고 개념화한다.

7.2 안전리더십 선행연구

조직차원의 안전 관련 선행연구에서는 조직리더의 리더십행동과 조직구성원의 안전동기부여, 안전행동 등의 안전결과에 미치는 영향력 패턴에 대한 논쟁이 많이 이루어지고 있다. 여러 연구에서 조직 관리자의 안전리더십은 조직의 구성원의 안전의식 및 태도, 행동에 영향을 미치며, 결국에는 조직의 안전문화를 형성하는 주요 요인이 된다. 조직의 성공적인 재해예방을 위해 경영진과 관리자의 안전리더십이 필요하며, 경영진과 중간관리자의 리더십이 안전문화 조성에 결정적인 역할을 하는 것으로 알려져 있다. 특히 He 등 (2019)은 안전문화와 관련된 100개가 넘는 연구들을 종합해서 안전문화에 영향을 미치는 다양한 요인들의 상대적인 효과를 비교하였다. 그 결과, 리더십은 안전문화에 영향을 주는 여러 요인 중 가장 영향력이 높은 요인 중 하나로 나타났다. 조직에서 리더들은 작업장 안전을 위한 노력의 방향과 목표를 결정하고, 이를 조직구성원들에게 전달하고, 안전규정과 절차가 현장에서 실천되는지를 감독하는 등의 중요한 역할을 하기 때문이다. 이와 같이 조직의 리더는 조직의 안전문화를 구축하는 요인으로 매우 중요한 역할을 한다.

최근 MIT Sloan경영대학의 Edgar H. Schein교수는 "리더가 해야 할 가장 중요한 것은 문화를 창출하고 관리하는 것이다"라고 하였고, Dupont의 안전문화 변화(The Evolution of Safety Culture) 모델과 영국 Health and Safety Executive의 안전문화 성숙모델(Safety Culture Maturity Model)에 의하면 안전문화가 향상되는 가장 중요한 원동력은 관리자의 안전리더십이라고 한다. 조직 속에서 관리자와 구성원은 공통적인 공감대가 형성되어 있기 때문에 조직리더의 안전리더십은 조직구성원의 안전행동에 영향을 미치게 된다. 이러한 공감대가 만들어지면서 조직문화는 자연스럽게 형성되고 이러한 조직문화가 의식적이든 무의식적이든 구성원으로 하여금 일정한 행동을 하거나 아니면 금지하도록 하는 것이다. 안전리더십은 조직의 안전에 대한 목표달성을 위해 조직요인과 개인요인에 대하여 영향력을 주려는 리더와 구성원간의 상호작용으로, 안전문화에 있어서 안전리더십의 중요성이 더욱 부각되면서 새로운 개념의 조직 안전문화, 안전풍토나 조직구성원으로 하여금 안전가치관, 안전태도, 안전행동 등에 대한 영향을 미치는 주요한 요소로 자리 잡게 되었다.

문광수(2018)는 안전 리더십이 안전행동, 안전분위기, 사고에 미치는 효과에 대한 메타분석에서 관리자의 리더십 유형을 변혁적 리더십과 거래적 리더십으로 구분하여 조사 분석하였다. 연구결과 변혁적 리더십은 안전행동, 안전분위기와 정적인 관계성을, 사고와는 유의미한 부적 관계성을 보였으며, 거래적 리더십은 변혁적 리더십에 비해 관련성은 낮았지만 순응행동, 참여행동과 정적인 상관관계를 보였고, 사고와는 부적인 관계를 보였다. 이러한 연구결과를 바탕으로 거래적 리더십도 사고 예방에 도움이 될 수 있다는 경험적 증거를 얻을 수 있었다.

국내 · 외 연구자들의 안전리더십에 대한 선행연구를 살펴보면 다음과 같다. 이경훈, 박해천(2011)은 사업장 관리자의 안전리더십이 작업장 안전문화에 미치는 연구에서 관리자의 안전리더십이 안전문화에 긍정적 영향을 미치는 중요한 선행요인이 된다고 밝히고 있다. 이에 따라 조직 관리자의 안전리더십은 작업장의 안전문화 형성에 있어 매우 중요한 요인이라 할 수 있다. 문광수 등(2013)은 재해 위험이 높은 철강, 건설, 제조업체 사업장 근로자들을 대상으로 한 안전리더십과 안전행동에 관한 연구에서, 관리자의 안전리더십은 근로자의 안전행동으로서 순응행동과 참여행동에 영향을 미치고 안전 분위기에도 영향을 미친다고 주장하였다. 즉, 참여행동의 경우는 근로자가 능동적으로 안전관련 개선점들을 제안하는 행동들로 조직의 관리자 혹은 상사는 안전참여의 중요성을 강조하고 근로자의 능동적인 안전참여를 동기화할 필요성을 제시하였다.

최근 위국환 등(2021)은 A社를 대상으로 한 실증적 사례연구에서 안전리더십, 안전준수, 안전교육, 안전문화 간의 영향관계를 분석하고, 안전리더십이 안전준수, 안전교육에 미치는 영향관계에서 안전이해도의 조절효과를 규명하고자 하였다. 연구결과, 안전리더십이 안전문화에 안전규칙준수와 안전교육을 매개로 긍정적 영향을 미치는 것으로 입증하였다. 즉 관리자의 안전관리에 대한 관심과 직접적인 조언은 구성원들의 안전의식 변화를 이끌고, 구성원들의 태도와 행위변화는 조직의 안전문화를 형성하는 중요한 요인이 된다. 또한, 안전이해도의 조절효과를 검증한 결과 안전준수에 미치는 영향에 있어서 안전리더십이 조절효과가 있는 것으로 밝혀졌고, 구성원들의 안전이해도가 높을수록 구성원들은 안전규칙을 준수하는 정도가 향상되는 것으로 나타났다. 또한, 오세진(2011)은 산업안전에서 관리자의 중요성에 대해 강조하면서, 현장관리자는 안전관리를 총괄하고 책임지는 의사결정자로서 산업현장에서 직원들의 안전관리를 감독·지시하여 안전한 산업현장을 유지토록 하는 책임이 있다고 강조하였다. 그리고 현장관리자의 안전관리 책임이 막중하기 때문에 현장 관리자의 안전관리 행동 및 안전의식이 곧바로 사업장의 안전수준 및 사고재해에 직접적으로 영향을 미친다고 하였다. 그는 이러한 문제의식을 갖고 자기관리(self-management)기법과 안전리더십 모델을 제시하였다. 안전리더십 모델은 관리자의 회사정책, 규칙, 훈련, 안전조사방식, 안전관리와 같은 리더십해동이 의사소통방식을 통해 직원의 안전수행 및 안전만족도에 미친다고 제시하였다. 뿐만 아니라, 관리자의 모범적 행동 변화는 직원들의 안전행동을 향상시키는 요인으로 작용한다고 주장하였다.

해외 학자들의 연구를 살펴보면, Thomas(2005)는 안전리더십 모델을 설명하면서 리더의 성격·가치관·감정적 몰입, 훌륭한 안전리더십, 안전리더십 유형, 안전문화 4단계로 구분하였다. 리더의 기본적인 성격, 가치관, 감정적 몰입은 안전리더십을 결정하고 훌륭한 안전리더십이 형성되면 안전문화를 성공적으로 달성하게 된다고 하였다. 또한 성격 5 요인 모델에 근거해서 리더의 성격을 성실성, 안정성, 외향성, 친화성, 개방성으로 구분하였고, 이들 성격이 안전리더십에 미치는 영향을 제시하였다. 안전리더십의 요소로 비전 제시, 신뢰 형성, 행동지향, 의사소통, 인정 및 피드백, 협력, 책임감으로 구성하여 증명하였다.

Bronkhorst 등 (2018)은 관리자의 안전리더십의 특성과 관련하여 경영진에게 필요한 행동 유형을 다음과 같이 제시하였다. 먼저 경영진은 달성이 가능한 안전목표에 대한 비전을 명확히 설정하고, 안전에 관련된 표어나 상징물 등을 적용하여 조직의 안전의지를 가시화해야 한다. 또한, 경영진은 안전활동에 대한 궁극적인 책임을 인식하고 중간관리자들에게 안전의식을 확립해야 한다. 마지막으로 중간관리자들과 근로자들 간의 책임과 의무를 분명하게 이해할 수 있도록 안전에 관한 교육훈련 프로그램을 개발하고 운영해야 한다. 해당 교육훈련 프로그램 개발에서 경영진과 별개로 중간관리자의 책임과 의무를 명시함으로써 중간관리자들이 작업 현장에서 근로자들의 안전의식 및 행동에 대한 직접적 영향력이 있음을 나타내었다.

또한, Katz-Navon 등 (2020)는 안전리더십처럼 높은 수준의 특정 리더십 스타일은 추종자들에게 안전과 연관된 분명한 정보를 제공하여 안전태도와 안전행동을 유도할 수 있다고 주장하였다. 또한, Delegach 등 (2017)은 조직 및 안전에 대한 몰입을 촉진하는 데 있어 변혁적 및 거래적 리더십과 자율 규제적 초점의 역할에 대한 연구에서, 변혁적 리더십은 추종자의 촉진 초점과 양의 상관관계가 있었으며, 이는 결과적으로 안전에 대한 추종자의 일반적이고 정서적인 헌신과 양의 상관관계가 있다고 하였다. 예방 초점은 거래적 능동적 리더십 스타일과 팔로워 모두의 안전에 대한 일반적이고 지속적인 몰입의 영향관계에서 긍정적인 매개역할을 한다고 제시하였다. 또한, Xue 등(2020)은 석유화학산업에 종사하는 기업 관리자의 안전리더십은 구성원의 안전행동에 긍정적 영향을 미치고, 안전분위기는 안전리더십과 안전행동에 매개역할을 한다고 주장하였다. 즉 관리자의 안전리더십은 조직구성원의 안전분위기를 형성함에 있어 선행요인이 되며, 조직의 안전분위기는 구성원의 안전규칙 준수와 같은 안전의식과 안전행동에 영향을 미친다.

최근, Zhao 등(2021)은 안전리더십, 안전태도, 안전지식이 조직구성원의 위험인식에 미치는 영향에 관한 연구에서, 연구결과에 따르면 안전태도와 안전 리더십은 위험확률 및 위험 심각도 인식에 직접적으로 긍정적인 영향을 미치고, 안전지식은 위험 심각도 인식에 직접 긍정적인 영향을 미치는 반면, 안전지식은 위험 인식에 직접적인 긍정적 영향을 미치지 않는 것으로 나타났다. 이러한 연구결과를 바탕으로 근로자의 위험 인식을 조정하기 위한 이론적 및 실무적 방법에 대한 시사점을 제시하였다.

선행연구를 바탕으로 볼 때, 조직의 리더는 조직의 재해예방 및 안전위해 요소를 감소시키기 위해서는 안전경영시스템 구축을 통해 비전과 임무(mission)을 조직구성원들과 의사소통을 통해 공유하고 조직구성원에게 안전문화를 유지하고 습득할 수 있도록 동기부여함으로써 조직의 성과를 달성할 수 있도록 안전리더십을 발휘하여야 한다. 안전리더십에 대한 선행연구를 정리하면 표 7-1과 같다.

표 7-1 ▌A Preliminary study on safety leadership(Continue)

Researcher	Contents
Lee, Kyoung Hun et al.(2011)	- A study on the effect of workplace safety leadership on workplace safety culture - It was revealed that managers' safety leadership is an important antecedent factor that has a positive effect on safety culture.
Moon, K. S., Lee, J. H. & Oh, S. J.(2013)	- A study on safety leadership and safety behavior for workers in steel, construction, and manufacturing sites with high accident risk - It is argued that the safety leadership of managers affects compliance behaviors and participation behaviors as safety behaviors of workers, and that safety leadership also affects the safety atmosphere.
Wee, Kuk Hoan et al.(2021)	- A study on the relationship between safety leadership, safety rule compliance, safety education, and safety culture in an empirical case study for company K - The moderating effect of safety understanding in the relationship of safety leadership on safety compliance and safety education was investigated. - As a result of the study, it is proven that safety leadership has a positive effect on safety culture through safety rule compliance and safety education. - Also, as a result of verifying the moderating effect of safety understanding, it was revealed that there was a moderating effect in the effect of safety leadership on safety compliance.
Oah, She Zeen (2011)	- Presenting a self-management technique and safety leadership model with a problem awareness on the importance of safety managers. - The safety leadership model suggests that the manager's leadership behaviors such as company policies, rules, training, safety investigation methods, and safety management affect employees' safety performance and safety satisfaction through communication methods.
Delegach et al.(2017)	- In a study of the roles of transformational and transactional leadership and self-regulatory focus in facilitating organizational and safety commitment, -Transformational leadership was positively correlated with followers' facilitation focus

Researcher	Contents
	- There was a positive correlation with the general and emotional commitment of followers.
Bronkhorst et al. (2018)	- In relation to the characteristics of the manager's safety leadership, the types of behaviors required for management management should clearly set a vision for achievable safety goals and apply safety-related slogans or symbols to visualize the organization's will to safety. - It is necessary to develop and operate an education and training program on safety so that the responsibilities and duties between middle managers and workers can be clearly understood.
He et al.(2019)	- By synthesizing over 100 studies related to safety culture, the relative effects of various factors affecting safety culture were compared. - As a result, leadership was found to be one of the most influential factors among many factors affecting safety culture.
Katz-Navon et al. (2020)	- High-level leadership styles, such as safety leadership, provide clear safety-related information and thus induce followers' safety attitudes and safety behaviors so that they can understand specific desirable safety behaviors.
Xue et al.(2020)	- In the petrochemical industry, it was revealed that the safety leadership of company managers has a positive effect on the safety behavior of employees, and the safety atmosphere plays a mediating role in safety leadership and safety behavior.

7.3 ESG 안전리더십

하나의 조직은 크건 작건 다양한 시스템들의 복잡한 조합으로 만들어져 있으며, 안전한 조직문화를 만들기 위해서는 이러한 시스템들에 전반적인 영향을 미칠 수 있는 리더의 역할이 중요하다. 실제로 연구에 따르면, 경영진과 중간관리자의 리더십이 안전문화 조성에 결정적인 영향을 미치는 것으로 나타났다.

ESG 경영에서 안전문화 조성을 위해서는 변혁적 리더십이 효과적입니다. ESG 경영 안전문화 조성에 도움이 되는 변혁적 리더란 직원들의 안전을 진심으로 걱정하고 작업장 안전을 만들기 위해 노력함으로써 안전행동의 롤모델이 되고, 안전하고 건강하게 일하는 작업장에 대한 비전을 제시하여 구성원들에게 변화하려는 동기를 불러일으키고, 안전하게 일할 수 있는 새로운 방법을 시도할 것을 격려하고 지원하며, 안전에 관련된 개별 직원의 입장을 이해하고 관련된 고민을 함께 해결하기 위해 노력하는 것이 ESG 경영 리더를 말한다.

그리고 조직 관리자는 ESG 경영 안전리더십을 발휘해 구성원에게 안전 비전을 제시하고 상호 신뢰의 안전환경 문화를 조성하고 정착시킴으로써 조직에 대한 신뢰를 높이고 조직의 목표를 달성할 수 있게 해야 한다. 무엇보다도 관리자가 잊지 말아야 할 것은 기업의 지속적인 성장과 생존을 위해서는 생산 품질 원가, 비용절감도 중요하지만 조직의 안전리더십을 발휘함으로써 ESG 경영 안전문화를 정착시키고 조직신뢰를 높이는 것이다. 또한 조직 구성원의 행동을 변화시킬 수 있는 가장 효과적인 방법은 스스로 변화하고자 하는 동기를 갖게 만드는 것이다. 따라서 조직 관리자는 안전리더십 코칭 활용 및 대화기법을 사용하여 구성원들 스스로 안전하게 행동하려는 동기를 갖고 이를 행동으로 옮기는데 큰 도움이 되도록 해야 한다.

끝으로 동기강화상담에서는 사람들의 행동을 변화시킬 수 있는 가장 효과적인 방법은 스스로 변화하고자 하는 동기를 갖게 만드는 것이라고 강조한다. ESG 경영 안전에서도 이러한 원칙을 적용한다면 구성원들 스스로가 보다 안전하게 작업하려는 동기를 가지도록 도울 수 있다. 이를 위해서 ESG 경영 리더는 일방적으로 구성원들에게 변화를 요구하기보다는 구성원들이 안전행동에 대한 양가감정을 가진다는 것을 이해하는 것이 필요하다. 또한 대화의 4단계(관계형성 하기, 초점 맞추기, 유발하기, 계획하기)에 따라 '열린 질문하기', '인정하기', '반영하기', '요약하기'의 대화 기법을 사용한다면, 구성원들 스스로가 안전하게 행동하려는 동기를 갖고 이를 행동으로 옮기는데 큰 도움이 될 것이다.

8. 안전교육

8.1 안전교육 개념

건설업, 화학산업 등 다양한 산업에서 체계적인 안전교육의 부재로 인해 개인적 인적사고 및 대형사고가 발생하고 있다. 안전교육은 이러한 안전사고를 줄이고 안전문화를 구축하는데 있어서 중요한 요소이다. 교육이란 일반적으로 지식과 기술 따위를 가르치며 인격을 길러 주는 의미로 제시되고 있다.

안전교육이란 근로자가 안전하게 업무를 수행할 수 있도록 하기 위해 안전의 중요성을 인식시키고, 담당하고 있는 작업에 대해서 구체적으로 안전한 작업방법의 대한 지식이나 기능을 수득(修得)하도록 교육·훈련을 실시하는 것으로 개념을 정의하고 있다.

또한, 안전교육이란 개인이나 집단에 가해지는 위험 사태를 교육이라는 수단으로 안전에 필요한 지식, 태도 변화, 기능 등을 학습하여 예방하고 대응할 수 있도록 하고 평상시 생활에서 발생하는 각종 안전사고를 사전에 방지하는 일련의 과정이라고 했으며, 인간의 태도 및 행동을 올바르게 전환하는 교육으로 안전을 저해하는 여러 위험 요소를 제거하고 위험 가능성을 줄여 나가서 건강한 생활을 유지하기 위한 적극적인 방법이라 하였다.

안전교육은 지속해서 안전한 태도와 습관을 몸에 밸 수 있도록 하는 교육으로 안전행동에 영향을 미치는 중요한 요인이다. 안전교육은 안전지식이나 안전한 행동 습관을 길러주는 중요한 요인이며, 안전교육이 위험행동의 비율에 변화를 가져오는 중요한 변수이면서, 안전 문제해결능력 향상과 안전하지 못한 행동의 빈도를 감소시키는 효과가 있는 것으로 밝히고 있다.

이러한 안전교육에 대한 선행연구를 바탕으로, 본 연구에서는 안전교육이란 안전한 작업 방법의 대한 지식이나 기능을 습득함으로써 안전사고를 사전에 방지하고 안전한 태도와 행동을 취하도록 유도하는 교육으로 개념화한다.

8.2 안전교육 선행연구

우리나라와 선진국의 산업안전보건교육에 대해 우선 살펴보면 다음과 같다. 우리나라의 경우 산업안전보건교육은 「산업안전보건법」에 따라 생산라인 조직의 구성원들을 대상으로 한 의무교육과 관리감독자에 대한 직무교육으로 나누어져 있다.

선진국의 안전교육에 대한 사례를 살펴보면 다음과 같다. 미국의 경우, 산업안전법이 규정하는 미국 내 기업의 교육 준수의무는 및 교육 추진의 방침은 아래와 같이 정리된다.

산업안전교육훈련의 관계 법령에는 산업안전보건법(OSHA Act), 미연방규칙, 일반산업훈련규정 29CFR1910 등이 있다. 미 산업안전보건청장은 근로자와 기업주를 대상으로 한 교육훈련프로그램을 수립 · 감독할 책무가 있다. 일반산업훈련규정(미연방규칙 제29편 Part 1910)에서는 작업장 내 위해요소를 해결하기 위해 교육훈련(IIPP)을 의무화하고 있다. 산업안전보건성취인정프로그램(SHARP), 자발적인 재해예방프로그램(VPP)에서도 교육이수를 규정하고 있다. 교육 훈련의 기본방침은 근로자가 작업장에 배치되기 전 최소 연간 1회 이상의 교육을 이수하도록 하고 있다. 미 산업안전보건청은 그 산하에 안전교육연수원(OSHA Training Institute Education Center; OTIEC)을 설립하여 교육의무를 이수하도록 하고 있다. 근로자와 사업주는 교육과 재교육의 의무를 지니는데 이를 불이행할 경우 연방법에 저촉되어 중한 벌금이 부과된다. 때에 따라서는 경영자층이나 근로자 모두 검찰에 의해서 기소되기도 한다. 기업에 의한 고의적 · 상습적인 교육 훈련의 의무 위반이 적발되면 한 건에 최대 7만 불의 벌금을 부과 받는다.

한편, 안전은 크게 산업안전이나 재해안전의 분류할 수 있으며, 각각에 대한 안전교육은 그 특성을 고려한 체계적인 안전교육이 요구된다. 안전교육은 물적요인과 인적요인, 환경요인 등을 고려한 종합적이고 체계적인 방법으로 안전교육을 실행하는 것이 중요하다. 또한, 안전교육은 경영자부터 그 중요성을 인식하고 체계적인 계획 속에 이루어져야 하며, 실제로 필요한 지식과 기술 요구사항을 적합하게 지속적으로 제공하고 평가, 측정해야하는 조직의 안전성과 및 조직구성원의 안전행동에 중요한 영향요인으로 제시되고 있다.

일반 산업안전에 대한 선행연구자들의 연구를 살펴보면, 한경수(2020)는 반도체 제조업 근로자를 대상으로 근로자의 안전교육이 위험인식이 안전행동에 미치는 영향에 관한 연구에서 근로자에 대한 안전교육은 근로자의 작업환경에서 위험인식을 높이며, 이에 따른 안전행동에 영향을 미친다고 하였다. 즉 제조기업에 근무하는 근무자를 대상으로 한 효과적인 안전교육은 안전인식을 높이고 안전행동을 강화한다고 할 수 있다.

오정일(2015)은 군부대 조직을 대상으로 안전리더십과 안전교육이 안전성과에 미치는 영향에서 안전리더십과 안전교육이 소속구성원의 지각된 안전풍토에 긍정적 영향을 미친다고 하였으며, 지각된 안전풍토는 안전성과에 유의미한 긍정적 영향을 미친다고 규명하였다. 이러한 연구를 바탕으로, 책임자들은 안전리더십과 소속 구성원들의 안전교육 활성화를 진작시켜 안전사고 예방을 강조하였다. 오정일의 연구모형은 아래 [그림 8-1]과 같다.

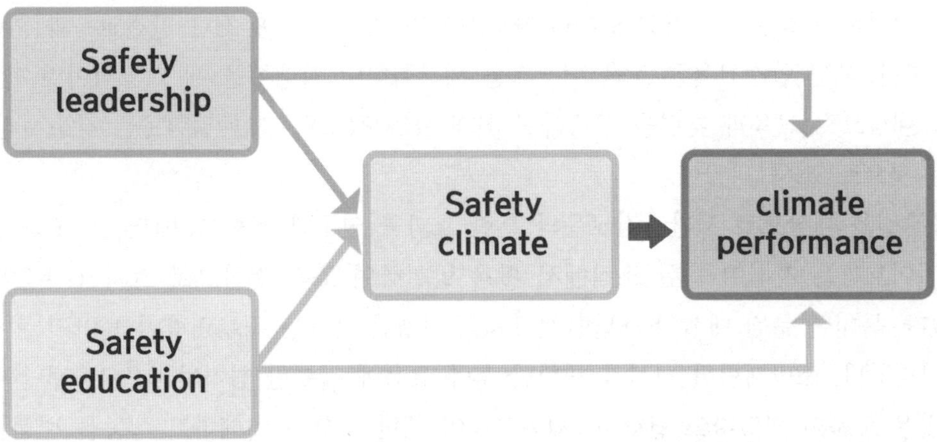

[그림 8-1] A Study model of Oh, Jeong Ill(2015)

홍정석 등(2005)은 건설현장 안전관리 성공 요인분석을 통한 안전관리 활동 개선방안에 관한 연구에서 건설현장의 성공 요인분석과 27개 안전관리 활동 우수사례 현장에 대한 사례조사를 통해 건설현장의 안전관리 활동 주요 요인인 위험성 관리방법, 산업안전보건위원회 운영, 안전점검, 작업장 환경개선, 안전활동 그리고 안전교육의 6가지 도출 요인을 제시하였다. 이들은 안전교육의 실시에 있어서 교육대상자의 맞춤형

교육의 중요성을 강조하면서 안전교육은 신규근로자 채용 시 교육, 관리감독자 교육, 사업주 교육으로 나누어 지원체계의 구축이 필요하다고 하였다.

박영신 등(1999)은 산업재해 근로자에 대한 사례분석을 중심으로 기업의 안전문화 진단과 안전교육에 대한 함의에 대한 연구에서 사례를 통해 안전교육의 중요성을 강조하였다. 그들의 연구에서 산업재해가 많다고 응답한 기업의 예를 보면, 회사에서 안전교육이 제대로 이루어지지 않거나, 안전교육은 되고 있지만 안전설비 등 환경적인 여건이 열악하였다고 하였다. 일례로, 안전교육을 받았지만 기계전반에 대해서만 배웠고 세부적인 작동법에 대해서는 배우지 못했기 때문에 사고를 당했다고 하였다. 또 다른 사례에서 회사에서 평소에도 안전교육이 형식적으로 이루어지고 있는 경우가 많으며, 산업재해가 발생한 이후에도 특별한 조치가 없음을 지적하고 있다. 안전재해가 발생하는 것은 회사에서 안전교육을 해도 결국은 작업자 본인이 조심하고 주의를 기울여야 한다고 반응하였다. 이와 같은 사례 결과를 볼 때 기업 관리자의 안전교육에 대한 인식의 변화와 효과적이며 내실 있는 안전교육의 중요성이 요구된다.

한편, 최근의 재난사고는 다양하고 대형화가 진행되어 큰 피해를 일으키는 대형재난으로 발생하는 경우가 높아짐에 따라 재난사고의 대비를 위한 재난 안전교육과 훈련이 중요하다. 재난 안전교육은 교육 대상자를 세분화하여 시행했을 때 효과적이며, 전 국민을 대상으로 교육과 훈련을 시행하면 최대 48% 정도의 재난 위험도를 감소시킬 수 있는 것으로 조사 되었다.

공무원을 대상으로 재난안전교육의 훈련 효과를 연구한 김뢰호(2015)는 교육 훈련의 전이효과는 자신이 속한 조직에서 활용 발현하여 조직 전반으로 효과가 퍼진다고 하였다. 특히 공무원 대상의 재난안전교육을 시행한 후에는 직무역량이 높아지는 것으로 나타났다. 소방체험관 시설을 체험한 후에 교육에 참여한 참가자 94%는 재난 예방에 많은 도움이 되었다고 답했고, 체험교육이 재난 상황을 이해하고 행동을 변화시키는 데 많은 도움이 되었다고 답했다.

해외학자 및 문헌을 대상으로 안전교육에 대한 선행연구를 살펴보면, 최근, Guo 등(2021)은 정부산하의 기업에 대한 안전경영시스템구축에 대한 연구에서, 기업인 안전관리시스템을 설정할 때의 중요한 요소 26가지를 제시하고 있다. 즉, 기업은 안전관리시스템의 핵심 요소를 설정할 때, 무엇보다 먼저, 목표 및 정책, 위험 관리, 비상 관리, 제도 및 책임, 법률, 규정 및 표준, 산업보건, 성과평가, 이해관계자, 점검 및 수정, 관리자 검토, 교육 및 훈련, 현장관리, 사고관리, 리더십 및 헌신, 시스템 지원 및 지속적인 개선 등에 대해 더 많은 관심을 기울이어야 한다고 제시하였다. 이러한 요소에 대한 가중치 값에 있어서 안전목표 및 정책, 위험통제, 비상 관리 등이 상위 요소를 차지하고 있으며, 교육 훈련도 총 26가지 요소 중 11번째 순위에 놓여져 있다.

Ryoo와 Cheung(2021)는 국내 유학생들의 안전수준 인식 및 안전교육 필요성에 대한 연구에서, 한국의 중소도시에 거주하며 한국에서 안전교육을 받은 경험이 있는 개발도상국 유학생들이 안전수준에 대해 더 긍정적인 인식을 갖고 있었으며, 안전에 대한 인식이 높을수록 안전교육에 대한 요구가 높게 나타났다. 안전교육 내용 중 기상재해, 성폭력, 사기범죄, 응급처치 등에 대한 학습수요가 높았으며, 국제학생들은 안전교육의 방법으로 영상, 스마트폰 어플리케이션, 실습을, 안전교육의 매개체로 영어를 선호하였다. 이러한 연구를 바탕으로, 정부의 안전교육에 대한 관리자 및 담당자는 유학생의 필요에 따라 표준 안전교육 지침을 개발할 것을 시사점으로 제시하였다.

일례로, 일상생활에 피해를 줄 수 있는 사건이나 자연재해에 대한 경고표지판에 대한 개인의 무지는 더 큰 피해나 재난으로 이어질 수 있다. 따라서 안전사고 및 재난을 예방하기 위한 안전교육이 필요하다. 체계적인 안전교육은 개인의 안전 행동 참여 결정과 안전분위기 조성에 기여하므로 조직은 조직 구성원에 대해서 그리고 지역 사회는 개인의 능력과 장애를 고려한 종합적이고 맞춤형 안전교육을 목표로 해야 한다.

여러 가지 중요한 안전관리요소가 있지만, 조직 구성원에 대한 교육 및 훈련은 기본적인 구성원의 안전의식 향상 및 안전에 대한 태도 및 행동에 영향을 주는 주요한 영향요인으로 철저한 체계적인 안전교육이 요구된다.

선행연구에서 규명된 바와 같이, 안전교육은 구성원의 안전의식, 위험인지 능력을 높이고, 안전태도와 안전행동에 긍정적 영향을 미쳐, 결과적으로 조직의 안전문화를 구축하여 안전성과를 창출하는 중요한 요인이다. 안전교육에 대한 선행연구를 정리하면 표 8-1과 같다.

표 8-1 ▎A Preliminary study on safety education

Research	Contents
Han, Kyung Su(2020)	In a study on the effect of workers' safety education and risk perception on safety behaviors for semiconductor manufacturing workers, - Safety education for workers raises risk awareness in workers' work environment and affects safety behaviors.
Oh, Jeong Ill(2015)	- In the effect of safety leadership and safety education on safety performance for military unit organizations, - Safety leadership and safety education had a positive effect on the perceived safety climate of affiliated members.
Hong, Jung-Suk et al.(2005)	- Emphasizing the importance of customized education for trainees in the implementation of safety education, safety education is divided into education for hiring new workers, education for management supervisors, and education for business owners.
Park, Y. S et al.(1999)	- The importance of safety education was emphasized through case study in a study on the implications of safety culture diagnosis and safety education in a company.
Guo etc.(2021)	- In a study on the establishment of a safety management system for a government-affiliated company, 26 important factors when setting up a safety management system for entrepreneurs are suggested (goals and policies, risk management, emergency management, systems and responsibilities, laws, regulations, occupational health, performance evaluation, check and correct, etc.)

다. 연구 참가자들은 7개의 안전규칙을 준수하면서 철판 용접을 해야 했는데 용접 시 모든 안전규칙을 준수해야만 안전 행동으로 측정되었다. 50명의 대학생 참가자를 25명씩 정적강화와 부적강화 두 집단에 할당하였다. 연구분석 결과 부적강화 집단이 정적강화 집단보다 안전행동 준수율이 높은 것으로 나타났으며, 이러한 연구결과를 바탕으로 산업현장에서 부적강화 기법을 적용한다면 표적행동인 안전행동을 향상시킬 수 있을 것이다. 관리자가 근로자의 안전행동을 증가시키기 위해 불안전행동에 대해 간헐적인 경고를 한다면 근로자는 경고를 회피하기 위하여 안전행동을 증가시키기 보다는 관리자 눈에 띄지 않는 행동인 비표적 행동을 증가시킬 가능성이 높다. 가끔씩

관리자가 현장에 와서 근로자의 안전행동을 보고 칭찬하는 경우(정적강화)는 안전행동을 하지 않으면 칭찬을 받을 수 없다. 하지만 안전행동을 하지 않을 때 경고 받는 것(부적강화)은 안전행동을 하지 않아도 관리자에게만 띄지 않으면 경고를 받지 않는다. 결국 정적강화는 간헐적으로 제시되어도 안전행동 강화와 유관성 수준이 크게 떨어지지 않지만 부적강화는 관리자를 회피하는 비표적 행동으로 바뀔 수 있다.

간헐적인 스케줄 상황에서 정적강화와 부적강화의 효과성은 다르게 나타날 수 있으므로 간헐적인 스케줄 상황에서도 정적강화와 부적강화의 효과성에 대한 비교가 진행되어야 한다.

해외학자들의 연구를 살펴보면, Catino와 Patriotta(2013)는 안전규칙 준수에 있어서 오류 경험에 대한 정보와 지식을 조직 구성원에게 공유하고 교육하는 문화를 장려함으로써 위험 요소를 줄일 수 있다고 하였다. 즉 안전규칙 준수 및 안전에 관한 이론 교육과 실무적 경험을 통한 교육은 조직의 안전문화를 더욱 더 공고히 할 수 있다.

최근 Alexander 등(2021)은 전염병 시대의 감염에 대한 직업 안전 및 보호: 인적 요인 및 규제에 대한 도전에 관한 연구에서 사회뿐만이 아니라 기업이나 조직에서 바이러스의 확산이 증가함에 따라 산업안전과 건강에 대한 새로운 도전이 생겼고 이에 따라 빠른 대응의 필요성을 강조하였다. 독일에서는 생물학적 제제 조례의 범위 내에서 건강관리 및 활동에 대한 연방 규정 및 기술 규칙이 이미 마련되어 있지만, 현재의 도전적 COVID-19와 같은 팬데믹(Pandemic) 상황에 맞는 적절한 보호 방법과 수단을 식별하기 위해 독일 SARS-COV-2 산업 안전 표준과 같은 공식 표준과 필수 연방 기술 규칙이 필요하다는 것을 주장하였다. 이는 작업환경에서 수용 및 규정준수를 위해 매우 중요하다고 강조하였다. 안전규칙에 대한 선행연구를 정리하면 표 8-2와 같다.

표 8-2 ▌A Preliminary study on safety rules(Continue)

Research	Contents
Jang, Mi-Ran. & Kim, Chan-Sun.(2017)	- In the study of the influence relationship on safety culture and safety pursuit behavior by composing the sub-elements of safety management awareness into safety rules, safety education, safety understanding, and risk-taking method, - Safety rules, which are factors of safety management awareness, affect safety culture.

Research	Contents
	In addition, it was confirmed that the safety rules had a positive and significant influence on the safety pursuit behavior.
Wee, Kuk Hoan et al.(2021)	- In a study on the structural relationship between safety leadership, safety compliance, safety education, and safety culture design. - Safety rules compliance and safety education, which are sub-factors of safety awareness, have a significant positive effect on safety culture design.
Kim, Kyoung-Soo & Lee, Byoung-Kil(2021)	- In a study to apply an emotional safety education program through the use of emotional intelligence to reduce accidents for construction site workers, - The evaluation areas were presented in the following order: emotional safety training course, emotional safety education performance, validity of emotional safety education content, emotional safety education method, and emotional safety education management.
Lee, Jae Hee, & Oah, She Zeen.(2012)	- It was predicted that applying the negative reinforcement technique in the industrial field would be more effective in improving safety behavior, which is the target behavior.
Catino and Patriotta(2013)	- In compliance with safety rules, it is said that risk factors can be reduced by providing an error report support system for cognitive and emotional experiences of errors, and encouraging a culture of educating and sharing information and knowledge about error experiences to organizational members.
Alexander etc. (2021)	- In a study on occupational safety and protection against infection in an epidemic era. - As the spread of the virus increases not only in society but also in businesses and organizations, new challenges for occupational safety and health have arisen, and accordingly, the need for rapid response has been emphasized.

8.3 ESG 안전교육

안전교육의 향상은 조직의 안전문화를 구축하는 중요한 선행요인이 된다. 즉 안전교육 등의 철저한 관리가 이루어지지 않을 경우 점차적으로 안전문화를 약화시키는 원인이 된다. 미국의 연방안전위원회(FSC: Federal Safety Commissioner, 2006)는 임원진의 안전리더십이 안전문화를 정착시키는데 중요하다고 강조하였다. 조직 관리자의 안전리더십은 조직구성원의 안전교육에 직접적인 영향을 미쳐 결과적으로 ESG 경영 안전문화를 구축하는데 있어서 중요한 결정요인임을 제시한다.

조직관리자의 안전리더십은 구성원의 안전교육에 직 · 간접적 영향을 주는 요인이다. 안전리더십은 조직 내 안전교육에 대한 인식과 방법 등에 영향을 미치게 되며 구성원의 안전교육에 대한 인식과 교육자의 안전교육 방법은 구성원에게 나타나는 안전교육 효과성에 있어서 중요한 요소가 된다. 안전교육이 형식적으로 이루어지거나 이론에 치우쳐 시행될 경우 실무적인 안전교육이 되지 못해 조직의 ESG 경영 안전문화 형성에 저해 요인이 된다. 안전교육을 통해 ESG 경영 안전문화가 정착되기 위해서는 실질적이고 효과적인 안전교육이 이루어져야 한다. 안전교육은 일회성이나 형식적 교육이 아닌 지속적이며 실용적으로 안전교육이 이루어져야 한다. 따라서 조직의 관리자는 안전리더십을 발휘하여 안전교육이 조직 내에서 잘 이루어질 수 있도록 원활하고 개방적인 의사 소통체계가 구축되도록 해야 한다. 이러한 관리자의 안전리더십 발휘를 통해 안전교육을 통해 직원의 안전행동 참여를 유도함으로써 작업장 안전을 유지하고 사고 및 부상률을 줄이며 리더와 구성원 간의 교류를 개선하는데 중요한 역할을 한다.

9. 안전규칙

9.1 안전규칙 개념

동기부여 · 안전지식이 충분히 제공되지 않으면 안전행동의 수행이 어렵고, 안전규정의 준수와 안전행동의 참여에 대한 동기부여가 충분하지 않는다면 안전행동을 수행하지 않게 될 것이다. 즉 안전규칙의 미준수는 조직 구성원들의 안전에 대한 태도나 안전행동의 감소로 안전사고를 유발되는 원인이 된다. 따라서 안전규칙의 수립 및 준수는 안전사고와 매우 밀접한 관련성이 있는 요소이다.

산업안전보건법은 산업안전 및 보건에 관한 기준을 확립하고 그 책임의 소재를 명확하게 하여 산업재해를 예방하고 쾌적한 작업환경을 조성함으로써 노무를 제공하는 사람의 안전 및 보건을 유지 · 증진함을 목적으로 정해진 법이며, 이를 기반으로 산업안전보건법 시행령과 시행규칙이 제정되었다. 산업안전이란 사업장에서 산업재해가 일어날 가능성이 있는 건설물, 기계, 장치, 재료 등의 손상과 파괴에 기인하는 재해 발생의 위험성을 배제하여 안전성을 확보하도록 하는 것을 의미한다. 따라서 안전규칙이란 산업안전을 위한 규칙으로 사업장내 조직구성원의 재해 발생의 위험성을 배재, 감소하기 위해 준수해야 하는 사항이라 할 수 있다.

선행연구 및 안전규칙 관련 연구 자료를 바탕으로, 안전규칙준수란 조직의 구성원인 사업장 근로자의 안전 및 보건을 유지 · 증진 시키고 안전사고나 재해를 방지하기 위하여 작업 및 작업 관련 업무 시 필요한 안전기준 및 안전사항 등 조직 내 안전규칙 사항을 준수하는 것으로 개념을 정의한다.

9.2 안전규칙 선행연구

조직구성원의 안전규칙 준수나 안전교육과 같은 요인은 조직의 안전문화에 긍정적 영향을 미치는 것으로 밝히고 있다. 일반적으로 부적절한 사고와 부상은 개인의 의식의 부족뿐만이 아니라 종업원, 관리자의 부적절한 행동으로부터 발생한다. 이러한 안전의식의 부족으로 인한 사고는 조직구성원의 안전교육 및 안전절차 준수 등의 철저한 관리가 이루어지지 않을 경우, 점차적으로 안전문화를 약화시키게 된다. 반대로 조직구성원의 안전준수 및 안전교육의 적극적 참여, 올바른 위험처리방식의 준수를 통한 작업장 분위기는 올바른 안전문화를 구축하는데 도움을 준다.

장미란과 김찬선(2017)은 안전관리인식의 하위요소를 안전규칙, 안전교육, 안전이해도, 위험처리방식으로 구성하여 안전문화와 안전추구행동의 영향 관계를 살펴본 연구에서 안전관리의식의 요인인 안전규칙은 안전문화에 영향을 미치고 안전추구행동에도 유의미한 영향관계를 미치는 것으로 나타났다. 또한 안전규칙과 위험처리방식 요인은 안전가치관에 각각 긍정적인 영향을 미치는 것으로 나타났다. 반면, 안전이해도는 안전가치관에 부적인 영향을 미치는 것으로 나타났는데 이것은 교육에 대한 효과성과 연관성이 있는 것으로 이해할 수 있다. 명확한 안전교육, 안전규칙을 제정하고 교육을 통해 조직 구성원의 안전이해도가 증진되면 안전 분위기가 고조되어 조직 구성원의 안전 행동을 유도할 수 있다. 장미란과 김찬선(2017)의 연구모형은 [그림 9-1]과 같다.

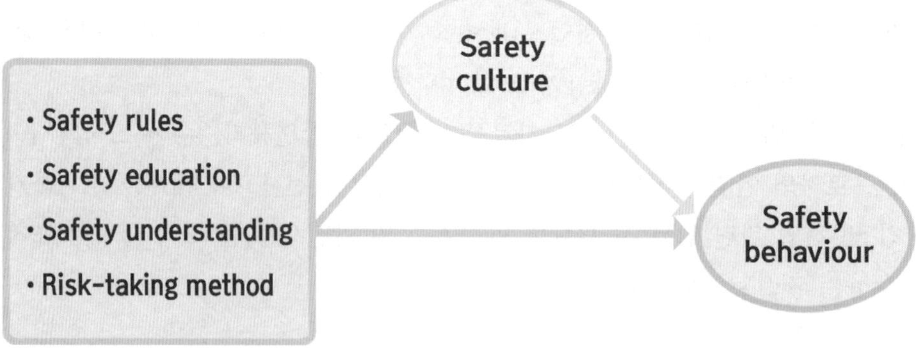

[그림 9-1] A Study model of Jang Mi-ran and Kim Chan-sun(2017)

한편 위국환 등(2022)은 안전리더십, 안전준수, 안전교육, 안전문화디자인 간의 구조적 관계에 관한 연구에서 안전의식의 하위 요인인 안전준수, 안전교육이 안전문화디자인에 유의미한 긍정적인 영향을 미친다고 입증하였다. 이러한 연구결과를 통해 조직구성원의 안전준수, 안전교육의 중요성을 통한 안전문화 창출을 강조하였다. 최근 김경수와 이병길(2021)은 건설현장 근로자들의 재해 저감을 위하여 감성 지능 활용을 통한 감성안전교육 프로그램을 적용하기 위한 연구에서 평가영역으로 감성 안전교육과정, 감성 안전교육성과, 감성 안전교육내용의 타당성 및 감성 안전교육방법 그리고 감성안전 교육 관리 순으로 평가영역을 제시하였다. 건설현장에서 이러한 감성 안전교육프로그램을 통한 교육은 근로자의 안전 태도 및 행동에 긍정적 영향을 미칠 것으로 사료 된다.

이재희와 오세진(2012)은 규칙준수 행동에 대한 정적강화와 부적강화의 상대적인 효과성을 비교하는 연구를 통해 안전규칙준수에 대한 의미 있는 연구결과를 제시하였다. 연구 참가자들은 7개의 안전규칙을 준수하면서 철판 용접을 해야 했는데 용접 시 모든 안전규칙을 준수해야만 안전 행동으로 측정되었다. 50명의 대학생 참가자를 25명씩 정적강화와 부적강화 두 집단에 할당하였다. 연구분석 결과 부적강화 집단이 정적강화 집단보다 안전행동 준수율이 높은 것으로 나타났으며, 이러한 연구결과를 바탕으로 산업현장에서 부적강화 기법을 적용한다면 표적행동인 안전행동을 향상시킬 수 있을 것이다. 관리자가 근로자의 안전행동을 증가시키기 위해 불안전행동에 대해 간헐적인 경고를 한다면 근로자는 경고를 회피하기 위하여 안전행동을 증가시키기 보다는 관리자 눈에 띄지 않는 행동인 비표적 행동을 증가시킬 가능성이 높다. 가끔씩 관리자가 현장에 와서 근로자의 안전행동을 보고 칭찬하는 경우(정적강화)는 안전행동을 하지 않으면 칭찬을 받을 수 없다. 하지만 안전행동을 하지 않을 때 경고 받는 것(부적강화)은 안전행동을 하지 않아도 관리자에게만 띄지 않으면 경고를 받지 않는다. 결국 정적강화는 간헐적으로 제시되어도 안전행동 강화와 유관성 수준이 크게 떨어지지 않지만 부적강화는 관리자를 회피하는 비표적 행동으로 바뀔 수 있다.

간헐적인 스케줄 상황에서 정적강화와 부적강화의 효과성은 다르게 나타날 수 있으므로 간헐적인 스케줄 상황에서도 정적강화와 부적강화의 효과성에 대한 비교가 진행되어야 한다.

해외학자들의 연구를 살펴보면, Catino와 Patriotta(2013)는 안전규칙 준수에 있어서 오류 경험에 대한 정보와 지식을 조직 구성원에게 공유하고 교육하는 문화를 장려함으로써 위험 요소를 줄일 수 있다고 하였다. 즉 안전규칙 준수 및 안전에 관한 이론 교육과 실무적 경험을 통한 교육은 조직의 안전문화를 더욱 더 공고히 할 수 있다.

최근 Alexander 등(2021)은 전염병 시대의 감염에 대한 직업 안전 및 보호: 인적 요인 및 규제에 대한 도전에 관한 연구에서 사회뿐만이 아니라 기업이나 조직에서 바이러스의 확산이 증가함에 따라 산업안전과 건강에 대한 새로운 도전이 생겼고 이에 따라 빠른 대응의 필요성을 강조하였다. 독일에서는 생물학적 제제 조례의 범위 내에서 건강관리 및 활동에 대한 연방 규정 및 기술 규칙이 이미 마련되어 있지만, 현재의 도전적 COVID-19와 같은 팬데믹(Pandemic) 상황에 맞는 적절한 보호 방법과 수단을 식별하기 위해 독일 SARS-COV-2 산업 안전 표준과 같은 공식 표준과 필수 연방 기술 규칙이 필요하다는 것을 주장하였다. 이는 작업환경에서 수용 및 규정준수를 위해 매우 중요하다고 강조하였다. 안전규칙에 대한 선행연구를 정리하면 표 9-1과 같다.

표 9-1 ▌A Preliminary study on safety rules

Research	Contents
Jang, Mi-Ran. & Kim, Chan-Sun.(2017)	- In the study of the influence relationship on safety culture and safety pursuit behavior by composing the sub-elements of safety management awareness into safety rules, safety education, safety understanding, and risk-taking method, - Safety rules, which are factors of safety management awareness, affect safety culture. In addition, it was confirmed that the safety rules had a positive and significant influence on the safety pursuit behavior.
Wee, Kuk Hoan et al.(2021)	- In a study on the structural relationship between safety leadership, safety compliance, safety education, and safety culture design. - Safety rules compliance and safety education, which are sub-factors of safety awareness, have a significant positive effect on safety culture design.
Kim, Kyoung-Soo & Lee, Byoung-Kil(2021)	- In a study to apply an emotional safety education program through the use of emotional intelligence to reduce accidents for construction site workers, - The evaluation areas were presented in the following

Research	Contents
	order: emotional safety training course, emotional safety education performance, validity of emotional safety education content, emotional safety education method, and emotional safety education management.
Lee, Jae Hee, & Oah, She Zeen.(2012)	- It was predicted that applying the negative reinforcement technique in the industrial field would be more effective in improving safety behavior, which is the target behavior.
Catino and Patriotta(2013)	- In compliance with safety rules, it is said that risk factors can be reduced by providing an error report support system for cognitive and emotional experiences of errors, and encouraging a culture of educating and sharing information and knowledge about error experiences to organizational members.
Alexander etc. (2021)	- In a study on occupational safety and protection against infection in an epidemic era. - As the spread of the virus increases not only in society but also in businesses and organizations, new challenges for occupational safety and health have arisen, and accordingly, the need for rapid response has been emphasized.

9.3 ESG 안전규칙

조직의 관리자는 ESG 경영 안전리더십을 발휘하여 안전규칙이 조직 내에서 잘 이루어질 수 있도록 원활하고 개방적인 의사 소통체계가 구축되도록 해야 한다. 이러한 관리자의 ESG 경영 안전리더십 발휘로 안전규칙 준수를 통해 직원의 안전행동 참여를 유도함으로써 작업장 안전을 유지하고 사고 및 부상률을 줄이며 리더와 구성원 간의 교류를 개선하는데 중요한 역할을 한다. 또한, 조직의 관리자는 ESG 경영 안전규칙 준수에 있어서도 솔선수범의 자세를 보여주고 ESG 경영 안전문화가 표방하는 가치관과 규범을 조직원과 함께 공유하는 ESG 경영 리더십을 발휘해야 한다.

10. ESG 시스템 안전

10.1 위험요소와 안전관리

사업장에는 다양한 위험요소가 존재한다. 이를 크게 기술적 요소, 기계설비적 요소, 인적 요소 및 환경적 요소로 나눌 수 있고, 이를 더욱 세분할 수 있다. 이를테면, 기계설비적 위험요소는 기계의 재질, 구조, 외형, 운동형태, 작업형태 위험 등으로 세분할 수 있다. 이러한 기계설비적 위험요소가 생산현장에서 인간과 접촉할 때에는 협착, 끼임, 절단, 물림과 같은 형태의 사고를 유발할 수 있다.

이러한 사고를 예방하기 위해서는 생산현장에 존재할 수 있는 이러한 위험요인을 모두 찾아내어, 이러한 위험이 어떻게 사고로 전이되는가에 관한 사고 메커니즘을 알아내어 이를 제거하거나, 통제하여야 한다. 이러한 활동을 수행하기 위해서는 위에 열거한 기계설비의 위험특성뿐만 아니라, 이들 기계설비를 운용하는 기술위험 특성, 인간 요소 특성 및 환경적 특성에 이르는 모든 위험특성과 이들 상호 간의 작용과 연계 관계를 자세히 알아야 한다. 여기에 더하여 위험을 찾아 대처하고자 하는 의지가 있고, 찾을 수 있는 도구도 있어야 한다. 즉, 위험은 찾고자 하는 것이 발견되고, 도구가 빈약하면 조직적이고 구조적으로 위험을 찾아 대처할 수 없기 때문이다.

또한 사업장에서 활용되는 생산 기계설비, 원재료 등의 물질, 인적 요소 및 환경은 모두 시간과 함께 변화한다. 즉, 모든 생산 활동에 관련되는 요소는 수시로 변한다. 따라서 생산현장에는 생산 관련 기술이나 물리 기계적인 관리요소가 가지는 변수가 많아서 이를 수리적 또는 실용적으로 처리하기가 쉽지 않고, 생산시스템에 인간적인 요소가 결합되어 사회-기술적 시스템(social-technical system)으로 작용하는 동적인 요소가 존재할 때에는 위험요소 파악 및 사고 메커니즘 규명에 어려움이 많다.

10.2 시스템 안전관리

생산현장에서 이루어지는 생산활동은 기술적, 기계설비적, 인적 및 환경적 요인은 그 자체만의 특성에 의하여 이루어지는 것은 아니다. 각 요소는 공동의 목적을 가지고, 유기적인 관계로 결합되어 시스템으로 활동하고 있다. 시스템은 자연적으로 구성되었거나 인위적으로 구성되었든지 간에 모두가 많은 요소의 집합체로서 각 요소는 각기 상이한 기능을 수행하면서 상호 유기적인 관계를 유지하고, 공동의 목표를 지향하여 활동하고 있다.

안전관리는 그 구성요소의 관리만으로는 큰 의미를 가지지 못한다. 이 요소들은 서로 유기적인 관계로 서로 간섭을 받고, 독립적으로 활동할 수 없기 때문이다. 따라서 안전관리는 시스템으로 이루어져야 소기의 목적을 달성할 수 있다. 시스템 안전은 어떤 특정한 기술적, 기계적 및 관리적인 모든 사항에 대한 위험요인을 체계적이고 적극적으로 파악하고, 통제하는데 적용하는 것이다. 어느 기계나 설비를 운영할 때 설비의 수명주기 내에 어떤 위험이 존재하여 어떤 사고를 유발할 수 있는지를 시스템의 구상단계부터 시작하여 설계, 생산, 시험, 사용, 처분에 이르는 전 과정에 걸쳐 파악하고, 통제하여야 한다. 따라서 관리요소를 시스템화하면 사고나 그 손실이 발생하기 전에 시스템 전반의 위험을 찾아내어 관리할 수 있는 이점이 있다.

그러나 시스템 안전관리를 위해서는 시스템을 이해하고, 해석하고, 위험성을 평가하여 시스템 내부에 무엇이 일어나고 있는지를 소상히 알아야 한다. 이러한 활동을 위해서는 시스템에 대한 다음의 가정이 필요하다.

시스템은 의미 있는 요소(부분 또는 부품)로 분해할 수 있다.

- 부분이나 부품은 작동하거나, 고장이 나는데 고장확률은 부분이나 부품이 개별적으로 분석되고, 설명될 수 있다.
- 사건의 결과나 순서는 선택한 표현에 의한 설명에 따라 사전에 정의·확정할 수 있다.
- 사건의 조합은 순서가 있고, 선형적이다. 하지만 원인과 사고결과는 비선형성을 보인다.

이러한 가정은 기술적 시스템에는 유효할지 모르나, 사회시스템이나 조직 및 인간행동에 적용하는 데에는 한계가 있다. 다시 말하면 자동차 조립공정과 같은 다루기 쉬운 시스템은 이를 쉽게 적용할 수 있으나, 병원의 비상응급실과 같은 다루기 어려운 시스템에서는 모든 것을 상세하게 설명하는 것이 불가능하므로, 시스템을 요소로 분해하여 이해하기는 쉽지 않다. 따라서 시스템안전관리 외의 발전된 안전관리 방안, 즉 종합적인 경영 차원의 안전관리시스템이 필요하다.

10.3 선형적 사고 및 복잡계의 패러다임

위험성을 평가하거나 사고결과를 예측할 때 우리는 선형적인 사고로 접근하기 쉽다. 사고의 원인과 결과와 같은 어떤 두 가지의 인과관계가 단순히 선형(linear)적일 것이라 생각하지만, 실제로는 비선형일 경우가 많다. 특히 안전관리 요소와 위험성 평가시 사용하는 변수 간의 관계가 더욱 그러하다.

우리는 대체적으로 거대한 시스템 구축을 선호하며, 그 능력을 과신한다. 즉, 기계와 시스템을 크게 만들면 비용 효율이 좋아진다고 생각한다. 그리하여 우리는 더 빠르고, 더 좋고, 더 저렴한 시스템을 요구해왔다. 이와 같이 하여 산업현장은 더욱 복잡해졌고, 여기에 기술발전으로 AI(artificial intelligence), IoT(internet of things), 디지털화, 드론, 인공지능 로봇 등의 첨단기술이 적용되어 더욱 큰 복잡계가 되었다.

이와 같이 단일고장이 아닌 동시 고장 및 동적인 요소가 더해질 경우의 복잡계 시스템의 거동을 정확하게 파악하기는 아주 어렵다. 그럼에도 우리는 이러한 시스템에 의존하고 있다. 이러한 문제점들을 해소하려는 움직임으로 등장한 안전관리 체계가 종합적인 안전관리 또는 경영 차원에서 안전을 체계적으로 관리하자는 것이 안전경영시스템이다.

10.4 시스템 안전의 정의와 유래

10.4.1 시스템 안전의 정의

시스템 안전에 대한 정의를 살펴보면, 시스템 안전(system safety)은 시스템의 전

수명 주기에 걸쳐 운용상 효과와 적합성, 시간, 비용의 제약 하에 수용 가능한 리스크 수준을 달성하기 위하여 공학적 및 관리적 원칙, 기준과 기법을 적용하는 것으로 정의한다. 또한 시스템 안전은 과학적, 공학적, 경영적 이론에 기반하여 위험리스크를 적시에 발견하고, 위험을 방지하기 위한 조치를 취함으로써 수명 주기 전반에 걸쳐 안전을 보장하는 학문 분야로 정의한다.

10.4.2 시스템 안전의 유래

1940년대까지는 시스템 구성요소 개개의 신뢰성을 분석하고 재해 원인을 규명하여 대책을 수립하는 데 중점을 두는 요소 안전(elements safety) 개념이 주를 이루었다. 즉, 안전을 달성하기 위한 체계적 접근법이 존재하지 않았고 시행착오 과정을 거치면서 문제가 발견되면 이를 해결해가면서 제품이나 시스템을 개발하였다. 예를 들어, 미국의 라이트 형제는 1903년 12월 17일 노스캐롤라이나주 키티호크의 모래언덕에서 '동력을 이용해 공기보다 무거운 물체를 조종하는 비행'을 처음으로 하면서 시작됐다. 처음부터 현재와 같은 안전한 비행기를 개발한 것이 아니라 날 수 있는 비행기를 만들고, 실제 하늘을 날아보는 과정을 거치면서 발견된 문제점을 고쳐가며 108번의 시행착오 끝에 비행기를 개발하였다. 이러한 접근법을 'fly-fix fly-approach'라고도 한다.

[그림 10-1] 라이트 형제의 비행기 개발 모습

1950년대 말 무렵 미국은 소련의 미사일 기술 발전에 대응하기 위해 개념 구상, 설계, 제조, 운용의 각 개발 단계를 병행하는 병렬 개발 방식으로 개발 기간을 단축하려 하였다. 이러한 방식으로 개발된 무기체계는 1년 반이라는 짧은 기간 내에 4회의 대형사고가 발생하여 큰 경제적 손실을 초래하고, 안전상의 결함으로 전면적으로 폐기되기도 하였다. 이러한 실패를 통하여 미군과 미국 우주산업 관련 기업들이 안전한 시스템의 설계, 개발, 시험 및 제조를 위한 전체적이고 능동적인 시스템적 접근(holistic and proactive systems approach)의 필요성을 인식하게 되었다.

1962년 4월에 미닛맨(Minuteman) 대륙 간 탄도미사일 개발을 위해 '병기 시스템 안전기준 WS133B'가 정하여졌다. 미닛맨 대륙간 탄도미사일 개발은 정형화된 시스템 안전기법이 최초로 적용된 프로젝트이다. NASA에서도 로켓 제작 실패를 거듭하다 1950년대 중반부터 유인 우주선 프로그램에 시스템 안전을 도입하였다. NASA시스템 안전규격으로 NHB 1700.1(NASA Safety policy and requirements document)이 공표되어 있다. 시스템 안전의 도입으로 유인 우주선을 달에 착륙시키고 유인 우주왕복선 프로그램을 성공적으로 수행하였다.

미 국방성과 NASA에서 보인 시스템 안전의 효과가 인식되면서 민간 항공기 산업, 원자력발전소, 화학공정, 철도 수송, 연방항공청과 같은 다른 분야로 시스템 안전이 확산되었다.

10.4.3 핵심 시스템 안전프로세스

MIL-STD-882는 8개의 주요 시스템 안전프로세스를 제안하였다. 핵심시스템 안전프로세스는 리스크를 관리하는 시스템 안전프로세스(system safety process: SSP)를 수립한다. SSP는 시스템안전프로그램 계획(system safety program plan: SSPP)에 기록되며, 이는 수행되어야 할 모든 안전 관련 업무, 즉 특정 위험분석, 보고 등을 포함한다. 위험이 파악됨에 따라 리스크의 크기가 평가되고 이를 바탕으로 리스크 경감을 위한 위험완화 방안이 수립되게 된다.

위험완화 방안은 시스템 안전 요구사항(system safety requirements: SSRs)을 통하여 시스템 설계에 반영된다. 모든 파악된 위험은 기록되고 위험 추적시스템(hazard tracking system: HTS)에 올려진다. 위험은 없어질 때까지 HTS에서 연속적으로 추적된다. 핵심 시스템 안전프로세스는 안전은 위험에서 시작됨을 보여주며, 위험 파악 및 제거/경감이 이 프로세스의 핵심이다.

[그림 10-2] 핵심 시스템 안전 프로세스

핵심 시스템 안전프로세스는 [그림 10-3]과 같이 폐회로 통제 프로세스로 축소될 수 있다. 이는 안전이 위험파악, 위험 리스크 평가 및 수용 불가능한 리스크를 낳는 위험의 통제를 통하여 이루어짐을 보여 주는 리스크 관리 프로세스이다.

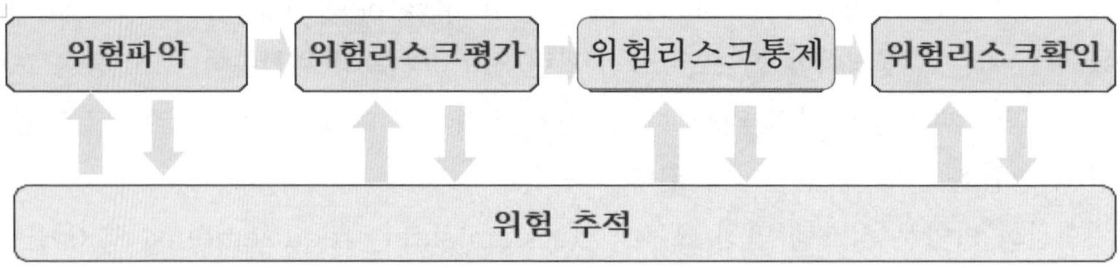

[그림 10-3] 폐회로 위험 통제 프로세스

10.4.4 시스템 수명주기

시스템 수명주기(system life cycle)는 어떤 시스템이 개념 구상에서 폐기까지 이르는 모든 국면을 포함한다. 시스템 수명주기는 수정 탄생, 어린 시절, 성인기, 사망과

매장과정으로 이루어진 인간 수명주기와 유사하다. 시스템 수명주기는 매우 일반적이며 [그림 10-4]와 같이 5단계로 요약될 수 있다.

[그림 10-4] 시스템 수명주기

10.4.5 개념정의

개념정의(concept definition) 단계는 가능성(feasibility), 비용 및 리스크 관점에서 잠재적 시스템 개념을 정의하고 평가한다. 전반적 프로젝트 목적 및 목표가 이 기본 개념 평가 단계에서 파악되고 설계 요구 사항, 기능 및 최종 결과가 정립된다. 이 단계에서 안전 관심 대상은 시스템에 사용되는 위험한 구성 요소/부품 및 기능이다. 위험 분석을 포함한 시스템 리스크 및 안전 관련 업무 윤곽을 잡기 위하여 시스템 안전 프로그램 계획시 일반적으로 이 단계에서 시작된다.

10.4.6 개발 및 시험

개발 및 시험(development and test) 단계는 실제 시스템을 설계하고 개발하고 시험하는 것을 포함한다. 개발이 예비 단계에서 상세 단계로 진행하며, 개발 과정은 다음과 같은 세 단계로 나누어진다.

▮ **예비설계**: 초기 기초 설계

▮ **상세 설계**: 상세한 최종 설계

▮ **시험**: 모든 요구 사항이 만족되는지를 확인하는 시스템 시험

예비설계는 초기 개념을 실행 가능한 설계로 번역한다. 이 단계에서 서브시스템, 구성 요소/부품과 기능들이 파악되고 확립된다. 설계요구사항들이 시스템, 서브시스템 및 소프트웨어를 정의하기 위하여 명문화된다. 설계 대안 시험이 이루어질 수도 있다. 이 단계에서 안전은 궁극적으로 재해를 유발할 수 있는 위험한 시스템 설계 및 부품/재료와 위험을 제거하거나 완화할 수 있는 행동에 관심을 가진다.

예비설계는 상세한 최종 설계로 진화하고 최종 설계는 설계 사양 개발, 스케치, 제도(drawing), 시스템 시험 단계는 모든 설계 요구 사항이 만족되고, 효과적인지를 확인하기 위한 설계안에 대한 확인 및 입증 시험을 포함한다. 안전관심 대상은 시험과 관련된 잠재적 위험 및 시험 동안에 파악되는 부가적 시스템 위험이다.

10.4.7 생산/운용/폐기

이 단계에서 최종 승인된 설계안이 운용 가능한 최종 제품으로 변형된다. 안전관심 대상은 안전한 생산 절차, 인간 실수, 도구, 방법 및 위험 재료이다.

운용단계에서 사용자가 최종 제품을 실제 운용하게 되며 운송/조작, 저장/적재, 수정 및 보전과 같은 사용 및 지원 기능을 포함한다. 운용단계는 수년간 지속될 수 있으며, 이 단계 동안 작업 수행도 향상 및 기술 발전이 이루어 질 수 있다. 안전관심 대상은 운용자 행동, 하드웨어 고장, 위험한 시스템 설계, 안전한 설계 변경 및 시스템 업그레이드이다.

폐기(disposal)는 제품이 유용한 수명을 다하는 단계이며 전체 혹은 요소별로 시스템을 폐기하는 것을 포함한다. 안전한 분해 절차와 위험한 재료/물질의 안전한 폐기가 안전의 관심 대상이다.

10.4.8 시스템 안전원칙

다음은 12가지 시스템 안전원칙이며 모두 위험, 위험파악 위험 경감과 관련되어 있다.

▮ 원칙 1

위험재해 리스크는 삶의 현실이다. 그것들은 인간이 만든 시스템의 전형적 부산물이다.

▮ 원칙 2

위험은 리스크를 만들고 재해를 유발하는 것이다. 이러한 것 또는 요소는 설계를 통하여 파악되고 통제될 수 있는 설계에 내재된 고유의 요소이다.

▮ 원칙 3

시스템은 시스템 위험을 종종 유발하거나 시스템 위험에 기여하는 다양한 다른 방법으로 고장 날 수 있다.

▮ 원칙 4

안전은 결과적 시스템 특성이며, 시스템 설계로 변한다. 이러한 특성은 안전을 위한 설계 활동을 통하여 의도적으로 개선된다.

▮ 원칙 5

위험리스크는 안전 특성의 정도를 제공하는 척도이다.

▮ 원칙 6

리스크는 항상 알려져 있어야 한다. 불필요하거나 수용 불가능한 안전 리스크는 결코 수용되어서는 안 된다.

▮ 원칙 7

시스템 안전은 위험 재해 및 리스크를 파악하고 통제하는 프로세스이다. 안전은 위험 파악과 위험 경감 프로세스를 통하여 이루어진다.

▮ 원칙 8

위험분석으로부터 위험은 파악되고 리스크는 결정된다.

▮ 원칙 9

안전은 위험분석과 리스크 통제에 근거한 전용 시스템 안전 프로그램을 통하여 가장 잘 달성될 수 있다.

▮ 원칙 10

안전은 공짜가 아니지만 재해와 관련된 직접, 간접, 숨겨진 비용보다는 싸다.

▮ 원칙 11

재해없음이 안전한 시스템과 필연적으로 같지는 않다. 아직 발생하지 않은 위험이 숨겨져 있을 수 있다. 이것이 위험분석이 항상 수행되어야 하는 이유이다.

▮ 원칙 12

안전은 획득되어야 한다. 안전은 우연히 이루어지지 않는다. 이러한 사실은 안전은 위험분석 및 위험경감에 근거한 시스템 안전 프로그램을 요구한다.

10.4.9 리스크 경감 방안

리스크 경감 방안은 우선적으로 가능하면 제거할 수 있어야 한다. 위험제거가 불가능할 때는 시스템 안전 설계 우선순위를 적용하여 비용, 일정 및 수행도(performance) 제약 범위 안에서 가장 낮은 수용 가능한 수준으로 관련된 리스크를 줄여야 한다. 시스템 안전설계 우선순위는 리스크 경감 방안을 다음과 같이 효과가 큰 순서대로 나열한다(MIL-STD-882E).

- **설계안 선택을 통한 위험제거**
  이상적으로 위험을 완전히 제거할 수 있는 설계안 혹은 물질 선택을 통하여 위험은 제거되어야 한다.
- **설계안 변경을 통한 리스크 경감**
  위험을 제거할 수 있는 설계 변경안이나 물질 채택이 불가능하다면, 그 위험에 의해 창출되는 잠재적 재해의 강도나 발생 확률을 줄일 수 있는 설계 변경을 고려한다.
- **공학적 특성이나 장치 채택**
  설계 변경을 통한 리스크 경감이 불가능할 경우, 공학적 특성이나 장치를 사용하여 그 위험으로 유발될 수 있는 잠재적 재해의 강도나 발생확률을 줄여야 한다. 일반적으로 공학적 특성은 재해가 발생하는 순서를 능동적으로 차단하고, 장치는 재해 리스크를 줄인다.
- **경고장치 제공**
  공학적 특성이나 장치가 불가능하거나 그 위험으로 인한 재해의 강도나 확률을 적절히 낮출 수 없다면, 위험 상황 발생이나 위험 사건 발생을 경고할 수 있는 탐지 및 경고 시스템을 포함하라.
- **시각적 게시물, 절차 훈련 및 개인 보호장비 제공**
  위의 방법들이 불가능하거나 불적절한 경우 시각적 게시물, 절차, 훈련, 및 개인보호장비를 제공한다. 시각적 게시물은 플랜카드, 레이블, 표지판 비치, 다른 시각적 그래픽을 포함한다. 절차와 훈련은 적절한 경고 및 주의를 포함한다. 위험이 중대할 경우 시각적 게시물, 절차, 훈련 및 보호장비가 유일한 리스크 경감 방안으로 사용되어서는 안 된다.
- **리스크 수용**
  위의 모든 방법을 사용해도 피할 수 없는 위험은 수용할 수밖에 없다. 어느 정도 수준의 위험이 수용 가능한 위험인지에 대해서는 다양한 여건을 고려한 경영적 판단이 필요하다.

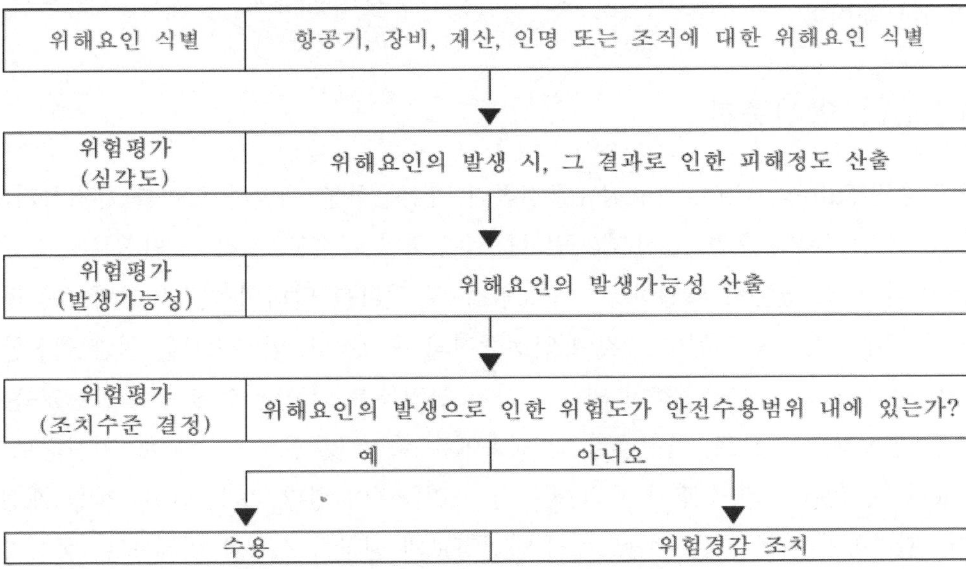

자료: ICAO, Safety Management Manual(SMM), Doc9859, 3rd Edi., 2013, Chapter5 SMS, pp.5-15.

[그림 10-5] 위험관리의 위험분석, 평가 및 위험경감에 대한 안전관리 의사결정

10.4.10 안전보증

안전보증(Safety Assurance)은 위험이 적절하게 관리되도록 확인하기 위한 감시와 절차를 의미한다. 안전보증 활동의 개념은 새로운 위해요인을 식별하고, 위험관리체계가 제 기능대로 작동하는지 여부를 평가하며, 국가 허용안전기준의 달성과 항공안전프로그램과 관련된 법규 · 기준 · 절차의 준수를 보장하기 위한 제반활동이다.

안전보증을 위한 주요 활동은 안전성과를 지속적으로 모니터링하고 측정하는 것으로, 내부 안전감사, 안전보고, 내부 안전조사 및 설문조사 등의 방법을 통해 이루어진다. 내부 안전감사는 안전을 위한 조직, 교육훈련, 위험수준에 대한 적절한 조치 등 SMS 운영을 위한 구비여부를 확인하는 절차이고, 안전보고제도는 항공운항 안전을 위협하는 잠재적 위해요인을 식별하기 위해 종사자의 의도되지 않은 실수나 착오를 처벌하지 않고, 원인을 조사하여 관리시스템을 개선하기 위한 목적으로 비 처벌문화 또는 관용문화로 일컬어지는 공정문화(Just Culture)에 기반을 둔 제도로 대표적으로 항공안전의무보고제도와 항공안전자율보고제도로 운영되고 있다. 안전보증의 가장 중요한 핵심요소는 조직이 SMS의 안전목표를 달성하기 위해 안전성과의 개선을 지속적으로 추진하는 것이다.

10.4.11 안전증진

안전증진(Safety Promotion)은 긍정적인 안전문화를 개발하고 이를 유지하기 위한 것으로 종사자의 훈련, 안전관리 임무를 수행하는 숙련도, 조직 내 안전문제에 관한 소통이 잘 되고 있는지 확인하는 수단, 과정 및 절차를 말하며 안전위험의 효율적인 통제가 이루어지도록 지원하는 것이 안전증진의 목적이다. 안전증진을 위한 핵심활동의 하나는 조직원들이 안전책임 의식을 가지고 업무를 수행할 수 있도록 안전교육 및 훈련을 실시하는 것으로, 안전훈련 및 교육에는 초기 및 정기 보수교육, 최신정보 전달, 교육 및 훈련 효과의 평가 등의 과정을 고려하여야 한다. 또한 안전문화를 개선 · 유지 · 관리하기 위한 기본 수단으로서 안전정보의 원활한 소통을 위해 모든 종사자가 SMS와 조직의 안전문화를 인지하고, 중요 안전정보를 대내외에 전달하고, 안전조치 이유와 안전절차가 도입 및 변경된 이유를 설명할 수 있는 절차도 필요하다.

11. ESG 위험성 평가의 개요

11.1 취지

산업재해는 장기적으로는 감소하고 있지만, 여전히 많은 근로자가 산업재해를 입고 있고, 한 번에 2명 이상 사망하는 대형재해도 빈번하게 발생하고 있다. 그리고 우리나라를 대표하는 기업에서도 누출, 폭발, 화재 등의 중대재해가 지속적으로 발생하고 있다. 이들 재해의 요인으로서는 위험성 평가(Risk Assessment)의 불충분, 최고경영자의 노력 부족, 지식 · 경험의 미흡 등이 지적되고 있다.

생산공정의 다양화, 복잡화가 진전되는 한편 새로운 기계설비 · 화학물질이 도입되고 있고, 사업장 내 유해위험요인이 다양화되며 그 파악이 곤란해지고 있는 상황에서는, 단순히 법령에 규정된 세부적 · 기술적인 안전보건기준을 준수할 뿐만 아니라, 자율적인 노력에 의한 안전보건관리 수준의 향상이 불가결하다. 위험성 평가는 산업재해 감소 및 안전보건 수준의 향상을 위한 유력한 방법이다.

이러한 필요에 따라 기업이 자율적으로 안전보건 수준을 향상시키기 위하여 유해위험요인을 파악하고 각각의 리스크를 추정 · 결정하며, 이것에 근거하여 리스크 감소조치를 실시하는 방법으로 위험성 평가를 도입하게 되었다.

우리나라에서는 2013년 6월 산업안전보건법을 개정하여 제41조의2(위험성 평가)를 구체적 의무의 형태로 신설하고, 건설물, 기계 · 기구, 설비, 원재료, 가스, 작업 등의 유해위험요인(hazard)을 파악하는 한편, 그 결과에 따라 필요한 안전보건조치를 하도록 규정하였다.

11.2 위험성 평가란

- 첫째, 사업장의 모든 유해위험요인을 적출하고,
- 둘째, 리스크(위험성)를 추정하고,
- 셋째, 리스크가 큰 것부터 감소조치를 강구하는

일련의 조치를 체계적으로 추진하는 자율적이고 선제적인 안전보건관리방법을 말한다. 위험성 평가는 대략적으로 다음과 같은 5가지 단계(step)로 진행된다.

① 사업장의 유해위험요인을 적출(파악)한다(유해위험요인 파악)(1단계).
② 유해위험요인별로 리스크를 추정한다(위험성 추정)(2단계).
③ 리스크의 허용 여부를 판단하고 우선도 설정 및 리스크 감소조치 검토를 한다(위험성 결정)(3단계).
④ 리스크 감소조치를 실시한다(위험성 감소대책)(4단계).
⑤ 위험성 평가 실시내용을 기록한다(기록)(5단계).

위험성평가를 3단계까지로 보는 관점도 있지만, 5단계까지의 일련의 작업을 합하여 위험성 평가로 파악하는 관점이 직장에서 이해되기 쉽고 수용되기도 쉽다. 산업안전보건법에서도 5단계까지를 위험성 평가로 보고 있다.

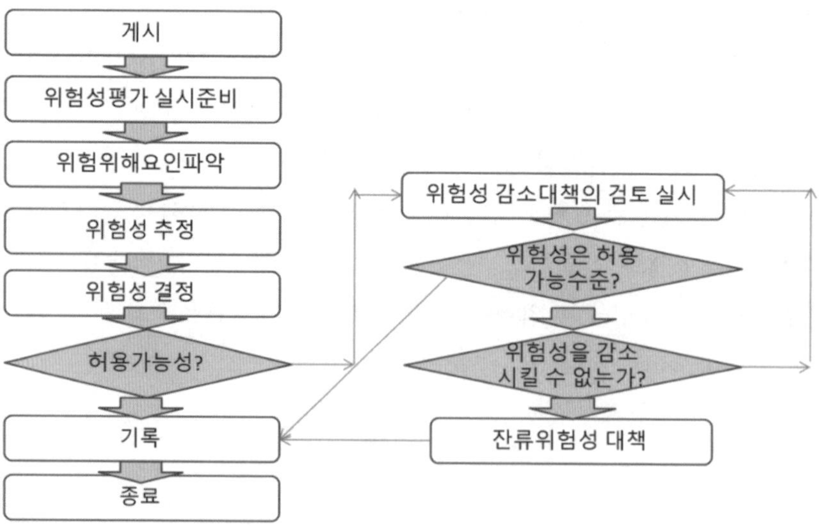

[그림 11-1] **위험성 평가 기본 흐름**

11.3 위험성 평가 탄생배경

위험성 평가의 원형은 1980년대에 유럽에서 많이 발생한 화학플랜트 등의 중대재해를 방지하기 위한 방안으로 고안되었다. 위험성 평가의 정의 역시 1980년에 확립되었는데, 대체로 "잠재하는 유해위험요인의 체계적인 사전 리스크 추정(중대성과 기능성이라는 측면에서 평가) 및 이에 근거한 우선도의 합리적인 뒷받침"이라고 말할 수 있다.

그 후 EC(당시 1993년 이후에는 EU)의 가맹국이 가맹국들의 안전보건 확보와 그 수준 향상을 위하여 '직장에서의 근로자의 안전과 보건의 개선을 촉진하는 조치(위험성 평가를 포함한다)'를 채택하였다. 이것에 의해 가맹국들은 1992년 중에 필요한 법률, 규칙 등을 정비하고, 1996년까지 시행하게 되었다. 그리고 EU의 통일규격인 EN(Europaische Norm, European Standards)에 위험성 평가가 추가됨으로써 위험성 평가가 EU 각국에 보급되어 갔다.

11.4 외국의 위험성 평가 제도

영국은 산업안전보건법(Health and Safety at Work Act, 1974)과 사업장보건안전규칙 제정하였다. 1992년에 모든 사업주는 위험성 평가를 실시하고 이에 따라 유해·위험요인을 관리하도록 규정하고 있는데, 5인 이상 사업장은 위험성 평가를 실시한 문서를 보관하도록 하고 있다. 위험성 평가를 5단계(Five steps to risk assessment)로 구분하고 다양한 위험성 평가 방법과 사례를 제시하고 있다. 또한 EU Directive에 따라 EU각국은 위험성 평가를 제도적으로 도입하고 있다.

독일의 경우 1966년 산업안전보건법(Arbeitsschutzge setz)이 제정되었고, 1996년에 근로자안전보호법을 제정하여 EU의 위험성 평가 제도를 법적으로 도입하여 법 제5조에서 작업여건에 대한 평가조항을 두고 있다.

일본의 경우에는 1972년에 노동안전위생법이 제정되었고 2006년에 개정하여 위험성 평가제도(법 제28조의2)를 도입하고 있으며, 위험성 평가 제도는 법에서 노력의 의무로 규정하였다.

미국의 경우에는 위험성 평가에 대한 의무규정은 없는 반면 위험성 평가를 기반으로 하는 자율안전관리체계를 구축하여 감독 · 규제하고 있다.

아세안 국가에 속한 싱가포르도 2006년 산업안전보건법을 제정하였으며 위험성 평가 실시를 의무화하고 있고, 또 호주에서는 2000년 산업안전보건법에 위험성 평가를 도입하고 2001년 시행령에 위험성 평가를 사업주 의무로 규정하고 사업주는 위험성을 평가하여 개선토록 하고 있으며, 5년에 한 번 이상 재평가를 하도록 의무화하고 있다.

11.5 위험성 평가의 실시방법

11.5.1 관련 법령 및 고시

사업주는 건설물, 기계 · 기구, 설비, 원재료, 가스, 증기, 분진, 근로자의 작업동 또는 그 밖에 업무로 인한 유해위험요인을 찾아내어 부상 또는 질병으로 이어질 수 있는 위험성의 크기가 허용 가능한 범위인지를 평가하여야 하고, 그 결과에 따라 이 법과 이에 따른 명령에 의한 조치를 하여야 하며, 근로자에 대한 위험 또는 건강장해를 방지하기 위하여 필요한 경우에는 추가적인 조치를 하여야 한다(산업안전보건법 제36조 제1항).

제36조(위험성 평가의 실시) ① 사업주는 건설물, 기계 · 기구 · 설비, 원재료, 가스, 증기, 분진, 근로자의 작업행동 또는 그 밖의 업무로 인한 유해 · 위험 요인을 찾아내어 부상 및 질병으로 이어질 수 있는 위험성의 크기가 허용 가능한 범위인지를 평가하여야 하고, 그 결과에 따라 이 법과 이 법에 따른 명령에 따른 조치를 하여야 하며, 근로자에 대한 위험 또는 건강장해를 방지하기 위하여 필요한 경우에는 추가적인 조치를 하여야 한다.
② 사업주는 제1항에 따른 평가 시 고용노동부장관이 정하여 고시하는 바에 따라 해당 작업장의 근로자를 참여시켜야 한다.
③ 사업주는 제1항에 따른 평가의 결과와 조치사항을 고용노동부령으로 정하는 바에 따라 기록하여 보존하여야 한다.
④ 제1항에 따른 평가의 방법, 절차 및 시기, 그 밖에 필요한 사항은 고용노동부장관이 정하여 고시한다.

위험성 평가를 실시한 사업주는
i) 위험성 평가 대상의 유해위험요인
ii) 위험성 결정의 내용
iii) 위험성 결정에 따른 조치의 내용
iv) 그 밖에 위험성 평가의 실시내용

위의 내용을 확인하기 위하여 필요한 사항으로서 고용노동부장관이 정하여 고시하는 사항을 3년간 기록 · 보존하여야 한다(대산업안전보건법 제36조 제3항, 동법 시행규칙 제37조). 산업안전보건법 제36조 제4항에 따라 유해위험요인을 찾아내어 위험성을 결정하고 조치하는 방법, 절차, 시기, 그 밖에 필요한 사항을 정하기 위하여 사업장 위험성 평가에 관한 지침(고시)이 제정되어 있다(산업안전보건법 제41조의4 참조).

참고 ▮ 위험성물질

번호	유해 · 위험물질	규정량(kg)		번호	유해 · 위험물질	규정량(kg)	
		현행	개정			현행	개정
1	인화성 가스*	5,000	5,000	27	브롬화수소	2,500	10,000
2	인화성 액체**	5,000	5,000	28	삼염화인	750,000	10,000
3	메틸 이소시아네이트	150	1,000	29	염화 벤질	750,000	2,000
4	포스겐	750	500	30	이산화염소	500	500
5	아크릴로니트릴	20,000	10,000	31	염화 티오닐	150	10,000
6	암모니아	200,000	10,000	32	브롬	100,000	1,000
7	염소	20,000	1,500	33	일산화질소	1,000	10,000
8	이산화황	250,000	10,000	34	붕소 트리염화물	1,500	10,000
9	삼산화황	75,000	10,000	35	메틸에틸케톤과산화물	2,500	10,000
10	이황화탄소	5,000	10,000	36	삼불화 붕소	150	1,000
11	시안화수소	1,000	500	37	니트로아닐린	2,500	2,500
12	불화수소(무수불산)	1,000	1,000	38	염소 트리플루오르화	500	1,000
13	염화수소(무수염산)	20,000	10,000	39	불소	20,000	500
14	황화수소	1,000	1,000	40	시아누르 플루오르화물	50	2,000
15	질산암모늄	500,000	500,000	41	질소 트리플루오르화물	2,500	20,000
16	니트로글리세린	10,000	10,000	42	니트로 셀룰로오스 (질소 함유량 12.6% 이상)	100,000	100,000
17	트리니트로톨루엔	50,000	50,000	43	과산화벤조일	3,500	3,500
18	수소	50,000	5,000	44	과염소산 암모늄	3,500	3,500

번호	유해 · 위험물질	규정량(kg)		번호	유해 · 위험물질	규정량(kg)	
		현행	개정			현행	개정
19	산화에틸렌	10,000	1,000	45	디클로로실란	1,500	1,000
20	포스핀	50	500	46	디에틸 알루미늄 염화물	2,500	10,000
21	실란(Silane)	50	1,000	47	디이소프로필 퍼옥시디 카보네이트	3,500	3,500
22	질산 (중량 94.5% 이상)	250	50,000	48	불산 (중량 1% 이상)	1,000	10,000 (중량 10% 이상)
23	발연황산 (삼산화황 중량 65% 이상 80% 미만)	500,000	20,000	49	염산 (중량 10% 이상)	20,000	20,000 (중량 20% 이상)
24	과산화수소 (중량 52% 이상)	3,500	10,000	50	황산 (중량 10% 이상)	20,000	20,000 (중량 20% 이상)
25	톨루엔디이소시아네이트	100,000	2,000	51	암모니아수 (중량 10% 이상)	20,000	50,000 (중량 20% 이상)
26	클로로술폰산	500,000	10,000				

* 인화성 가스: 인화한계 농도의 최저한도가 13% 이하 또는 최고한도와 최저한도의 차가 12% 이상인 것으로서 표준압력(101.3kPa) 하의 20℃에서 가스 상태인 물질

11.5.2 실시시기

위험성 평가는 최초평가 및 수시평가, 정기평가로 구분하여 실시하여야 한다. 이 경우 최초평가 및 정기평가는 전체 작업을 대상으로 한다. 수시평가는 다음 어느 하나에 해당하는 계획의 실행을 착수하기 전에 실시하는 것으로서 위험성 평가의 본질에 해당한다. 다만, ⑤에 해당하는 경우에는 사고 · 재해가 발생한 작업을 대상으로 작업을 재개하기 전에 실시하여야 한다[사업장 위험성 평가 관한 지침(고시) 12조 2항].

① 사업장 건설물의 설치 · 이전 · 변경 또는 해체
② 기계 · 기구, 설비, 원재료 등의 신규 도입 또는 변경
③ 건설물, 기계 · 기구, 설비 등의 장비 또는 보수(주기적 · 반복적 작업으로써 정기평가를 실시한 경우에는 제외)
④ 작업방법 또는 작업절차의 신규 도입 또는 변경
⑤ 중대산업사고 또는 산업재해(휴업 이상의 요양을 요하는 경우에 한정한다) 발생
⑥ 그 밖에 사업주가 필요하다고 판단한 경우

위험성 평가는 한 번으로 모든 리스크를 파악하고 리스크 감소조치를 할 수 있는 것은 아니므로, 수시평가 외에 연 1회 이상 정기적으로 사업장의 위험성 평가하는 것이 필요하다.

11.5.3 정보수집

1) 유해위험요인에 관한 자료의 파악

사업장 위험성 평가를 실시하는 경우에는 먼저 유해위험요인에 관한 정보를 가급적 많이 수집하는 것이 중요하다. 사업장의 유해위험요인 파악을 위해 필요한 자료로서는 다음과 같은 것을 제시할 수 있다.

- 작업표준, 작업절차서, 작업계획서 등
- 기계 · 설비 등의 사양서, 취급설명서, 레이아웃 등 주변의 환경
- MSDS
- 사고 · 재해사례(자사, 타사 및 외국의 사례), 재해통계
- 아차사고사례(자사 및 타사의 사례)
- 위험예지활동, TBM, 안전순찰(외부전문가에 의한 것을 포함한다) 등 안전보건활동의 결과{기록)
- 건강진단결과
- 작업환경측정결과
- 고객 등으로부터의 클레임, 각종 트러블 사례
- 사업의 일부 도급의 경우에는 도급인 사업주가 실시한 위험성 평가 결과
- 기타 위험성 평가의 실시에 있어 참고가 될 국내외 자료 등

이 중 사고 · 재해사례, 아차사고사례 등은 위험성 평가 실시 대상으로 최우선으로 고려하여야 한다. 그리고 이들 자료는 위험성 평가를 실시할 때 필수적으로 필요한 것이므로 평상시부터 잘 정리해 두어야 한다. 자료의 리스트를 작성해 두면 편리하다.

2) 유해위험요인의 확인

사업장의 유해위험요인에는 어떤 것이 있는지를 항상 파악해 둘 필요가 있다. 업무내용, 사용하고 있는 기계 · 설비, 화학물질, 작업환경 및 수집한 정보에서 유해위험요

인을 찾아내어 정리해 두는 것이 필요하다.

3) 유해위험요인 정보입수 시 유의사항

새로운 기계 · 설비를 도입하는 경우에는 그 기계 · 설비의 제조자 또는 수입자로부터 설계 · 제조단계의 위험성 평가 결과를 입수하여 참고할 필요가 있다. 그리고 도급인 사업장에서 도급작업을 할 때에는 도급인 사업주로부터 위험성 평가에 필요한 자료를 사전에 입수하여 참고로 한다.

11.5.4 실시절차

1) 1단계: 유해위험요인 파악

(1) 유해위험요인의 분류

미리 정해진 유해위험요인 분류기준에 따라 작업장에 신규로 도입하거나 작업에서 현재 사용하고 있는 기계 · 설비, 화학물질, 작업환경, 작업방법 등에서 위험한(불안전한) 상태, 작업자의 불안전한 행동, 작업자의 특성 등에 주목하여 산업재해의 발생원인이 되는 유해위험요인을 명확히 한다. 유해위험요인 파악(hazard identification)은 작업절차서, 작업표준 등을 활용하여 실시한다. 작업절차서, 작업표준 등이 없는 경우에는 작업별로 작업 개요를 기재한 것을 사용하거나 작업절차를 써내도록 한다. 이때 실제의 작업을 잘 관찰하는 것도 중요하다.

현장에서는 작업절차서 등과 다른 방법으로 작업이 이루어지거나 소음, 공간의 협소 등의 환경요인 등은 작업절차서 등에는 없기 때문이다. 실시자는 작업의 상황을 가장 잘 알고 있는 현장감독자와 작업자 중심이 되고, 누락을 방지하기 위하여 복수의 자가 실시하는 것이 바람직하다. 그리고 필요에 따라 사용되고 있는 기계, 설비에 정통한 스태프 등 전문지식을 가진 자, 과장 등의 관리자가 참가하는 것도 효과적이다.

표 11-1 ▌유해요인의 분류

1. 기계 · 설비에 의한 위험요인
2. 폭발성 물질, 발화성 물질, 인화성 물질, 부식성 물질, 산화성 물질, 황산 등에 의한 위험요인
3. 전기, 열, 기타 에너지(아크 등 광에너지) 등에 의한 위험요인
4. 작업(굴삭작업, 채석작업, 하역작업, 벌목작업, 철골조립 등)방법에서 발생하는 위험요인
5. 작업장소(추락 우려가 있는 장소, 토사 등의 붕괴 우려가 있는 장소, 미끄러질 우려가 있는 장소, 발이 걸려 넘어질 우려가 있는 장소, 채광 · 조명 등의 영향에 따른 위험성이 있는 장소, 물체가 낙하할 우려가 있는 장소 동)에 관계되는 위험요인
6. 작업행동 등에서 발생하는 위험요인
7. 원재료, 가스 증기, 분진, 산소결핍공기, 병원체, 배기, 배액, 잔재물 통에 의한 유해요인
8. 방사선, 고온, 저온, 초음파, 소음, 진동, 이상기압, 적외선, 자외선, 레이저광선 등에 의한 유해요인
9. 작업행동 등(계기감시, 정밀공작작업, 중량물취급작업, 작업자세, 작업양태에 의해 발생하는 요통, 경견완증후군 등)에서 발생하는 유해요인
10. 기타의 유해위험요인

(2) 유해요인 표현방법

유해위험요인은 '~로 인하여(~할 때) ~하여 ~(사고유형)이 되다.'로 표현한다. 하나의 예를 제시하면 [그림 11-2]와 같다.

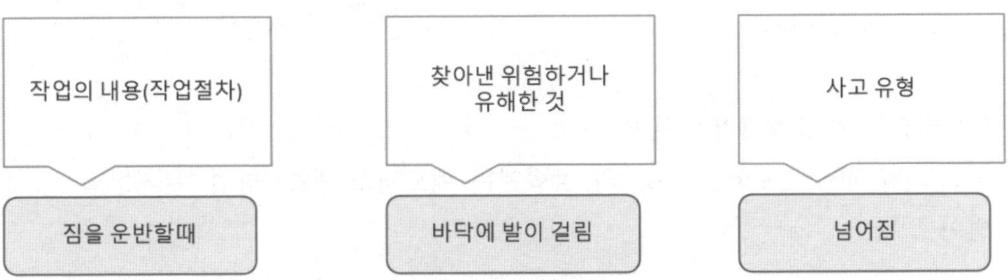

[그림 11-2] 유해위험요인 표현방법

(3) 유해위험요인 파악 시 유의사항

- 감독자의 주관 하에 해당 작업장의 근로자가 참여하여 실시한다(산업안전보건법 36조 2항 참조).
- 필요에 따라 스태프 등 전문지식을 가지고 있는 사람에게 지원을 의뢰한다.
- 지금까지의 재해, 사고, 아차사고를 참고로 한다.

- 자사의 작업자는 물론 파견 · 도급작업자의 의견도 활용한다.
- 작업자의 피로 등 부가적 영향을 생각한다.

2) 2단계: 리스크 추정

(1) 리스크 크기

리스크는 일반적으로 유해위험요인에 의한 [재해(피해)의 중대성]×[재해(피해)의(발생)가능성]으로 나타내는데, 2가지 요소(중대성, 가능성) 모두 고려요인이 많으므로, 구체적인 작업에 들어가기 전에 각 요소에 대한 상세한 고려요인을 미리 준비하는 것이 필요하다.

예를 들면, 재해(피해)의 중대성은 재해(피해)를 입는 신체 부분이 어디인지, 재해(피해)의 강도는 어느 정도인지(치료기간, 후유장해 유무), 재해지{피해자)가 한 명인지, 여러 명인지와 같은 요소에 의해 좌우되고, 재해(피해)의 발생가능은 위험한 사건의 발생확률, 유해위험요인에 노출(접촉)되는 빈도와 시간, 위험한 사건이 발생한 때에 재해(피해)를 회피 · 제한하는 능력 등에 의해 영향을 받으므로, 이것들을 감안하면서 리스크의 크기(위험도)를 정하여야 한다.

그러나 이상의 고려요인이 절대적인 것이라고 말할 수는 없으므로 국내외에서 행해지고 있는 선진적인 방법을 조사 · 참고하여 각 사업장에 적합한 것을 지표(고려요인)로 삼을 필요가 있다.

(2) 리스크 추정의 3가지 방법

리스크 추정(risk estimation)의 방법에는 매트릭스(행렬) 방법, 분기방법, 수치화 방법이 있다.

- 매트릭스(행렬) 방법

  매트릭스(행렬) 방법은 재해의 중대성과 재해의 발생가능성을 상대적으로 척도화하여 이것을 종축과 횡축으로 하는 방법으로서, 미리 중대성과 가능성의 정도에 따라 위험성이 할당된 표를 사용하여 위험성을 추정하는 방법이다. 한눈에 리스크의 크기를 알 수 있어 편리하다는 장점이 있다.

구분	치명적 (사망)	중대 (휴업 1일)	중정도 (휴업 1일 이상)	경미 (휴업 없음)
상당히 높음	5	4	4	3
비교적 높음	4	4	3	2
약간 높음	4	3	2	2
낮음	3	2	2	1
매우 낮음	1	1	1	1

- 분기 방법

  개로 분기해 가는 방법이므로 누구라도 비교적 간단하게 할 수 있는 장점이 있다. 단, 2자 택일로 분기해 가므로, 밀도 높은 분석은 기대하기 어렵다. 리스크 그래프에 의한 방법이라고도 한다.

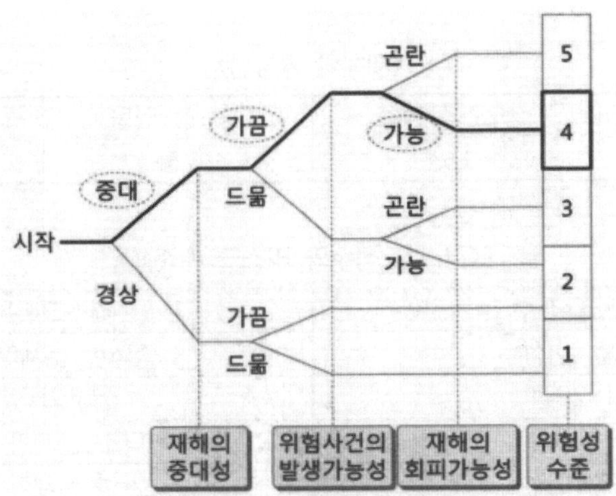

[그림 11-3] 분기 방법

- 수치화 방법

  수치화 방법을 이용하는 리스크 추정은 리스크 크기의 구체적인 추정치가 수치로 제시되기 때문에 누구라도 알기 쉽고 리스크 감소의 우선도가 명확하게 되는 장점이 있다. 일반적으로는 리스크의 크기가 명확하게 나타나는 수치화 방법이 많이 이용되고 있다.

  추정은 보통 '재해의 중대성'과 '재해의 (발생)가능성'을 가지고 행하지만, '재의

(발생) 가능성'을 '위험상태의 (발생)빈도'와 위험상태 발생시 '재해의 (발생)가능성'으로 나누는 방법, 즉 '빈도'를 추가하여 행하는 방법도 있다. 이것은 '빈도'를 추가함으로써 보다 적절한 추정을 할 수 있을 것으로 생각되기 때문이다. 중대성, 가능성, 빈도는 각각 등급으로 나누는 것이 일반적이다. 등급이 많은 쪽이 상세한 분석이 가능하지만, 그만큼 복잡하게 된다. 따라서 사업장에 맞는 등급 구분을 하는 것이 바람직하다. 리스크 중대성과 재해의 기능성 2가지로 리스크를 추정하는 방법을 예시하면 다음과 같다.

- 리스크 점수=재해의 중대성의 점수+재해의 가능성의 점수

〈재해의 중대성〉

치명상	중상	경상	경미
30점	20점	7점	2점

〈재해의 가능성〉

매우 높음	비교적 높음	가능성 있음	거의 없음
20점	15점	7점	2점

〈리스크 점수와 리스크 수준〉

리스크 점수	리스크 수준
30점 이상	중대한 문제가 있음
21~29점	문제가 있음
10~20점	다소 문제가 있음
10점 미만	거의 문제가 없음

재해의 중대성, 재해의 가능성, 위험상태의 빈도 3가지로 리스크를 추정하는 방법을 예시하면 다음과 같다.

- 리스크 점수=재해의 중대성의 점수+재해의 기능성의 점수+위험상태의 빈도 점수

〈재해의 중대성〉

치명상	중상	경상	경미
10점	6	3	1점

〈재해의 가능성〉

매우 높음	비교적 높음	가능성 있음	거의 없음
6점	4점	2점	1점

〈위험상태의 빈도〉

빈번	가끔	거의 없음
4점	2점	1점

〈리스크 점수와 리스크 수준〉

리스크 점수	리스크 수준
14~20점	중대한 문제가 있음
9~13점	문제가 있음
5~8점	다소 문제가 있음
3~4점	거의 문제가 없음

지금까지 설명한 3가지의 리스크 추정 방법 중 각각의 사업장에 맞는 것을 선택하여 실시하는 것이 바람직하다.

- 리스크 추정 계산
  수치화 방법에서 리스크의 크기는 2가지 요소(중대성, 가능성)의 조합 또는 가지 요소(중대성, 가능성, 빈도)의 조합으로 나타낸다. 조합의 방법에는 가산법(덧셈법)과 승산법(곱셈법)이 있다.

〈가산법의 예〉

평가점수중대성+기능성+빈도

3점+4점+5점=12점

〈리스크 수준과 리스크 감소조치(예)〉

평가점수	리스크 수준(내용)		리스크 감소조치
14~20점	Ⅳ	중대한 문제가 있음	바로 작업중지 또는 개선함
9~13점	Ⅲ	문제가 있음	신속하게 개선함
5~8점	Ⅱ	다소 문제가 있음	계획적으로 개선함
3~4점	Ⅰ	거의 문제가 없음	상황(필요)에 따라 개선함

가산법의 이점은 수치가 커지지 않기 때문에 계산하기 쉽다. 단, 추정점수가 작기 때문에 평가점수의 편차는 작아진다. 이에 반해 승산법은 수치가 커지고 계산하기 어렵다는 불편함은 있지만, 평가점수에 편차가 커져 차이를 판단하기 쉬워진다. 승산법은 추정을 가지 요소(중대성, 가능성)의 조합으로 실시하는 경우에 많이 이용된다.

- 리스크 추정 시 유의사항

  미리 정한 판단기준으로 리스크를 추정한다.

- 구체적으로 누가 어떻게 재해를 입을 것인지를 예측하여 추정한다.
- 과거의 재해가 아니라 현시점에서의 최악의 상황을 상정하여 중대성을 추정한다. 단, 극단적인 케이스는 상정하지 않는다.
- 유해성이 입증되지 않는 경우라도 일정한 근거가 있는 경우에는 그 근거에 기초하여 추정한다.
- 직접 작업하는 작업자뿐만 아니라, 관계하는 작업자도 검증에 포함시킨다. 다수결이 아니라 충분히 의논하여 추정한다.

3) 3단계: 리스크 결정

허용 가능 여부 판단, 우선도 설정 및 리스크 감소조치의 검토·결정

(1) 리스크 허용가능 여부 판단

리스크 결정(risk evalution)은 해당 리스크가 수용(허용) 가능한지(tolerable) 여부를 판단하는 단계로서, 이 단계 역시 위험성평가에서 매우 중요한 부분이다. '수용(허용) 가능한 리스크(크기)' 여부의 판단은 어떤 리스크(유해위험요소)가 안전한지 그렇지 않은지, 즉 어떤 리스크(유해위험요인)에 감소조치가 필요한지 여부를 판정하는 것

이기 때문에 어려운 부분이기도 하다. 어떤 사람은 괜찮다고 하지만 어떤 사람은 안 된다고 말하고, 어떤 회사에서는 괜찮지만 이 회사에서는 안 된다고 하는 것이 발생할 수 있다.

따라서 수용(허용)가능 여부의 판단이 자의적이 되지 않도록 회사 자체 기준을 미리 설정하는 것이 필요하다. 추정된 리스크 수준이 허용 기능하다고 판단되면, 기존의 안전조치를 유지하는 것 외의 새로운 안전조치는 하지 않는다는 판단결정)을 하여도 무방하므로, 잔류위험성은 이 정도 존재한다는 것을 명기하고 종료절차에 들어간다.

리스크 수준이 허용할 수 없다(안전하지 않다)고 판단되면, 허용되는 안전한 수준까지 리스크를 감소시키는 대책을 수립 · 실시하는 절차에 들어간다,

그런데 대책을 실시할 필요성이 있어도 부득이한 사정에 의하여 바로 조치할 수 없는(적절한 조치를 유예하는) 경우도 있을 수 있는데, 이 경우에는 잠정적인 조치를 취함과 동시에 적절한 조치를 바로 실시할 수 없는(리스크를 그대로 유지하게 된) 이유를 작업자 및 관계자에게 주지 · 설명하고 기록해 두어야 한다.

표 11-2 ▌위험성 결정방법(예)

위험성(크기) 범위	위험성 수준(내용): 허용여부	감소조치 추진방법
14~20점(고위험성)	Ⅳ(안전보건상 중대한 문제가 있음): 허용 불가능	신속하게 개선
9~13점(중고위험성)	Ⅲ(안전보건상 중대한 문제가 있음): 허용 불가능	가급적 빨리 개선
5~8점(중위험성)	Ⅱ(안전보건상 다소의 문제가 있음): 허용 불가능	계획적으로 개선
3~4점(저위험성)	Ⅰ(안전보건상 문제가 거의 없음): 허용 가능	필요에 따라 개선

(2) 리스크 감소를 위한 우선도 설정

리스크 결정의 일부인 '리스크 감소를 위한 우선도 결정'의 목적은 리스크 추정결과(추정된 리스크 수준)에 기반하여 리스크 감소를 위한 우선도를 결정하는 것이다. 리스크 감소를 위한 우선도 결정방법은 리스크 수준이 높은 것부터 검토 대상으로 하는 것을 기본으로 하여, '리스크 감소조치 추진방법'(리스크 감소를 위한 조치기준)의 형태로 미리 정해 두어야 한다.

우선도(리스크 감소조치 추진방법)는 등급으로 하는 것이 일반적이다.

(3) 리스크 감소조치의 검토 · 결정

리스크 감소조치(risk reduction)의 검토는 [그림 11-4]의 우선순위에 따라 행하되, 다음 사항에 유의할 필요가 있다.

- 법령에 정해져 있는 사항은 최우선으로 확실하게 조치를 한다.
- 안이하게 관리적 대책, 개인용보호구의 착용에 의존해서는 안 되고,
  - 위험한 작업의 폐지 · 변경 등의 본질적 대책
  - 공학적 대책을 먼저 검토하고,
  - 대책은 그것의 보완적 조치라고 생각해야 한다.
- 예컨대, 기계 · 설비의 교체 · 개선에는 상당한 비용을 요하기 때문에, 하드(hard) 면의 개선보다 소프트(soft) 면의 개선으로 경도되거나, 리스크 추정 시에 이 점이 잠재적으로 영향을 미쳐 리스크 수준을 낮게 판정하는 일이 있어서는 안 된다.
- 사망재해, 중대한 질병을 초래할 우려가 있는 경우로서 적절한 리스크 감소조치를 강구하는 데 시간을 요하는 경우는, 그대로 방치하지 말고 잠정적인 조치를 바로 강구할 필요가 있다.

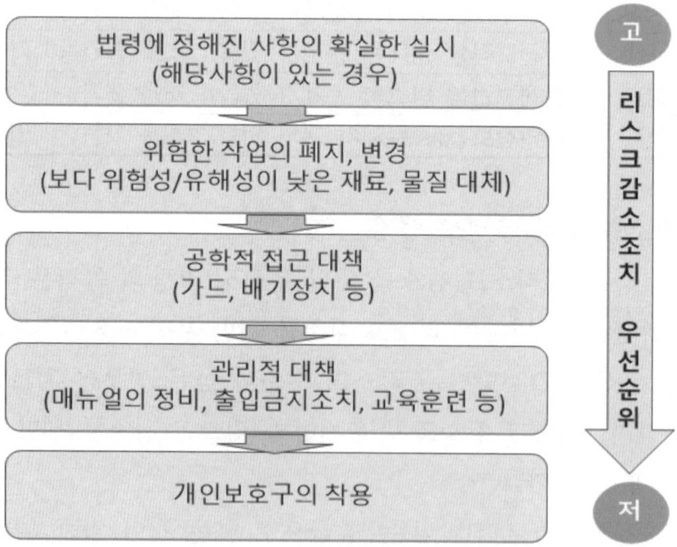

[그림 11-4] **리스크 감소조치 조정**

4) 4단계: 리스크 감소조치의 실시

위험성 평가에서 실시할 감소조치가 결정되면, 실시 담당자는 감소조치 실시를 위한 계획(스케줄, 역할분담 등)을 구체적으로 정하고 그 계획에 따라 실시한다. 감소조치 실시 후에는 확인(파악)된 유해위험요인에 대하여 재차 리스크 추정, 리스크 결정을 하고, 리스크 감소의 효과를 확인하는 동시에 작업성, 생산성, 품질에 미치는 영향을 확인한다.

리스크 감소조치 실시 후에도 리스크 수준이 허용할 수 없는 수준인 경우에는 한 번 더 리스크 감소조치를 수립하여 개선할 필요가 있다. 또한 감소조치 실시 후에 새로운 유해위험요인이 발생하고 있지 않은지를 확인하는 것도 중요하다. 새로운 리스크가 발생한 경우에는 그 리스크를 추정하고, 만약 허용 가능하지 않은 리스크인 경우에는 새롭게 발생한 유해위험요인에 대해서도 리스크 감소조치를 수립하여 이행하여야 한다.

5) 5단계: 기록의 작성

위험성 평가를 실시하면 그 기록을 남기는 것이 중요하다. 작업자가 보기 쉽도록 기록하고, 그 이후의 위험성 평가에 반영할 필요가 있다. 위험성 평가를 실시하고 조치를 강구하더라도 유해위험요인이 모두 없어지는 경우는 드물다.

대부분의 경우 잔류리스크가 남아 있다. 직장의 유해위험요인은 기술혁신, 원재료의 개량에 의해 변화한다. 따라서 잔류리스크에 대해서도 끝까지 추적관리할 필요가 있다. 기록을 확실히 해 놓으면 적절한 대응을 용이하게 할 수 있다.

기록, 보존사항(시행규칙 37조, 사업장 위험성 평가에 관한 지침(고시) 14조 1항)

① 위험성 평가 대상의 유해 · 위험요인
② 위험성 결정의 내용
③ 위험성 결정에 따른 조치의 내용
④ 위험성 평가를 위해 사전 조사한 안전보건정보
⑤ 그 밖에 사업장에서 필요하다고 정한 사항

11.5.5 위험성 평가의 실시효과

위험성 평가를 실시하고 효과적으로 운용하면 다음과 같은 효과를 기대할 수 있다.

- 리스크에 대한 인식을 공유할 수 있다.
- 직장의 유해위험요인을 적출할 수 있고 적절한 대책이 가능하게 된다.
- 안전보건대책이 합리적인 우선순위로 결정될 수 있다.
- 기계 · 설비, 물질 등의 본질 안전화를 기대할 수 있다.
- 리스크가 일정한 수준에 달할 때까지 위험성 평가를 반복함으로써 안전한 직장을 달성할 수 있다.

12. ESG 위험성 평가와 위험예지 활동

종래부터 많은 사업장에서 위험예지활동, 아차사고 보고활동, 안전순찰, 안전점검 등의 일상적 안전활동을 통해 생산현장에서의 유해위험요인 파악이 일반적으로 이루어지고 있다. 이들 활동은 그 운용방법에 따라서는 유해위험요인을 발견하고, 발견된 유해위험요인에 대한 리스크를 추정하며, 그에 대한 안전대책을 검토하여 실시하는 위험성 평가로서의 측면을 가지고 있는 경우도 있다.

그러나 오늘날은 위험성 평가의 방법・절차가 명확하게 확립됨에 따라, 이들 활동과 위험성 평가는 다른 것이라는 생각이 일반적이다. 여기에서는 이들 활동 중 위험성 평가와 가장 가까운 방법이라고 생각되는 위험예지활동을 예로 들어 위험성 평가와의 차이점, 보완성에 대하여 설명한다.

12.1 위험예지활동과 위험성 평가의 절차

위험예지활동의 4라운드법과 위험성 평가의 기본적인 절차는 다음과 같다.

표 12-1 ▮ 위험성 평가와 위험예지활동의 절차

위험성 평가의 절차	위험예지활동의 절차
절차 1 유해위험요인의 파악	제1라운드 현상파악 어떤 위험(유해위험요인)이 잠재하고 있는가?
절차 2 리스크 추정	제2라운드 본질추구 이것이 위험의 포인트이다.
절차 3 리스크 감소조치의 검토	제3라운드 대책수립 당신이라면 어떻게 할 것인가?
절차 4 리스크 감소조치의 실시	제4라운드 목표설정 우리들은 이렇게 한다.

위험예지활동과 위험성 평가는 매우 비슷한 구조로 되어 있는데, 두 가지 모두 유해위험요인을 찾아내고 대책을 강구하여 실시하는 흐름으로 구성되어 있다.

제1단계는 두 가지 모두 유해위험요인을 파악하는 단계로서 동일하다. 즉, '~로 인하여(~할 때) ~하여 ~(사고유형)이 되다'라는 유해위험요인의 파악방법이 동일하다. 따라서 종래 위험예지활동이 실시하여 온 사업장에서는 비교적 용이하게 위험성 평가에 대처할 수 있을 것이다.

제2단계는 리스크의 크기를 판단하는 작업을 한다. 위험성 평가에서 리스크의 추정은 정해진 평가기준에 기초하여 실시된다. 한편, 위험예지활동의 본질추구는 작업자들의 합의에 기초하여 이루어진다.

제3단계와 제4단계는 리스크를 감소시키기 위한 대책을 강구하여 실시하는 단계이다. 위험성 평가는 리스크의 수준(크기)에 따라 우선순위에 근거하여 조치를 실시해 나간다. 위험예지활동에서는 작업자들이 스스로 할 수 있는 대책을 생각하여 실행으로 옮겨 간다.

12.2 위험성 평가와 위험예지활동 비교

위험성 평가와 위험예지활동은 앞에서 살펴본 것처럼 유사한 점도 있지만 실시자, 목적, 시기, 실시방법 등에서 표 12-2와 같이 다른 점 또한 많이 가지고 있다. 따라서 위험성 평가를 도입한다고 해서 위험예지활동을 실시하는 의미가 없어지는 것은 아니다. 위험성 평가의 도입은 위험예지활동의 활성화로 연결되고, 또 위험예지활동이 위험성 평가의 내실화에 기여할 수 있으므로 각각의 방법의 이점을 살리는 방식으로 병행하여 실시하는 것이 바람직하다.

표 12-2 ▮ 위험성 평가와 위험예지활동의 차이

구분	위험성 평가	위험예지활동
접근방식	사업주책임+자율안전활동	자율안전활동
누가	• 작업자, 감독자, 관리자, 스태프(전문 지식을 가지고 있는 자)	• 작업자, 감독자
무엇을 (목적)	• 기계 · 설비면 및 작업행동면의 대책	• 매일 작업행동면의 대책

구분	위험성 평가	위험예지활동
언제 (실시시기)	• 기계 · 설비, 물질의 신규채용, 변경 시 • 작업방법 도입 · 변경 시 등	• 매일 작업시작 전
어떻게 (추정방법)	• 추정방법을 이용하여 리스크를 추정하는 등 과학적 · 조직적으로 실시	• 리스크를 느낌(감)으로 추정하는 등 경험을 살려 즉단즉결(卽斷卽決)

위험성 평가는 매일 실시하는 것은 아니지만, 위험예지활동은 매일 또는 작업 때마다 실시하는 것이고 어느 하나가 다른 하나를 대체하는 것은 아니며, 각각의 활동을 상호 보완하는 관계라고 생각하여야 한다.

예를 들면, 위험성 평가에 의해 관리적 대책의 대상이 된 것 및 잠정조치를 취하지 않을 수 없는 것에 대해서는 매일의 위험예지활동의 대상으로 삼아 안전을 확보한다. 거꾸로 위험예지활동에서 중대한 리스크가 발견된 경우, 이것은 위험성 평가의 대상으로 삼는다.

표 12-2에서 위험성 평가와 위험예지활동의 차이점을 제시하였지만, 위험예지활동은 매일의 작업 중에서 실천해 가는 안전보건활동이고, 위험성 평가는 조직적으로 형성된 구조에 따라 실시되는 일반적으로는 연간 안전보건계획에 관련되어 실시되는 것이다, 위험예지활동을 활성화하기 위하여 위험성 평가의 기법을 받아들인 '위험성 평가 위험예지 활동'을 보급하여 가면, 위험성 평가와 어울려 직장의 안전보건관리가 더욱 향상되어 갈 것이라고 생각한다.

종래의 위험예지활동이 '위험성 평가 위험예지활동'으로 진화함으로써 대책이 필요한 리스크가 명확하게 되고, 효과적인 위험예지활동을 실시할 수 있게 된다. 지금까지의 위험예지활동은 '느낌(감)'과 '경험'만으로 유해위험요인을 찾아내고 그 크기를 추정하여 왔지만, '위험성 평가 위험예지활동'에서는 유해위험요인 적출방법에 따라 유해위험요인을 찾아내고, 리스크 추정방법에 따라 정확한 리스크의 크기(위험도)를 추정하는 것이 가능하게 된다.

그리고 추정된 리스크 중 위험도가 높은 것에 대해서는 그날의 행동목표를 정하여 실행함으로써 확실하게 재해의 싹을 잘라내는 것이 가능하게 된다.

12.3 위해성 수준 예

표 12-3 ▮ GHS 구분에 의한 유해성 수준(HL) 결정표

유해성 수준(HL)		GHS 유해성 분류 및 구분
최대	E	• 생식세포 변이원성: 구분 1A, 1B, 2 • 발암성: 구분 1A, 1B • 호흡기 과민성: 구분 1
대	D	• 급성독성: 구분 1, 2 • 발암성: 구분 2 • 특성표적장기 독성(반복 노출): 구분 1 • 생식독성: 구분 1A, 1B, 2
중	C	• 급성독성: 구분 3 • 피부 부식성: 구분 1A, 1B, 1C • 눈에 대한 심한 손상/눈 자극성: 구분 1 • 특정표적장기 독성(1회 노출): 구분 1 • 피부 과민성: 구분 1 • 특정표적장기 독성(1회 노출): 구분 1 • 특정표적장기 독성(반복 노출): 구분 2
소	B	• 급성독성: 구분 4 • 특정표적장기 독성(1회 노출): 구분 2
최소	A	• 급성독성: 구분 5 • 피부 자극성: 구분 2, 3 • 눈에 대한 심한 손상/눈 자극성: 구분 2 • 특정표적장기 독성(1회 노출): 구분 3 • 흡인호흡기 유해성: 구분 1, 2 • 기타 그룹으로 분류되지 않은 분체(粉體), 액체
S (피부 또는 눈 접촉)		• 급성독성(경피): 구분 1, 2, 3, 4 • 피부 부식성/자극성: 구분 1, 2 • 눈에 대한 심한 손상/눈 자극성: 구분 1, 2 • 피부 과민성: 구분 1 • 특정표적장기 독성(1회 노출)(경피만): 구분 1, 2 • 특정표적장기 독성(반복 노출)(경피만): 구분 1, 2

12.4 위험성 평가 사례: 반도체 산업의 테오스 공정에 대한 위험성 평가 사례 연구

12.4.1 반도체 산업의 위험성

반도체 제조 공정은 하나의 웨이퍼를 생산하는 데 수백 개 이상의 공정을 진행하며 이로 인해 다품종의 가스 및 케미컬을 사용한다. 특히 제조과정 중 사용하는 인화성 물질, 독성가스 등 다양한 화학물질을 사용하고 있다. 특수 가스, 특히 인화성 가스의 사용이 많으며, 클린룸의 특수한 구조에서 생산하여 위험성 평가를 통한 위험 요인을 제거하고 운영하는 것이 바람직하다.

반도체 생산은 크게 전 공정과 후 공정으로 구분된다. 전 공정은 웨이퍼 위에 반도체 특성을 갖게 하는 회로를 만드는 공정이며, 후 공정은 전 공정을 통해 완성된 웨이퍼를 칩 단위로 절단 및 분리하여 패키징하고 테스트하는 공정이다. 전 공정은 산화(Oxidation), 포토(Photo), 식각(Etch), 박막 증착(Deposition), 금속 배선, 평탄화(CMP, Chemical-Mechanical Planarization), 세정(Cleaning) 공정이 있으며, 해당 공정들의 Cycle을 수십 회 이상 반복하여 반도체 회로를 생성하게 된다.

많은 양을 사용하는 가스의 경우 튜브트레일러, 탱크트레일러, 저장탱크 등의 벌크 시스템을 이용하여 공급하고 있다. 하지만 저압의 Liquid Gas의 경우에는 ARS(Auto Refill System) 또는 LDS(Liquid Delivery System)와 같은 별도의 공급 장치를 이용하여 가스공급을 진행한다. 벌크 시스템은 전담 조직을 구성하여 안전관리가 진행하고 있으나 ARS, LDS 공급 장치의 경우 생산 공정의 담당자가 안전관리를 맞고 있어 비교적 안전관리에 취약하다. 또한 반도체의 좁아지는 선폭으로 인해서 Low K 절연막 특성을 얻고자 신규 Liquid Gas 사용이 증가하고 있다.

일례로, CVD 방식은 화학반응을 이용한 다양한 박막의 증착에 사용되는 만큼 SiH_4, B_2H_6, TEOS, WF_6, $TiCL_4$ NH_3, N_2O 등의 다양한 가스를 사용하며, 이러한 가스 대부분이 인화성, 독성 물질이라는 단점이 있어 위험성 평가를 진행하여 안전 확보 대책 마련 이후 장비 가동이 필요하다.

12.4.2 위험성 평가

현재 가동 중에 있는 TEOS 공정에서 어떠한 유해위험요인이 존재하는지 파악하고 이에 대한 위험성 저감 대책을 확보하는 것이 주요 목적이다. 따라서 사고의 확률과 크기를 분석하는 정성적인 위험성 평가보다는 정량적 위험성 평가를 진행하는 것이 적합하다 판단하였다. 정량적 위험성 평가 중 위험과 운전분석(HAZOP)은 설계 단계, 운전 단계, 변경 단계 모두 적용이 가능하며 의도한 설계와 차이가 발생하는 변이에 대해서 Guide Word를 활용하여 체계적으로 식별이 가능한 장점이 있다.

HAZOP 위험성 평가는 평가 진행에 앞서 PFD 또는 P&ID를 통해 해당하는 공정의 설명서를 작성하고 분석하고자 하는 검토 구간(노드)을 설정한다. 각 구간에 대해서 공정 변수와 가이드워드를 선택하여 발생할 수 있는 이탈을 파악하고 이탈을 전개한다. 이후 이탈에 대한 원인을 파악하고 현재 안전 조치를 도출한다. 이후 위험도 등급 기준에 따라서 현재 안전조치가 충분하지 않다고 판단될 경우에는 개선 권고 사항을 수립하는 과정으로 진행한다.

HAZOP 위험성 평가의 공정 변수와 가이드워드는 설계 의도에 의하여 발생된다고 할 수 있으며, 그 특성에 따라 특정 변수와 일반 변수로 아래와 같이 분류한다.

1) 특정변수(Specific parameter)

공정의 형태를 물리, 화학적으로 표현할 수 있는 변수로서 대개 수치화가 가능하며, 가이드워드와 조합되어 하나의 이탈(Deviation)을 발생시킨다.

2) 일반변수(General parameter)

가이드워드와 조합하여 이탈을 발생시키는 특정변수와는 달리 단독으로 하나의 이탈을 구성한다. 선정한 노드에서 가이드워드를 조합하여 이탈 가능한 시나리오를 도출한다. 이때 정상 운전 상태로부터 벗어날 수 있는 가능한 원인과 결과를 조사한다.

12.4.3 위험도 산출

위험도를 결정하는 경우에 발생빈도는 현재 안전 조치를 고려하여 결정하나, 강도는 현재 안전 조치를 고려하지 않고 결정해야 한다. 표 12-4와 표 12-5와 같이 HAZOP

의 발생빈도 및 강도를 구분한다.

표 12-4 ▮ HAZOP 발생빈도의 구분

발생빈도	내용
3(상)	설비 수명 기간에 공정사고가 1회 이상 발생
2(중)	설비 수명 기간에 공정사고가 발생할 가능성이 있음
1(하)	설비 수명 기간에 공정사고가 발생할 가능성이 희박함

표 12-5 ▮ HAZOP 강도의 구분

강도	내용
4(치명적)	사망, 부상 2명 이상, 재산손실 10억 원 이상, 설비 운전 정지 기간 10일 이상
3(중대함)	부상 1명, 재산 손실 1억 원 이상 10억 원 미만, 설비 운전 정지 기간 1일 이상 10일 미만
2(보 통)	부상자 없음, 재산손실 1억 원 미만, 설비 운전 정지 기간 1일 미만
1(경 미)	안전 설계, 운전성 향상을 위한 개선 필요, 손실 일수 없음

강도와 발생 빈도는 Guide에서 제시한 기준으로 진행하는 데 무리가 없는 것으로 판단하였다. 하지만 기술지침에서는 강도와 발생 빈도의 조합으로 위험도를 1~5로 정의하고 있다. 이를 그대로 사용할 경우 개선 권고 사항 적용 시 감소된 위험도를 산정하고 허용 가능한 수준인지 확인하기 어려운 문제가 예상되었다. 이를 개선하기 위해 강도와 발생 빈도의 곱으로 위험도(1~12)를 정의하였으며 계산된 위험도의 허용 기준은 아래 표 12-6과 12-7과 같다.

표 12-6 ▮ HAZOP 위험도 대조표

강도	위험대조표		
	3(상)	2(중)	1(하)
4(치명적)	12	8	4
3(중대함)	9	6	3
2(보 통)	6	4	2
1(경 미)	3	2	1

표 12-7 ▌HAZOP 위험도 기준

위험도		위험 관리	기준 비고
11~12	허용 불가 위험	즉시 작업 중단(작업을 지속하려면 즉시 개선을 실행해야 하는 위험)	위험작업 불허 (즉시 작업을 중지하여야 함)
8~10	중대한 위험	긴급 임시안전대책을 세운 후 작업을 하되 계획된 정비, 보수기간에 안전대책을 수립해야 하는 위험	
5~7	상당한 위험	계획된 정비, 보수 기간에 안전대책을 세워야 하는 위험	조건부 위험 작업 수용 (위험이 없으면 작업을 계속하되, 위험 감소활동을 실시하여야 함)
2~4	경미한 위험	안전 정보 및 주기적 표준작업 안전교육의 제공이 필요한 위험	
1	무시할 수 있는 위험	현재의 안전 대책 유지	위험 작업 수용 (현 상태로 작업 계속 가능)

12.4.4 위험성 평가 결과

공정 변수 중 특정 변수로는 Flow, Pressure, Temp 3가지가 확인되었으며, 일반 변수도 Maintenance, Mixing, Corrosion/Errosion 3가지가 확인되었다. 설정한 가이드워드를 기반으로 HAZOP 위험성 평가를 실시한 결과는 표 12-8에 나타내었다. Total 35개 이탈 원인에 대해서 위험성 평가를 실시할 수 있었으며, 허용 불가 위험 수준의 위험도는 확인되지 않았다. 다만 위험도 감소활동을 진행해야 하는 항목 3건을 도출하였다. 노드-TEOS-001, 002, 006에서 각 1건씩 위험도 6의 개선 필요 시나리오가 확인되어 개선 권고 사항을 도출하였다.

표 12-8 ▌HAZOP 위험성 평가 결과

노드	평가번호	이탈		원인	결과	현재 안전 조치	강도	빈도	위험도
		변수	가이드워드						
TEO-S001	1-1	Flow	Less	Tank Outlet Valve Fail	공급 Gas의 유량 저하	일간점검, 정기정비	1	1	1
	1-2	Flow	No	Tank Refill Valve Fail	공급 Gas의 유량 저하	일간점검, 정기정비	1	1	1

노드	평가 번호	이탈		원인	결과	현재 안전 조치	강도	빈도	위험도
		변수	가이드 워드						
	1-3	Flow	No	Level sensor fail Empty	상태를 인식하지 못하여 Gas 공급 중단	Level sensor 2중화	2	2	4
-	-	-	-	-	-	-	-	-	-
-	-	-	-	-	-	-	-	-	-
TEO-S006	6-2	Maint	-	생산장비 가동 중 배관체결 해제	Gas 누출	작업자 교육 배관관리 Tag 부착	3	1	2

자료: 강창원(2020). 반도체 산업의 테오스 공정에 대한 위험성 평가 사례 연구. 한국교통대학 석사학위논문.

위험성 평가(HAZOP)를 통해 ARS 및 LDS에 대한 유해위험요소를 파악하고 장비 안정성 확보를 위한 조치를 도출했다. 평가 장비는 해당 공급 장치를 사용하는 대표적인 공정인 TEOS 공정으로 선정하였다. 위험성 평가 결과를 요약하면 HAZOP 위험성 평가 결과 허용 불가 수준의 위험 요소는 확인되지 않았다. 그러나 개선이 필요한 3가지 위험 시나리오를 확인하였다. 이 3가지 사례를 개선하기 위해 조명 장치 추가 구성, 풀림 방지 Lock 적용, 1차 처리 설비 분리 및 배관 설계 변경의 개선 권고 사항을 도출하였다. 또한 누수에 대한 위험성은 HAZOP 위험성 평가 시 검토될 수 있었으나 노드 구분에 포함되지 않아 누락된 부분이 있었다. 노드 구분에 있어 세밀한 논의가 필요함을 알 수 있었다. HAZOP 위험성 평가의 경우 배관 구성과 같은 다소 설계적인 위험성을 도출할 수 있었다.

12.5 산업안전보건법상 위험성 평가

12.5.1 위험성 평가의 실시

위험성 평가는 사업장의 모든 유해위험요인을 적출하고, 리스크(위험성)를 추정하고, 리스크가 큰 것부터 감소조치를 강구하여 일련의 조치를 체계적으로 추진하는 자율적이고 선제적인 안전보건관리방법을 말한다.

위험성 평가는 대략적으로 다음과 같은 5가지 단계(step)로 진행된다. 1단계 사업장의 유해위험요인을 적출(파악)한다. 2단계 유해위험요인별로 리스크를 추정한다. 3단계 리스크의 허용 여부를 판단하고 우선도 설정 및 리스크 감소조치검토를 한다. 4단계 리스크 감소조치를 실시한다. 5단계 위험성 평가 실시내용을 기록한다. 위험성 평가를 3단계까지로 보는 관점도 있지만, 5단계까지의 일련의 작업을 합하여 위험성 평가로 파악하는 관점이 직장에서 이해되기 쉽고 수용되기도 쉽다. 산업안전보건법에서도 5단계까지를 위험성 평가로 보고 있다.[1)]

안전보건관리책임자의 업무에서 법 제15조 제1항 제9호에서 "고용노동부령으로 정하는 사항"이란 법 제36조에 따른 위험성 평가의 실시에 관한 사항과 안전보건규칙에서 정하는 근로자의 위험은 건강장해의 방지에 관한 사항을 말하는 것으로 볼 수 있다.

그래서 사업주는 건설물, 기계 · 기구 · 설비, 원재료, 가스, 증기, 분진, 근로자의 작업행동 또는 그 밖의 업무로 인한 유해 · 위험 요인을 찾아내어 부상 및 질병으로 이어질 수 있는 위험성의 크기가 허용 가능한 범위인지를 평가하여야 하고, 그 결과에 따라 이 법과 이 법에 따른 명령에 따른 조치를 하여야 하며, 근로자에 대한 위험 또는 건강장해를 방지하기 위하여 필요한 경우에는 추가적인 조치를 하여야 한다. 또한 사업주는 제1항에 따른 평가 시 고용노동부장관이 정하여 고시하는 바에 따라 해당 작업장의 근로자를 참여시켜야 하며, 사업주는 제1항에 따른 평가의 결과와 조치사항을 고용노동부령으로 정하는 바에 따라 기록하여 보존하여야 한다. 또한, 위험성 평가는 평가의 내용을 정기적으로 반영하여 사업장 안전보건관리를 유지하도록 규정하고 있다.

1) 정진우(2020). 안전관리론. 청문각, 238~239면.

제36조(위험성평가의 실시)

위험성평가의 실시자

관리감독자는 위험성평가를 위한 업무에 기인하는 유해 ·위험요인의 파악 및 그 결과에 따른 개선조치를 시행하고 해당 작업장의 근로자는 위험성평가 참여

위험성평가의 결과와 조치사항의 기록 ·보존

위험성평가의내용
1. 위험성평가 대상의 유해 위험요인
2. 위험성 결정의내용
3. 위험성 결정에 따른 조치의 내용
4. 그 밖에 위험성평가의 실시내용을 확인하기 위하여 필요한 사항으로서 고용노동부장관이 정하여 고시하는 사항

실시자료 3년간 보존

평가의 방법, 절차 및 시기, 그 밖에 필요한 사항(고용노동부장관이 정하여 고시)

위험성평가의 방법, 위험성평가 인정범위, 위험성평가의 실시시기

13. 시스템 위험성 평가 기법

▌위험성 평가 기법

위험성 평가 기법으로는 크게 정성평가(Hazard Identification Methods)와 정량평가(Hazard Assessment Method)로 대별할 수 있다. 정성평가로는 예비위험목록(PHA: Preliminary Hazord List), 사고예상질문분석, 위험과 운전분석(HAZOP: Hazard & Operability and Analysis) 등이 있으며, 정성평가는 일반적으로 쉽고 간단하면서 체크 가능하나 유해 · 위험요인별 항목을 놓칠 수 있으며 유해 · 위험의 크기 또는 정도를 알 수 없다.

반면에, 정성평가는 결합수분석(FTA: Falult Tree Analysis), 사건수분석(ETA: Event Tree Analysis) 등을 들 수 있다. 정량평가는 일반적으로 유해 · 위험요인별 항목을 빠짐없이 체크 가능하고 유해 · 위험의 크기 또는 정도를 알 수 있으나 대단히 복잡하고 평가 시 많은 인력과 시간이 소요된다.

13.1 예비위험목록(Preliminary Hazard List: PHL)

13.1.1 개요

PHL 분석기법은 어떤 시스템에 존재할 수 있는 잠재적 위험과 재해를 파악하고 나열하는 데 사용된다. PHL은 개념 혹은 예비 설계 단계에서 수행되며 뒤따르는 모든 위험분석의 시작점이 된다. PHL에서 어떤 위험이 파악되면 더 많은 시스템 설계 자료가 얻어짐에 따라 그 위험은 더 상세한 위험분석기법으로 면밀히 분석 및 평가된다. PHL은 시스템 안전분야 역사에서 초기 단계에서 만들어졌고, 공식적으로는 MIL-STD-882 개발자에 의해 만들어지고 공표되었다.

PHL분석은 알려져 있고 의심스러운 위험목록을 제공하는 간단한 분석기법이다. PHL분석은 어떤 시스템에 대한 브레인스트밍을 하는 것만큼 간단하며 모든 위험이 파악되었음을 확인하는 구조화된 프로세스이다. 이 분석에는 다양한 영역에 전문성을 가진 공학자나 분석자 그룹이 참여하여야 한다.

13.1.2 목적

시스템 개발 단계에 있어서 시스템 고유의 위험상태를 식별하고 예상되는 재해의 위험 수준을 결정하는 것이다.

13.1.3 프로세스

PHL분석을 수행하기 위해서 분석자는 두 가지 지식, 즉 설계지식과 위험지식을 가지고 있어야 한다. 설계지식은 주요 구성 요소 목록을 포함한 시스템 설계에 대한 기초적 지식을 의미한다. 위험지식은 위험, 위험근원, 위험요소 및 유사시스템에서의 위험에 대한 기초지식을 뜻한다. 위험지식은 주로 위험 체크리스트로부터 얻어지고, 동일 혹은 유사시스템과 장비로부터 얻은 교훈으로부터도 획득된다. 이 프로세스는 위험으로 파악하기 위하여 설계 정보와 알려져 있는 위험 정보를 결합한다. 즉, 알려져 있는 위험 요소와 학습된 재해 교훈과 시스템 설계와의 비교를 통하여, 설계 개념이 이러한 잠재적 위험 요소를 고려하고 있는지를 파악한다. [그림 13-1]은 PHL프로세스를 개괄적으로 요약하고 있다.

입력	→	PHL 절차	→	출력
• 설계지식 • 위험지식 • 학습된 교훈 (lessons learned)	→	• 설계지식과 위험지식의 교훈을 통해 가능한 위험 파악 • 설계지식과 학습된 교훈과의 비교를 통해 가능한 위험 파악 • 프로세스 문서화	→	• 위험 • 재해 • 필수 안전요소 • 원인/유발요소 (causal factors)

[그림 13-1] PHL 프로세스 개요

PHL 수행과정에서 분석자는 설계지식 및 정보를 위험 체크리스트와 비교하며 이를 통하여 가능한 위험을 찾을 수 있다. PHL의 주요 출력물은 위험목록과 그 위험을 낳는 위험 근원(hazard source)이다. 주요 위험유발요소(하드웨어 고장, 소프트웨어 오류, 인간실수 등), 위험에 대한 주요 재해범주(예: 화재, 신체, 상해 등)를 수집하여 기록하여 두면 도움이 된다.

표 13-1 ▌PHL분석 프로세스

단계	과제	설명
1	시스템 정의	• 대상시스템을 정의하고 분석 범위를 정함 • 미션, 미션국면 및 미션 환경 정의 • 시스템 설계 운용 개념 및 주요 시스템 구성요소 이해
2	PHL계획	• 분석 목적, 정의, 분석양식, 일정 프로세스 수립 • 분석대상시스템 요소 및 기능 파악
3	팀선정	• PHL에 참여할 팀 멤버 선정 및 역할 분장 • 다양한 분야(예: 설계, 시험, 제조 등) 멤버들의 전문성 활용
4	자료수집	• 분석에 필요한 설계, 운용 프로세스 등에 대한 모든 자료(예: 장비목록, 기능 다이어그램, 운용 컨셉 등) 수집 • 위험체크리스트 작성, 학습된 교훈과 시스템의 기타 위험자료획득(에너지원, 위험기능, 위험작업, 위험구성 요소, 위험물질, 유사시스템 정보, 재해사례, 고장형태 등)
5	PHL수행	• 파악되거나 의심스러운 시스템 위험 및 잠재 재해 목록 작성 • 다음 대상을 위험 체크리스트와 비교하여 시스템 내 위험파악: 시스템 하드웨어, 시스템 운용기능, 시스템에너지원 및 시스템/소프트웨어 기능 • 가능고장상태 평가
6	위험목록 작성	• 파악되거나 의심스러운 시스템 위험 및 잠재 재해 목록 작성 • 위험한 정보로부터 필수 안전기능 및 최상위 재해(top level mishaps) 파악
7	수정조치제안	• 위험을 제거하거나 감소시키는 안전 가이드라인 및 안전 설계방법 제안
8	PHL문서화	• PHL프로세스 및 PHL보고서에 있는 기록양식 문서화 • 결론 및 권고사항 포함

13.1.4 기록양식

특정 형태의 기록양식을 사용하여 PHL분석을 하는 것이 바람직하며, 이 양식은 분석에 정확함을 더하고 프로세스와 자료 기록에 도움이 되며, 파악된 위험에 대한 근거를 제시하는 데 도움이 된다. 양식의 형태는 중요하지 않으며, 보통 열 형태 양식이 사용된다. PHL양식에는 다음의 사항이 포함되어야 한다.

- 시스템에 있는 위험 근원
- 위험 근원으로부터 발생하는 추정 위험
- 파악된 위험에 기인하는 최상위 재해
- 적용 가능한 안전 요구사항 및 가이드라인과 같은 권고 사항

표 13-2 ▮ PHL분석 양식 샘플

PHL분석				
시스템 위험 근원형태:				
번호	위험근원/시스템항목	위험	위험 영향	비고

13.1.5 위험 체크리스트

위험 체크리스트는 위험을 파악하는 데 공통으로 사용할 수 있는 기본 자료이다. 하나의 체크리스트로 전체 위험을 포괄할 수 없기 때문에 여러 다른 체크리스트를 개발하여 사용하여야 한다. 위험 체크리스트에는 보통 다음 사항이 포함된다.

- 에너지 원(energy source)
- 위험한 기능
- 위험한 운용
- 위험한 구성요소 / 부품
- 위험한 물질 / 재료
- 유사 형태 시스템으로부터 얻은 교훈
- 바람직하지 않은 재해
- 실수 형태 및 실수 상태 고려 사항

아래에 제시되어 있는 표 13-3의 에너지원에 대한 체크리스트 샘플을 참고하기 바란다.

표 13-3 ▌에너지원에 대한 체크리스트 샘플

1. Fuels	12. Electrical generators
2. Propellants	13. RF energy sources
3. Initiators	14. Radioactive energy sources
4. Explosive charges	15. Falling objects
5. Charged electrical capacitors	16. Catapulted objects
6. Storage batteries	17. Heating devices
7. Static electrical charges	18. Pumps, blowers, and fans
8. Pressure containers	19. Rotating machinery
9. Spring-loaded devices	20. Actuating devices
10. Suspension systems	21. Nuclear
11. Gas generators	22. Cryogenics

13.1.6 장단점

PHL 장점은 다음과 같다.

- 쉽고 빠르게 적용 가능하다.
- 기법 적용에 전문성을 요구하지 않는다.
- 상대적으로 비용이 많이 들지만, 의미 있는 결과 산출이 가능하다.
- 위험에 초점을 맞출 수 있는 도구를 제공한다.
- 주요 시스템 위험 및 재해 리스크가 있는 곳을 알려준다.

PHL 단점은 거의 없으나 기법의 단순성 때문에 가끔 잘못 적용되기도 한다. PHL 적용 시 주의해야 할 공통적 오류를 제시하면 다음과 같다.

- 모든 관심 대상이나 믿을 만한 위험을 나열하지 않음: 모든 가능한 의심스럽거나 믿을 만한 위험을 나열하고 어떤 잠재적 관심 대상도 분석에서 누락하지 않도록 하여야 한다.
- 파악은 되었으나 신뢰할 수 없는 것으로 판단된 위험을 기록하지 않음: 모든 파악된 위험을 기록하여야 한다.
- 구조화된 접근방식을 사용하지 않음: 항상 정하여진 기록양식을 사용하고 모든 장비, 에너지원, 기능 등을 포함하여야 한다.
- 공통적 위험 체크리스트를 수집하여 사용하지 않음.

- 재해에 대한 유사 시스템이나 장비 및 적용 가능한 학습된 교훈을 조사하지 않음.
- 하드웨어, 기능 및 임무국면에 대한 올바른 목록을 작성하지 않음.
- 위험을 특정 과제에서만 사용하는 용어나 약자로 간단히 설명하여도 독자가 이해할 것으로 가정함.

13.1.7 PHL분석 적용 사례

PHL 적용과정을 보여주기 위하여 가상의 작은 미사일 시스템, 즉 ACE 미사일 시스템을 예로 들어본다. 미사일 시스템은 미사일 부분과 무기 통제 시스템(weapon control system: WCS)으로 구성된다. 미사일 부분은 미사일을 구성하는 부품이 되며, 무기통제 시스템은 미사일에 대한 명령 및 통제와 관련된 운용자 계기반, 컴퓨터, 레이더, 시스템 전력 등을 포함한다. 미사일 시스템의 기본 장비 및 기능은 표 13-4와 같다. ACE 미사일 시스템의 하드웨어에 대한 PHL 적용한 결과는 아래의 표 13-5에 나타나 있다.

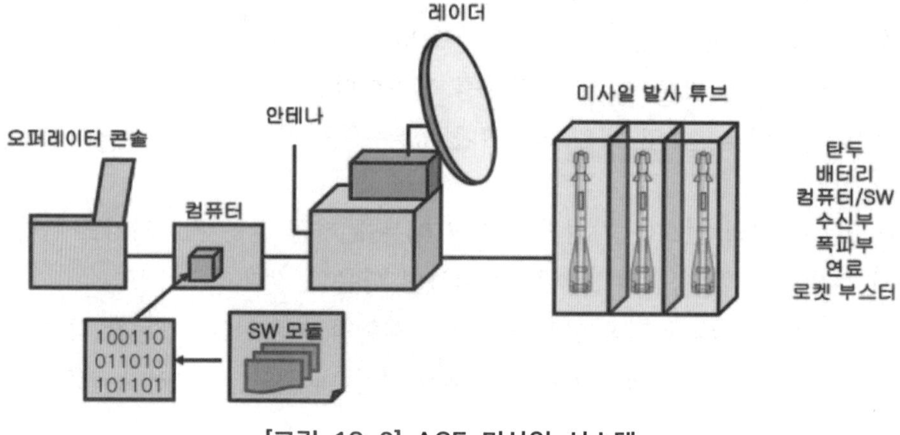

[그림 13-2] ACE 미사일 시스템

표 13-4 ▮ 미사일 시스템의 기본 장비 및 기능

장비	기능	에너지원	국면
미사일 구조	탄두 개시	폭약	제조
미사일 탄도	미사일 발사	전기	시험
미사일 엔진	미사일 자체 시험	연료	포장
미사일 연료서브시스템	미사일 폭파	RF 에너지	조작/운반
미사일 컴퓨터	미사일 순항		수송
미사일 배터리	미사일 유도		저장
미사일 폭파서브시스템	미사일 통신		운용
미사일 수신기	미사일 배터리 활성화		대기
미사일 로켓 수신부			발사
WCS 조종장치			비행
WCS 컴퓨터			보전
WCS 레이더			수리
WCS 전력			

표 13-5 ▮ ACE 미사일 시스템의 하드웨어에 대한 PHL 적용 사례

PHL분석				
시스템 요소 형태: 시스템 하드웨어				
번호	시스템 항목	위험	위험영향	비고
1	미사일 구조	• 미사일 본체 균열로 연료 누출 • 점화원 화재 유발	미사일 화재	지상운용
2	미사일 구조	미사일 본체 균열로 미사일 추락	미사일 추락	비행
3	미사일 탄두	화재, 총탄, 충격 등으로 탄두 폭발물질 폭발	탄두 폭발물질 폭발	집중화약 사용
4	미사일 컴퓨터	컴퓨터가 의도치 않은 미사일 자폭 명령 생성	의도치 않은 자폭	안전한 분리문제
5	무기통제 시스템 레이더	전자기 방출	노출된 사람의 RF 에너지 상해	

13.2 예비위험분석(Preliminary Hazard Analysis: PHA)

13.2.1 개요

PHA기법은 상세 설계 정보가 없을 때 위험, 위험과 관련된 유발 요소, 영향, 리스크 수준과 리스크 경감 설계방안을 파악하는 안전분석 도구이다. 만일 어떤 위험이 발생하면 어떤 리스크 혹은 재해가 발생할 것인가를 조사하는 기법이기 때문이다. PHA는 시스템에 있는 위험을 파악하고 분석하며, 예비적이고 제한된 설계 정보로부터 초기 시스템 안전 요구 사항을 수립하는 방법을 제공한다. PHA는 가능하면 개발 초기 단계에서 안전한 설계 방안을 마련하기 위하여 사용된다. PHA는 PHL과 같이 시스템 안전 분야의 초기 단계에서 수립되었으며, MIL-STD-882 개발자에 의해 공식적으로 만들어지고 공표되었다.

13.2.2 목적

시스템 개발 단계에 있어서 시스템 고유의 위험상태를 식별하고 예상되는 재해의 위험 수준을 결정하는 것이다.

13.2.3 프로세스

PHA 프로세스는 [그림 13-3]과 같다. PHA 프로세스는 위험을 파악하고 평가하며, 설계 안전에 관련된 필수 안전요소를 파악하기 위하여 설계 정보와 알려져 있는 위험 정보 모두를 사용한다. PHL는 PHA분석에서 파악된 위험을 좀 더 상세하게 평가한다. PHL분석은 시스템 안전 요구 사항을 파악하는 것이다. PHA분석에서 시스템 안전분석자는 세 가지, 즉 설계 지식, 위험 지식과 PHL을 알고 있어야 한다. PHA의 시작점은 PHL에서 파악된 위험 집합이 되며 PHA는 이들 위험을 좀 더 상세하게 평가한다. 이와 더불어 분석자는 전에 보이지 않았던 위험을 파악하기 위하여 설계 지식 및 정보를 위험 체크리스트와 비교한다. 이를 통하여 분석자는 가능한 위험을 시각화하거나 추정할 수 있게 된다.

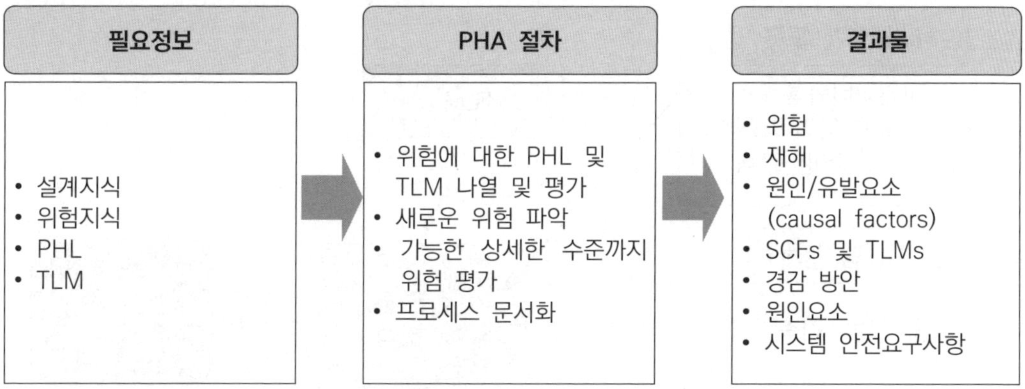

[그림 13-3] PHA 프로세스 개요

PHA 출력은 파악되었거나 의심스러운 위험, 위험 유발 요소, 위험으로 발생하는 재해의 영향, 재해 리스크, 필수 안전 기능(Safety-critical functions: SCFs)과 최상위 재해를 포함한다. PHA 출력에는 파악된 위험을 제거하거나 경감하기 위하여 수립된 설계방안과 시스템 안전 요구 사항도 포함된다.

PHA분석 방법이 [그림 13-4]에 나와 있다. PHA는 위험과 위험 유발/원인 요소 파악을 촉진하기 위하여 설계 및 위험 정보를 사용한다. PHA는 PHL로부터 파악된 위험으로부터 시작되며, 다음 단계에서는 PHL에서와 같이 위험 체크리스트와 바람직하지 않은 재해 체크리스트를 사용한다. PHA의 기본 입력은 기능흐름도, 신뢰도 블록 다이어그램, 주문 장비 목록, 시스템 설계, PHL위험, 위험 체크리스트와 재해 체크리스트이다. 이 중 첫 세 가지는 시스템 설계로부터 구할 수 있다.

위험 체크리스트는 알려져 있는 위험 항목과 잠재적으로 위험한 설계, 기능 혹은 상황에 대한 포괄적 목록이며, 전형적 위험 체크리스트는 다음 사항을 포함한다.

- 에너지원
- 위험한 기능
- 위험한 운용
- 위험한 구성 요소/부품
- 위험한 물질
- 유사 형태 시스템으로부터 학습된 교훈
- 바람직하지 않은 재해
- 고장 형태와 고장 상태 고려 사항

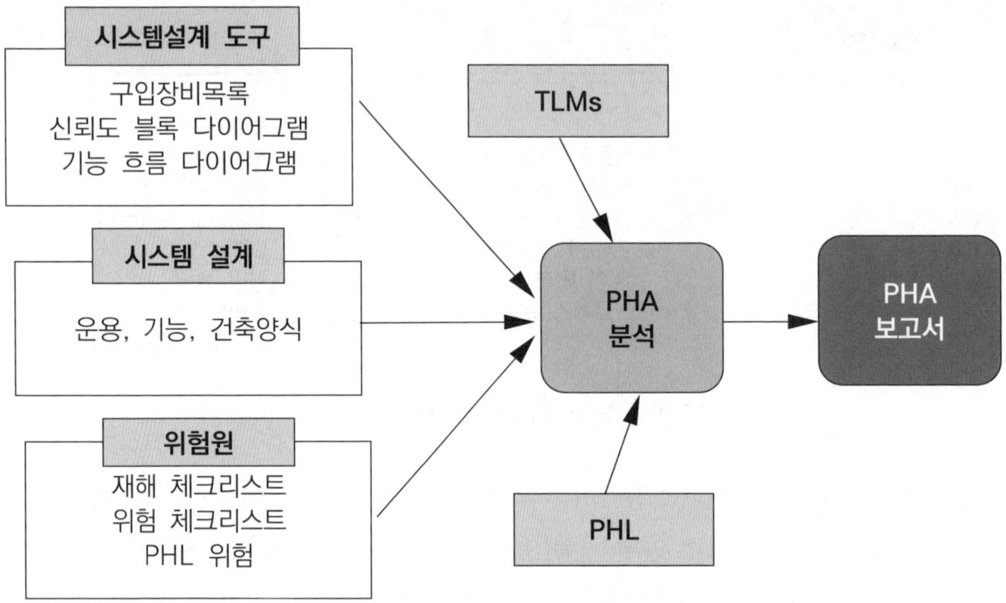

[그림 13-4] PHA 분석 방법

13.2.4 카테고리 분류

Class 1: 파국적(catastrophic)	사망, 시스템 손상
Class 2: 위기적(critical)	심각한 상해, 시스템 중대 손상
Class 3: 한계적(marginal)	경미한 상해, 시스템 성능 저하
Class 4: 무시(negligible)	경미한 상해 및 시스템 저하 없음

13.3 HAZOP(Hazard and Operability Analysis)

13.3.1 개요

공장 설비 프로세스에 존재하는 해저드(hazards) 및 운용상의 문제점(operability problems)을 찾아내는 정성적 분석 기법이다. HAZOP은 개념 단계부터 시스템 위험을 파악하는 매우 조직화되고, 구조화된 방법론적 프로세스이다. HAZOP 분석은 시스템의 원래 의도한 설계와 차이가 있는 변이(deviations)를 일련의 지침단어(guidewords)

를 활용하여 체계적으로 식별해 낸다.

13.3.2 역사

HAZOP 역사를 보면, 화학 산업 분야에서 공장의 프로세스 설계 및 운용의 안정성 분석 기법으로 개발되어 이후 오일, 가스, 유독 화학 물질, 제약 시스템 등으로 적용 분야가 확장되어 왔다. 1960년대에 Dr H G Lawley와 영국 화학 업체 ICI의 Wilton 공장 연구원들에 의해 처음 시작되었고, 이후 1974년 Dr H G Lawley가 HAZOP에 대한 첫 번째 연구자료를 발표하였다. 1977년 ICI와 영국 화학 산업 협회(Chemical Industries Associations)가 첫 번째 가이드 문서 "A Guide to Hazard and Operability Studies"을 발행하였다.

13.3.3 HAZOP의 주요구성요소

- 구조화되고 체계적이며 논리적 프로세스
- 여러 분야 전문가로 구성된 팀
- 경험이 많은 팀 리더
- HAZOP 분석훈련
- 시스템 설계안의 제한적 사용
- 위험을 파악하기 위하여 선택된 시스템 요소, 속성 및 지침 단어의 사용

13.3.4 유의어 종류와 뜻

- Hazard: 인적, 경제적, 환경적 피해를 초래할 수 있는 바람직하지 않는 사건(An unwanted event in the system with the potential to cause injury or loss)

Hazard와 관련된 용어는 표 13-6과 같다.

표 13-6 ▌HAZOP에 사용되는 용어

지침단어	의미	예
No 또는 Not	• 전방향 흐름(forward flow)이 있어야 하는 곳에 흐름이 없는 경우 • 의도한 것의 일부가 달성되지 못한 경우, 의도한 이벤트/액션이 발생하지 않은 경우	펌프 장애, 밸브 막힘, 누수, 용기가 비어 있거나 통제 오류 등으로 인해 있어야 할 흐름이 없는 경우
More 또는 Less	• 패러미터가 적정 수준보다 더 많은 경우(양적 증가 또는 감소) • 데이터 값이 (한도 내에서 또는 한도를 벗어나) 너무 높거나 낮은 경우	유량이 더 많은 경우, 유속이 더 빠른 경우, 압력이 더 높은 경우, 온도가 더 높은 경우 등
As Well As	• 의도한 것 외에 추가적인 활동이 발생 • 모든 설계 의도가 달성되었지만 그에 더불어 다른 추가 이벤트가 발생함	특정 밸브를 닫을 때 로직 에러 또는 휴먼 에러로 인해 의도하지 않은 다른 밸브까지 한꺼번에 닫히는 경우, 불순물이 발생하는 경우
Part of	의도한 설계의 일부분만 정상적으로 수행되는 경우, 불완전	시스템 shut down 시 일부 시스템만 종료되거나 하는 경우
Other than	의도한 것 대신 전혀 다른 결과/활동이 발생, 완전하지만 부정확(complete but incorrect)	가스 파이프에 가스 대신 액체가 흐르거나 하는 경우
Reverse	의도한 것 대신 전혀 다른 결과/활동이 발생, 완전하지만 부정확(complete but incorrect)	펌프 고장, 잘못된 경로 등으로 인해 거꾸로 된 흐름이 발생, 파이프 역류, 역화학 반응(reverse chemical reactions)

13.3.5 목적

각각의 장비에 대해 잠재된 위험이나 기능저하 등 시설에 결과적으로 미칠 수 있는 영향을 평가하기 위하여 공정이나 설계도 등에 체계적인 검토를 행함으로써 위험 제거 및 방지를 위한 것이다. 방법으로 화학, 공학, 안전, 보건 등 다양한 분야의 여러 전문가들이 팀이나 시스템이 의도로부터 벗어날 수 있는 일탈(deviation)을 찾는 것이다.

13.3.6 프로세스

[그림 13-5]는 HAZOP 프로세스 개요이며 이에 포함된 주요 관계를 요약하고 있다. HAZOP분석은 시스템 파라미터와 지침단어를 비교하면서 수행되기 때문에 시스템 파라미터와 지침단어를 정의하는 것이 HAZOP분석의 핵심 단계이다. 설계 의도로

부터 일탈은 반응 물질, 반응 순서, 온도, 흐름, 국면(phase) 등과 같은 파라미터나 공장, 프로세스 혹은 시스템 특성과 지침 단어를 결합함으로써 파악할 수 있다.

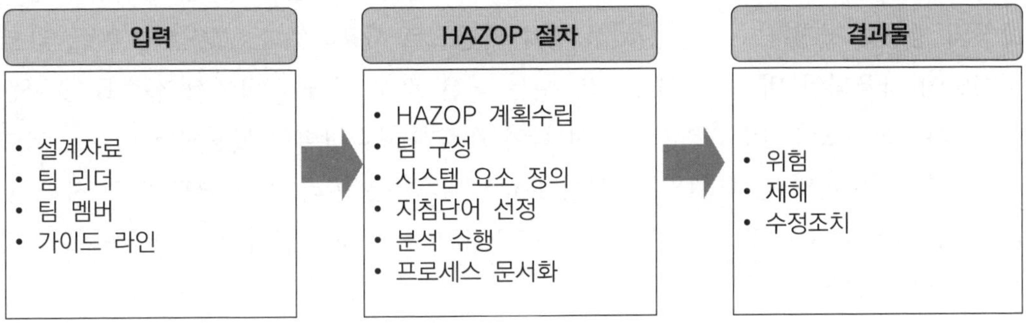

[그림 13-5] HAZOP 프로세스 개요

13.4 FMEA(Failure Mode and Effect Analysis)

13.4.1 개요

시스템 안전분석에 이용되는 전형적인 정성적 귀납적 분석방법으로, 시스템에 영향을 미치는 전체 요소의 고장을 유형별로 분석하여 한 요소 또는 또 다른 요소에 미치는 영향을 검토하는 정성적, 귀납적 분석기법이다.

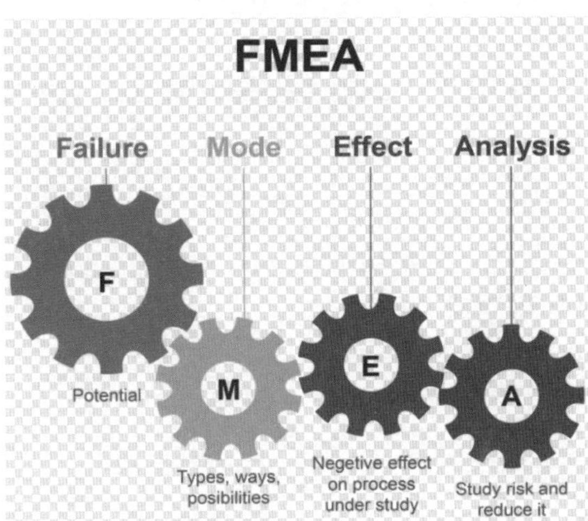

1) 역사

FMEA는 미국의 공식 분석기법으로 개발되었다. 군 업무절차인 MIL-P-1629(현 MIL-STD-1629A)가 1949년 11월에 처음으로 만들어 졌는데, 이는 시스템과 장비 고장의 영향을 결정하기 위한 신뢰성 평가 기법으로 사용되었다. FMEA는 우주 및 로켓개발에 사용되어 비용은 크나 표본 수는 적은 로켓 기술 개발에서 실수를 줄이는 데 도움이 되었으며, 1960년대 우주선 관련 제품개발에 활발히 활용되어 인간을 달에 보내는 데 기여하였다. 1970년대 후반 Ford 자동차는 여러 번의 연료 탱크 사고 후 FMEA를 도입하였다. Ford 자동차는 또한 FMEA를 제품 개발과 설계 향상에 효과적으로 사용하였다.

13.4.2 주요내용

FMEA는 잠재적 고장 형태를 평가하는 정성적 및 정량적 분석방법이며, 고장모드와 원인을 부품수준에서 파악하여 원인을 알아내는 데 유용하며, 제품개발이나 공정개발 시 많이 사용된다. 다음과 같은 일련의 질문에 답하는 기법이다.

- 무엇이 고장 나는가?
- 어떻게 고장 나는가?
- 얼마나 자주 고장 나는가?
- 고장의 영향은 무엇인가?
- 고장의 신뢰성 / 안전 관점의 결과는 무엇인가?

FMEA 수행에는 다음과 같은 시스템 특성을 이해하고 있어야 한다.

- 임무
- 시스템 설계
- 운용적 제약
- 성공과 고장 실패의 경계
- 고장형태와 과장 발생 확률

13.4.3 프로세스

[그림 13-6]은 FMEA 프로세스 개요이며 이에 포함된 주요 관계를 요약하고 있다. FMEA입력자료는 상세한 하드웨어, 기능 설계 정보를 포함하며 이러한 자료는 설계 개념, 운용적 개념, 시스템과 주요 시스템 기능에 사용되는 주요 구성 요소 형태일 수 있다. 이러한 정보는 설계 사양, 스케치, 설계도, 도식, 기능목록, 기능블록 다이어그램, 신뢰도 다이어그램 등을 포함한다. 출력정보는 분석 대상 시스템의 고장 형태 파악 결과, 고장 형태에 대한 평가, 파악된 위험과 시스템 주요항목 등이 있다.

이 분석방법은 위험도 순위를 부여하여 순위가 높은 것부터 개선하며, 예상되는 심각도, 발생도, 검출도 등에 의한 평가기준을 설정해 두고, 개개의 구성요소에 대해 고장평가를 하고 종합하여 치명도, 위험도를 평가 산출한다.

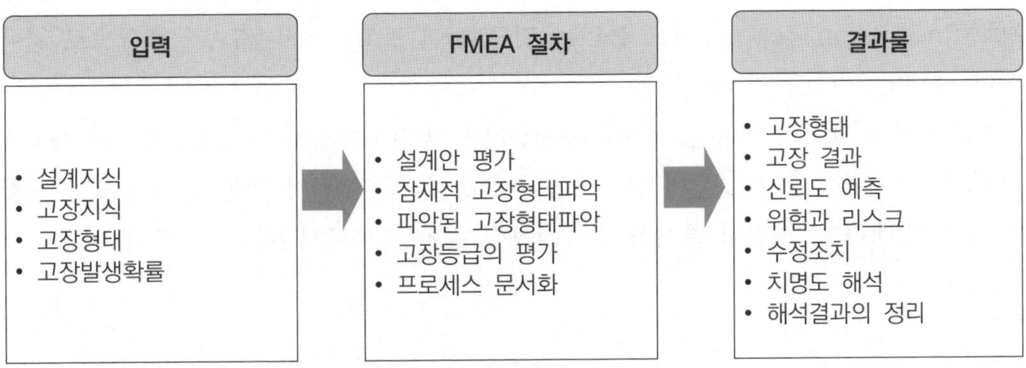

[그림 13-6] FMEA 프로세스 개요

13.5 FTA(Fault Tree Analysis)

13.5.1 개요

결함수분석법(FTA; Fault Tree Analysis)은 시스템 안전공학의 대표적인 방법으로서, 바람직하지 않은 특정 사건이 발생하는 근본 원인과 확률을 결정하는 데 사용되는 시스템 분석 기법으로 사고 발생 후 원인분석을 하는 기법이다.

13.5.2 역사

1962년 미국벨연구소에 의해 처음으로 고안되었다. 이 방법은 미사일 발사 제어시스템에서의 우발사고를 예측하는 문제 해결방법으로 이용되다가 보잉사에 의해 컴퓨터를 사용하는 시뮬레이션이 가능하도록 수정하는 등, 주로 보잉사를 중심으로 하는 항공 우주산업과 원자력산업을 시작으로 기타의 산업안전 분야에 적용할 수 있음이 인식되어 1965년부터 산업안전분야에 소개되었다.

일본의 경우는 일반산업, 특히 화학공업 방면에서 FTA에 대한 관심이 지금과 같이 증진된 것은 1973년경의 연쇄폭발 누출 등의 재해를 계기로 해서 장치산업 등의 재해방지에 시스템안전적인 해석방법이 주어져서 재해의 예측이나 안전성 사전평가의 필요성이 통감되었기 때문이다. 그러나 FTA에 관한 세계적인 관심을 일거에 높인 것은 1974년 미국 원자력위원회가 행한 상업용 원자력 플랜트의 위험성 평가, 즉 '라스무센 보고(Rasmussen Report)'라고 불리는 것으로 이 보고서에서 FTA가 대규모로 활용되어 재해의 예측이 이루어졌다.

라스무센 보고서의 내용은 100개소의 원자력 발전소에서의 재해발생빈도와 사망자수의 추정에 대한 것으로서 여기에 사용된 각종 설비 · 부품에 대한 신뢰도 및 고장률은 매우 방대하고, 정밀한 분석과 검증절차를 걸친 자료로서 FTA수행에 좋은 참고자료로 활용되고 있다.

13.5.3 특징

FTA는 시스템고장을 발생시키는 원인들과의 관계를 논리적으로 사용하여 나뭇가지 모양의 그림(Tree)으로 나타낸 FT(Fault Tree)를 만들고, 이에 의거하여 시스템의 고장확률을 구함으로써 취약 부분을 찾아내어 시스템의 신뢰도를 개선하는 정량적 고장해석 및 신뢰성평가 방법이다.

FTA의 가장 큰 특징은 AND와 OR인 두 종류의 논리게이트 조합에 의해 대상 설비 또는 공정의 위험성을 트리구조에 의해 표현하므로, 시각적으로 파악하는 우수한 수단이며 여러 가지 전문 기술분야에 걸친 정보를 망라할 수 있는 유연성이 풍부한 방법이라고 할 수 있다. 또한 분석대상의 위험성에 대한 확률론적인 정량평가가 가능하게 하여 기본사상(Basic Event) 발생률로써 중간 및 정상 사상에 대한 확률을 차례로 계산

할 수 있게 함으로써 기존의 감각적, 경험적 사고로부터 탈피하여 논리적이고 확률론적인 정량적 결과를 도출할 수 있게 하였다.

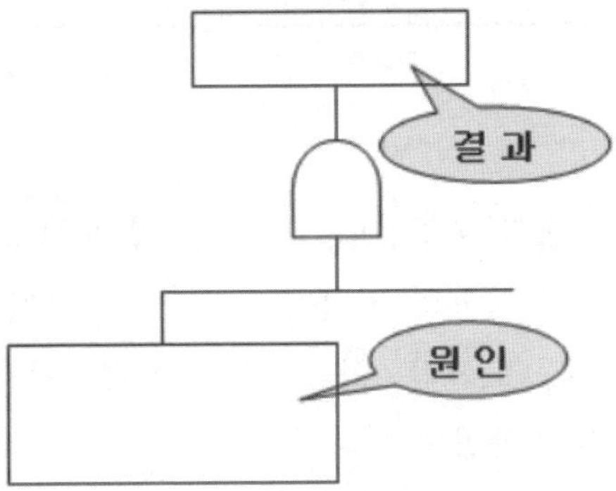

[그림 13-7] FMEA 프로세스 개요

13.5.4 FTA기호

FTA에 사용되는 기호는 다음과 같다.

기호		내용	
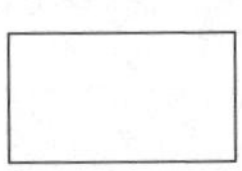	사상 Event	개개의 사상 보통 결함사상을 표시 논리기호의 입력 또는 출력	
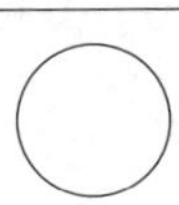	기본사상 Basic Event	더 이상 전개하지 않는 기본적 사상 논리기호의 입력 논리기호의 출력은 되지 않음	
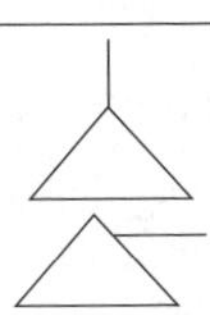	전입(In) 전출(Out)	동일한 FT속에서 내용이 같은 타부분과의 사이에 전이를 나타내는 기호로서 삼각형의 상부에 선이 나오는 경우는 타부분에서 전입을 의미하고 측면에 선이 나오는 경우는 타부분으로의 전출을 나타낸다.	
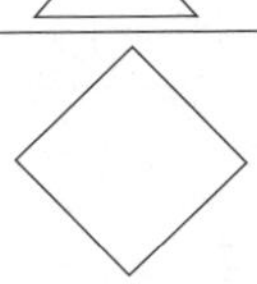	부전개 사상 (undevelopped event)	정보부족에 의해 분석되지 않거나 또는 분석의 필요가 없는 생략현상을 나타내는 기호이다.	
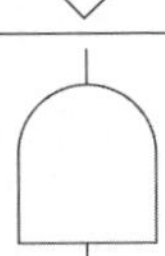	AND Gate	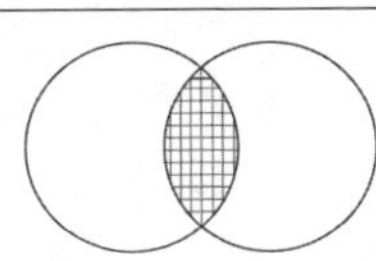	하위의 사건을 모두 만족하는 경우에 사용하는 논리 게이트

기호		내용	
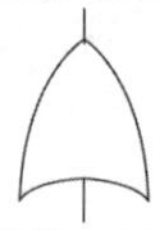	OR Gate	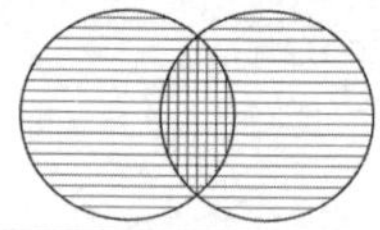	하위의 사건 중 하나라도 만족하면 사용하는 논리 게이트

13.5.5 목적

화학 플랜트, 핵 발전소, 대기 우주산업 및 전자공업에서 화재 · 폭발 · 누출 등 어떤 특정한 예상사고에 대하여 그 사고의 원인이 되는 장치/기기의 결함이나 설계자/조업자의 오류를 연역적 · 순차적 · 도식적 · 확률적으로 검토 · 분석하여 이의 정성적 · 정량적 안전성을 평가 · 진단하는 방법이다.

13.5.6 프로세스

[그림 13-8]은 FTA 프로세스 개요이며 이에 포함된 주요 관계를 요약하고 있다. FTA입력자료는 상세한 시스템 및 정상 상의에 대한 정의를 한다. FTA의 절차는 먼저 재해 원인규명, FT작성, FT평가, FE검증, FT수정의 절차에 따른다. 결과물로서 전반적인 분석과정에 대해 제시한다.

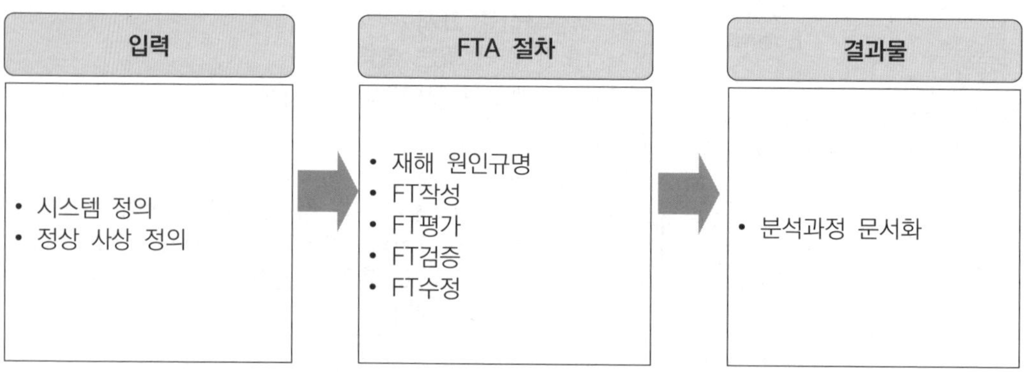

[그림 13-8] FTA 프로세스

13.5.7 작성전략 알고리즘

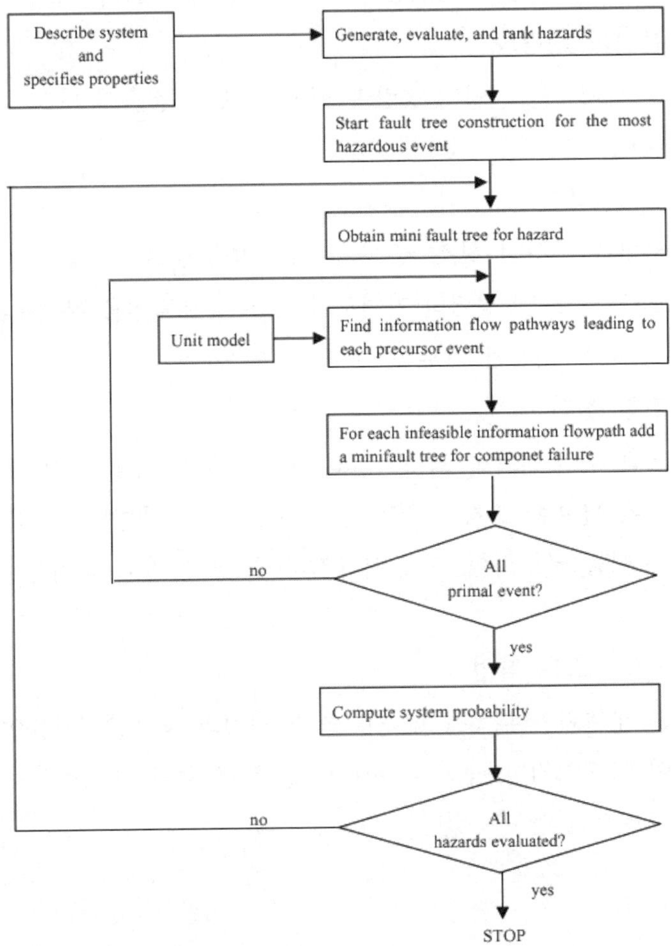

개요

[그림 13-9] FTA 작성 알고리즘

13.5.8 FTA 장단점

1) 장점

▮ 사고원인 규명의 간편화

사고의 세부적인 원인목록을 작성하여 전문지식이 부족한 사람도 목록만을 가지고 해당 사고의 구조를 파악할 수 있다.

▮ 사고원인 분석의 일반화

재해발생의 모든 원인들의 연쇄를 한눈에 알기 쉽게 Tree상으로 표현할 수 있다.

▮ 사고원인 분석의 정량화

FTA에 의한 재해발생 원인의 정량적 해석과 예측, 컴퓨터 처리 및 통계적인 처리가 가능하다.

▮ 노력, 시간의 절감

FTA의 전산화를 통하여 최소 컷셋 및 최소 패스셋과 발생확률이 높은 기본사상을 파악함으로써 사고발생에의 기여도가 높은 중요원인을 분석 · 파악하여 사고예방을 위한 노력과 시간을 절감할 수 있다.

▮ 시스템의 결함 진단

복잡한 시스템 내의 결함을 최소시간과 최소비용으로 효과적인 교정을 통하여 재해발생 초기에 필요한 조치를 취할 수 있어 재해를 예방할 수 있고, 재해가 발생한 경우에는 이를 극소화할 수 있어 사업체의 높은 관심 속에서 폭넓게 이용되고 있다.

▮ 안전점검 체크리스트 작성

FTA에 의한 재해원인 분석을 토대로 최소 컷셋과 재해발생확률이 높은 기본사상을 파악하여 안전점검상 중점을 두어야 할 부분 등을 체계적으로 정리한 안전점검 체크리스트를 만들 수 있다.

2) 단점

▮ 숙련된 전문가 필요

FTA를 수행하기 위하여는 이 분야에 전문지식을 가진 숙련자가 필요하다. 필요한 전문분야는 통계, 확률 및 컴퓨터 조작은 물론 공정 전반에 걸친 지식과 경험이 풍부하여야 한다.

▮ 시간 및 경비의 소요

분석대상 시스템이나 공정의 크기에 따라 소요시간과 경비는 차이가 있을 수 있으나, 일반적으로 정성평가에 비하여 막대한 시간과 경비가 소요된다. 따라서 처음부터 시스템 전체에 대하여 FTA를 시도하지 말고 먼저 정성적 평가를 거친 후 위험도가 높은 시설이나 공정 등을 대상으로 수행함이 바람직하다.

▌고장률 자료확보

성공적인 FTA를 위하여 설비, 부품의 정확한 고장률 확보가 전제되어야 한다. 동일기기, 부품이라 하더라도 사업장, 취급물질, 운전조건 및 작업자의 숙련도에 따라 고장률은 상이하므로 가능한 해당공정 및 시스템에서 발생한 정비자료를 기초로 통계처리를 하여야 높은 신뢰도를 유지할 수 있다.

▌단일사고의 해석

FTA는 분석 대상 작업이나 공정에서 발생 가능한 최악의 사고 시나리오를 가정하여 그 발생 확률과 중요원인을 규명하는 방법으로서 예상치 못한 사고 또는 사소한 위험성은 간과하기 쉽다.

▌논리게이트 선택의 신중

분석자의 의식 중에는 항상 사고확률의 감소라는 개념이 잠재되어 있다고 볼 수 있다. 따라서 특히 AND 게이트 선택 시에는 논리적으로 타당한가를 신중히 검토하여야 정확한 FTA결과를 도출할 수 있다.

13.6 기타 분석기법

13.6.1 ETA(evant tree analysis)

ETA분석방법은 사상의 안전도를 사용하여 시스템의 안전도를 나타내는 귀납적 · 정량적인 분석법이다. ETA분석방법은 우연한 초기의 사건(사고)으로부터 설치된 안전시스템이 잘 작동하는지 안 하는지를(True or False) 고려하여 발생 가능한 결과를 보여준다. PHA, HAZOP 등과 같은 다른 분석방법이 모든 관련된 우연한 사고를 고려하는 반면, ETA분석방법은 복잡한 시스템 내에 모든 가능한 사고 시나리오와 연속성을 통한 사고분석 방법을 찾는 데 활용된다.

ETA분석방법을 통해 첫째, 안전시스템의 수용성을 판단할 수 있다. 둘째, 안전시스템의 개선기회를 확인할 수 있다. 셋째, 개선을 위한 추천될 만한 내용을 도출한다. 마지막으로 개선을 위한 자원의 분배, 할당을 가능하게 해준다.

ETA분석방법의 장점으로, 첫째, 우연한 사건(사고)을 연속성으로 시각화가 가능하다. 둘째, 사고의 방지기능 및 활동에 대한 시각화가 가능하다. 셋째, 새로운 개선된 절차와 안전기능에 대한 필요성을 평가할 수 있는 좋은 기본 정보를 제공한다. 반면에, 단점으로 첫째, 각각의 사건(사고)의 대표적인 그래프로 표현할 수 있는 기준이 없다. 둘째, 각각의 분석방법은 오로지 하나만의 초기사고에서 시작이 가능하다. 셋째, 미묘한 시스템의 의존성을 간과하기 쉽다. 넷째, 인간의 과오 중의 하나인 착각(omission)의 행동을 보여주지 못한다.

ETA분석방법의 예를 보면 아래 [그림 13-10]과 같다.

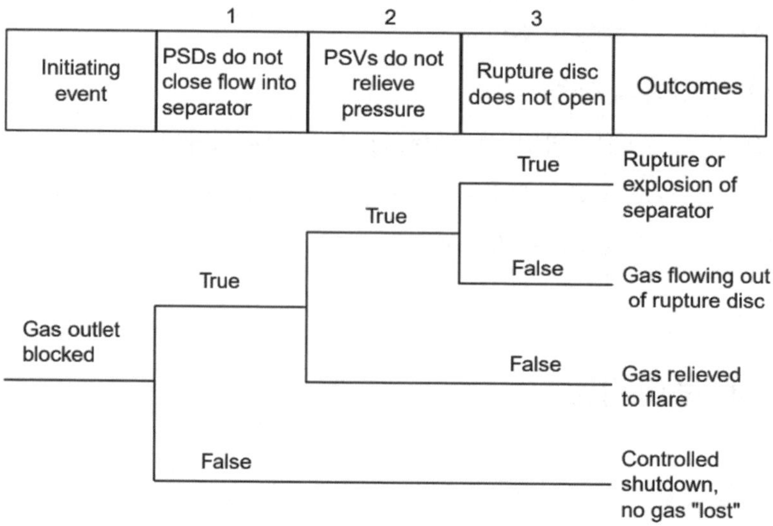

자료: Marvin Rasusand(2004). System Reliability Theory(2nd. ed). Wiley.

[그림 13-10] ETA 분석방법

13.6.2 CA(critically analysis)

- 고장이 직접 시스템의 손실과 인명의 사상에 연결되는 높은 위험도를 가진 요소나 고장의 형태에 따른 분석법이다.
- 고장이 시스템에 얼마나 치명적인 영향을 끼치는지에 대한 고장을 정량적으로 분석하는 기법이다.
- 일례로 공장에서 최악의 사고가 발생한 경우에 대한 시나리오를 작성하여 각 시

나리오에 따른 화재, 폭발, 누출 등에 따른 피해거리. 피해정도를 예측하는 기법이다. 일례로 인도의 화학공장 사고나 2021년 한국 쿠팡의 화재사고 등으로 인한 피해 정도 등을 분석하는 데 사용될 수 있다

13.6.3 THERP(technique of human error rate prediction)

- 인간의 과오(human error)를 정량적으로 평가하기 위하여 1963건 Swain 등에 의해 개발된 기법이다.
- THERP(Human Error-Rate Prediction) 기법은 HRA(Human Reliability Assessment) 분야에서 특정 작업을 완료하는 동안 발생할 수 있는 Human Error 확률을 평가하기 위해 사용되는 기법이다.
- THERP(Human Error-Rate Prediction) 분석을 통해 시스템 내에서 오류가 발생할 가능성을 줄이기 위한 조치를 취할 수 있으므로 전체 안전 수준이 향상된다. HRA를 수행하는 데에는 오류 식별, 오류 수량화 및 오류 감소의 세 가지 주요 이유가 있다. 이러한 목적으로 사용되는 기술은 여러 가지가 있으므로 1세대 기술과 2세대 기술의 두 가지 분류 중 하나로 나눌 수 있다. 1세대 기술은 관련 오류 식별 및 정량화와 관련하여 오류 상황을 일치시킬 때 '적합/적합하지 않음'이라는 단순한 이분법을 기반으로 작동한다. 2세대 기술은 오류평가 및 정량화에 있어 이론에 기반을 두고 있다. HRA 기술은 의료, 엔지니어링, 원자력, 운송 및 비즈니스를 포함한 다양한 분야 및 산업 분야에서 다양한 응용 분야에 활용된다.

부 록
ESG 재해경감활동(도해식)

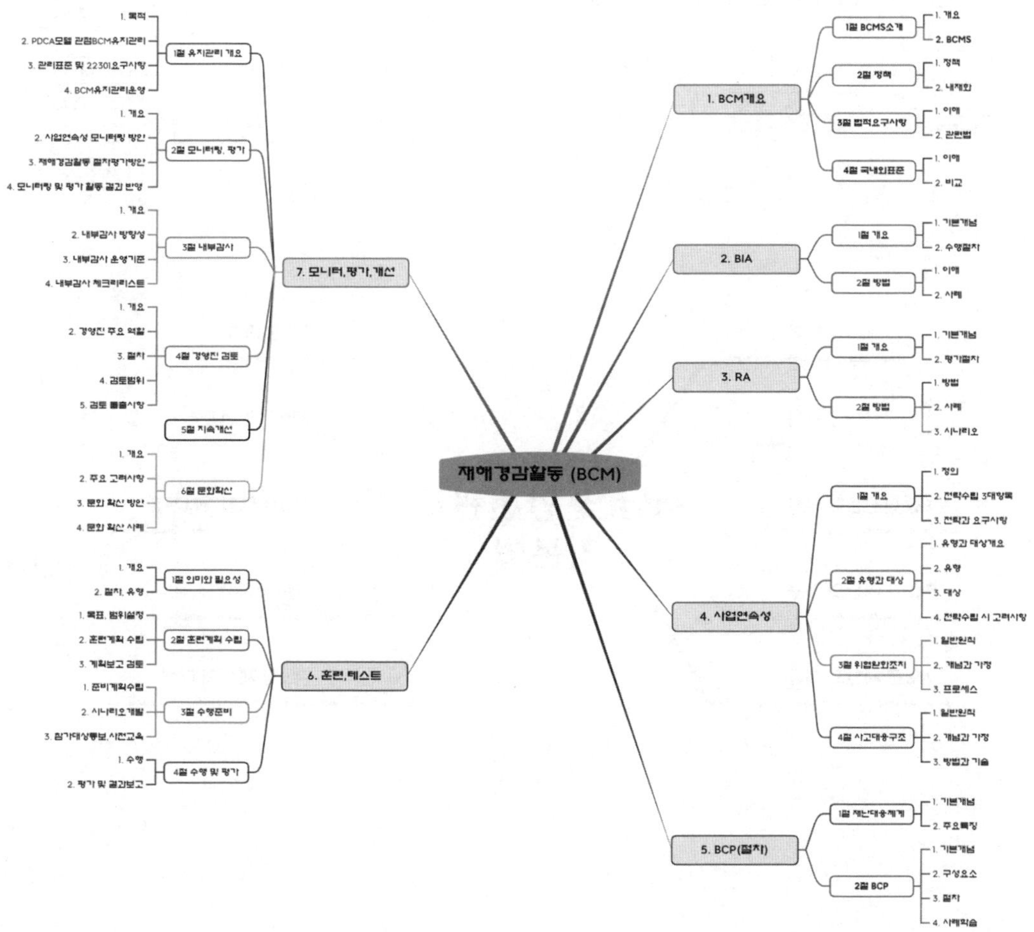

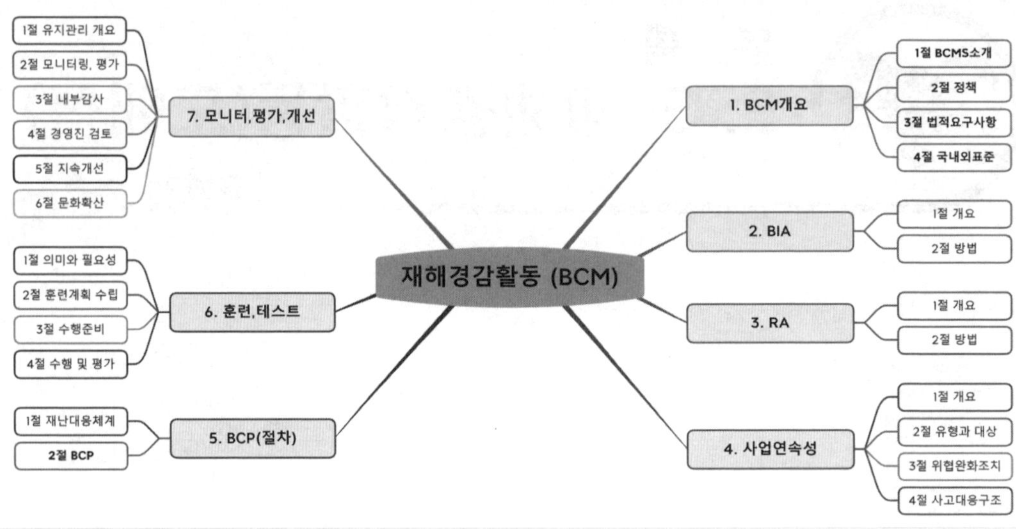

재해경감활동 (BCM)
1. BCM개요
1절 BCMS소개
2절 정책
3절 법적요구사항
4절 국내외표준
2. BIA
1절 개요
2절 방법
3. RA
1절 개요
2절 방법
4. 사업연속성
1절 개요
2절 유형과 대상
3절 위협완화조치
4절 사고대응구조
5. BCP(절차)
1절 재난대응체계
2절 BCP
6. 훈련,테스트
1절 의미와 필요성
2절 훈련계획 수립
3절 수행준비
4절 수행 및 평가
7. 모니터,평가,개선
1절 유지관리 개요
2절 모니터링, 평가
3절 내부감사
4절 경영진 검토
5절 지속개선
6절 문화확산

재난 및 안전관리 기본법
제1장 총칙
제2장 안전관리기구 및 기능
제3장 안전관리계획
제4장 재난의 예방
제5장 재난의 대비
제6장 재난의 대응
제7장 재난의 복구
제8장 안전문화 진흥
제9장 보칙
제10장 벌칙

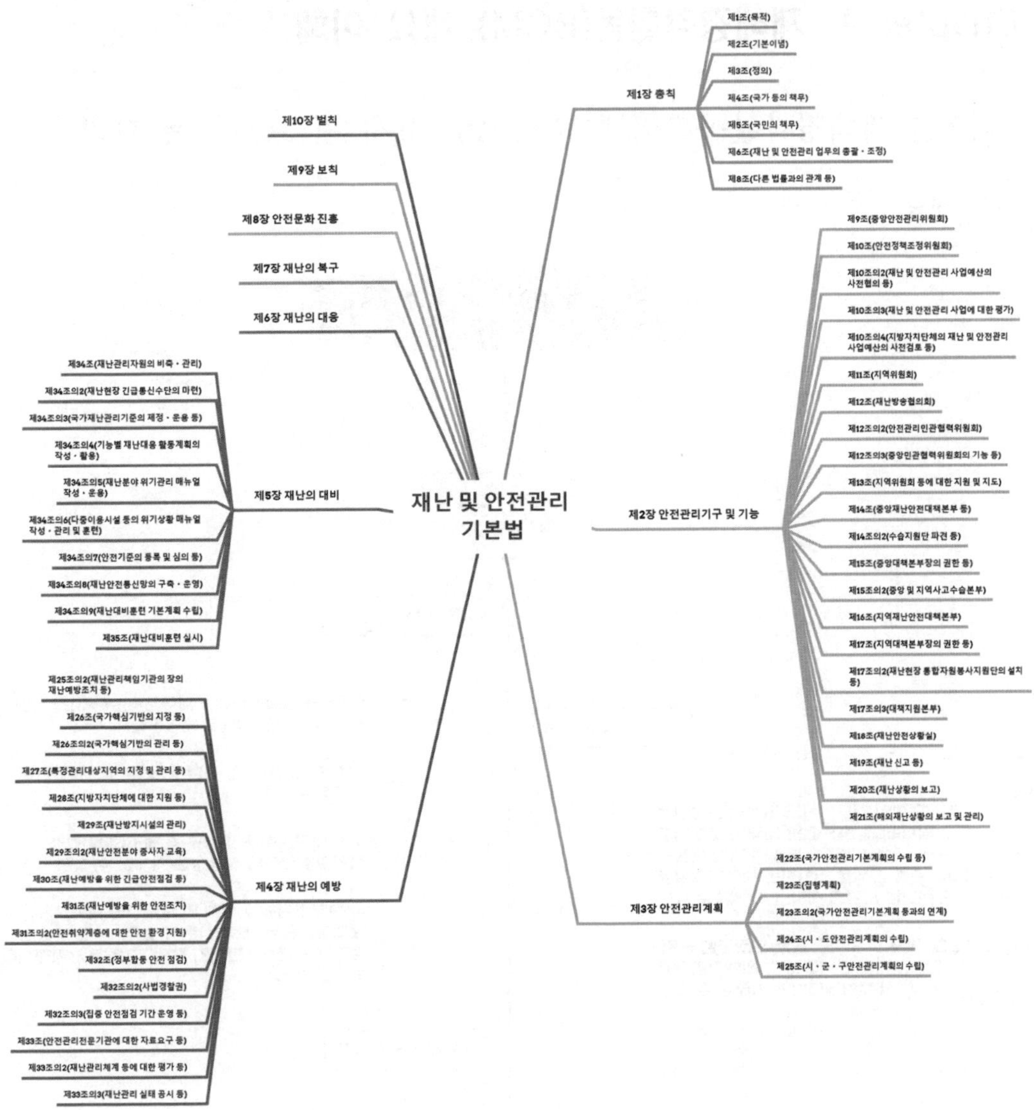
재난 및 안전관리 기본법
제1장 총칙
제1조(목적)
제2조(기본이념)
제3조(정의)
제4조(국가 등의 책무)
제5조(국민의 책무)
제6조(재난 및 안전관리 업무의 총괄 · 조정)
제8조(다른 법률과의 관계 등)
제2장 안전관리기구 및 기능
제9조(중앙안전관리위원회)
제10조(안전정책조정위원회)
제10조의2(재난 및 안전관리 사업예산의 사전협의 등)
제10조의3(재난 및 안전관리 사업에 대한 평가)
제10조의4(지방자치단체의 재난 및 안전관리 사업예산의 사전검토 등)
제11조(지역위원회)
제12조(재난방송협의회)
제12조의2(안전관리민관협력위원회)
제12조의3(중앙민관협력위원회의 기능 등)
제13조(지역위원회 등에 대한 지원 및 지도)
제14조(중앙재난안전대책본부 등)
제14조의2(수습지원단 파견 등)
제15조(중앙대책본부장의 권한 등)
제15조의2(중앙 및 지역사고수습본부)
제16조(지역재난안전대책본부)
제17조(지역대책본부장의 권한 등)
제17조의2(재난현장 통합자원봉사지원단의 설치 등)
제17조의3(대책지원본부)
제18조(재난안전상황실)
제19조(재난 신고 등)
제20조(재난상황의 보고)
제21조(해외재난상황의 보고 및 관리)
제3장 안전관리계획
제22조(국가안전관리기본계획의 수립 등)
제23조(집행계획)
제23조의2(국가안전관리기본계획 등과의 연계)
제24조(시 · 도안전관리계획의 수립)
제25조(시 · 군 · 구안전관리계획의 수립)
제4장 재난의 예방
제25조의2(재난관리책임기관의 장의 재난예방조치 등)
제26조(국가핵심기반의 지정 등)
제26조의2(국가핵심기반의 관리 등)
제27조(특정관리대상지역의 지정 및 관리 등)
제28조(지방자치단체에 대한 지원 등)
제29조(재난방지시설의 관리)
제29조의2(재난안전분야 종사자 교육)
제30조(재난예방을 위한 긴급안전점검 등)
제31조(재난예방을 위한 안전조치)
제31조의2(안전취약계층에 대한 안전 환경 지원)
제32조(정부합동 안전 점검)
제32조의2(사법경찰권)
제32조의3(집중 안전점검 기간 운영 등)
제33조(안전관리전문기관에 대한 자료요구 등)
제33조의2(재난관리체계 등에 대한 평가 등)
제33조의3(재난관리 실태 공시 등)
제5장 재난의 대비
제34조(재난관리자원의 비축 · 관리)
제34조의2(재난현장 긴급통신수단의 마련)
제34조의3(국가재난관리기준의 제정 · 운용 등)
제34조의4(기능별 재난대응 활동계획의 작성 · 활용)
제34조의5(재난분야 위기관리 매뉴얼 작성 · 운용)
제34조의6(다중이용시설 등의 위기상황 매뉴얼 작성 · 관리 및 훈련)
제34조의7(안전기준의 등록 및 심의 등)
제34조의8(재난안전통신망의 구축 · 운영)
제34조의9(재난대비훈련 기본계획 수립)
제35조(재난대비훈련 실시)
제6장 재난의 대응
제7장 재난의 복구
제8장 안전문화 진흥
제9장 보칙
제10장 벌칙

Chapter 1. 재해경감활동(BCM) 개요 이해

제1절 재해경감활동관리체계(BCMS) 소개 및 프로그램 관리

1. 개요

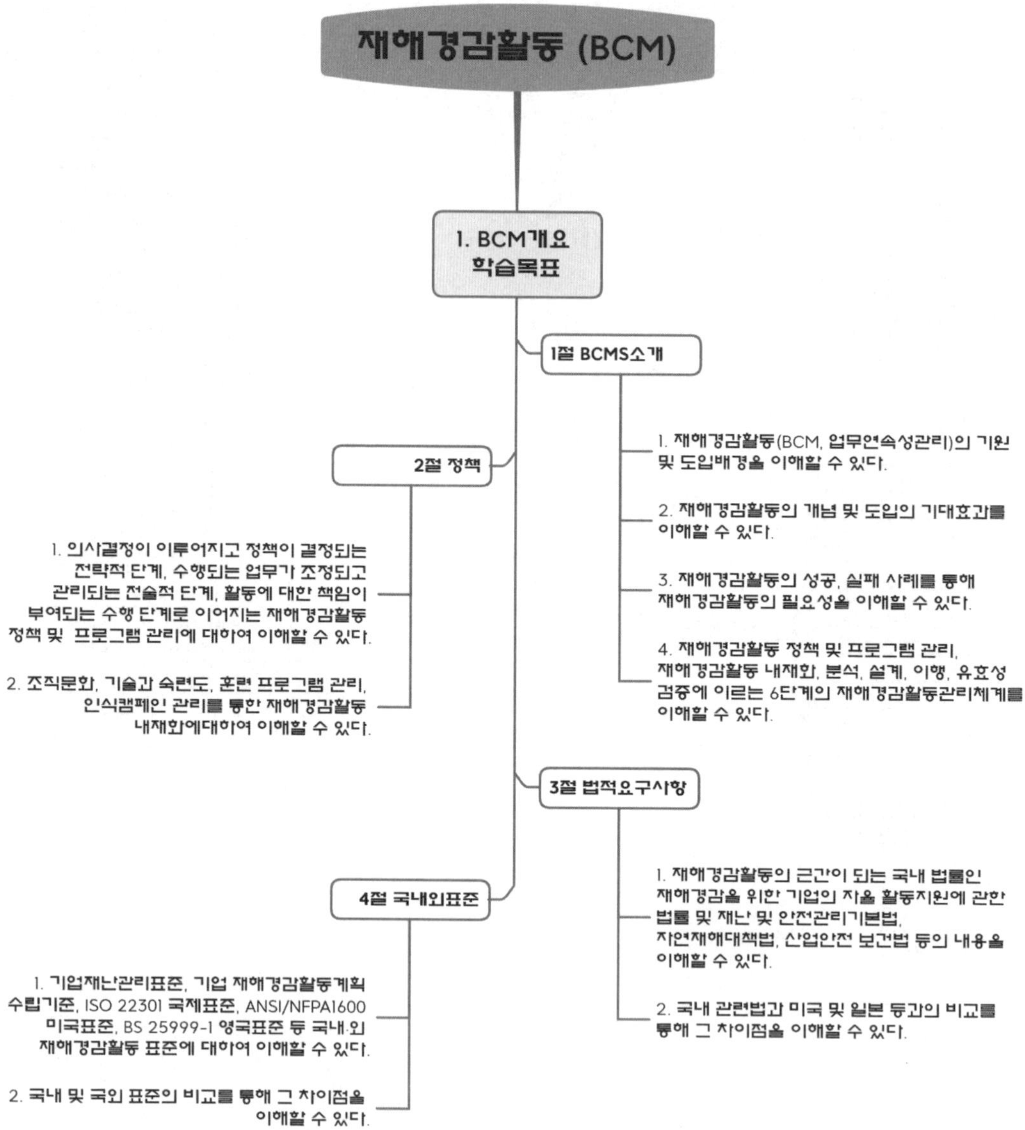

재해경감활동 (BCM)

- **1. BCM개요**
  - **1절 BCMS소개**
    - 1. 개요
      - 조직에 대한 잠재적 위협과 그 위협이 출현하였을 때 조직 운영에 미치는 영향을 식별하고 조직의 중요 이해관계자의 이익, 명성, 브랜드와 가치 창조활동을 안전하게 보호하는 효과적인 대응역량으로 조직의 탄력성(복원력)을 수립하는 프레임워크를 제공하기 위한 총체적 관리 프로세스(국제표준 ISO 22301: 2012(E)
    - 2. BCMS
      - 1. 재해경감활동 정책 및 프로그램 관리(BCM Policy and Programme Management) 단계
      - 2. 분석(Analysis) 단계
      - 3. 설계(Design) 단계
      - 4. 이행(Implementation) 단계
      - 5. 재해경감활동 내재화 (Embedding Business Continuity) 단계
  - **2절 정책**
    - 1. 정책
      - 재해경감활동 정책(policy)은 재해경감활동 프로그램의 범위와 지배구조(governance)를 정하는 주요 문서이다. 이 정책문서는 재해경감활동 팀이 조직의 사업연속성 확보를 위해 필요한 역량을 구현하는 근거 및 배경(context)을 제공해준다.
    - 2. 내재화
      - 재해경감활동을 내재화 하는 것은 재해경감활동 라이프사이클 상에 재해경감활동 정책과 프로그램 관리 단계의 결과로서 지속적으로 이뤄지는 활동 중 하나이다. 이러한 전문적인 실행활동은 재해경감활동을 일상적인 비즈니스 활동과 조직 문화에 통합시키려는 목표를 지속적으로 추구하고 있다. 이 활동은 재해경감활동에만 국한된 것이 아니라 다른 규격 역시 유사한 방법으로 조직에 내재화되어야 한다.
  - **3절 법적요구사항**
    - 1. 이해
      - 재해경감을 위한 기업의 자율 활동 지원에 관한 법률 (이하 "기업재해경감법")은 우리나라 경제활동의 주체인 민간 기업이 대규모 자연재난으로부터 기업의 안정적인 기업활동 유지를 위한 예방·대비 능력을 보유하게 하고자 제정 되었다.
    - 2. 관련법
      - 재난 및 안전관리 기본법
      - 자연재해대책법
      - 산업안전보건법 중
      - 대재해처벌법
      - 외국의 관련법(<표 3-5> 국내·외 관련법의 비교)
  - **4절 국내외표준**
    - 1. 이해
      - 기업재난관리표준, 기업재해경감활동계획수립기준, 금융감독원 영업연속성계획(Business Continuity Planning) 모범규준(안), ISO 22301 국제표준, ANSI/NFPA1600 미국표준, BS 25999-1 영국표준, ISO 31000 Risk Management-Principles and Guidelines, 일본의 BCP 가이드라인, ASIS International : All hazards risk management systems draft best practices standards 등
    - 2. 비교

재해경감활동 (BCM)

1. BCM개요
   - 1절 BCMS소개
     - 1. 개요
       - 조직에 대한 잠재적 위협과 그 위협이 출현하였을 때 조직 운영에 미치는 영향을 식별하고 조직의 중요 이해관계자의 이익, 명성, 브랜드와 가치 창조활동을 안전하게 보호하는 효과적인 대응역량으로 조직의 탄력성(복원력)을 수립하는 프레임워크를 제공하기 위한 총체적 관리 프로세스(국제표준 ISO 22301: 2012(E)
     - 2. BCMS
       - 1. 재해경감활동 정책 및 프로그램 관리(BCM Policy and Programme Management) 단계
       - 2. 분석(Analysis) 단계
       - 3. 설계(Design) 단계
       - 4. 이행(Implementation) 단계
       - 5. 재해경감활동 내재화 (Embedding Business Continuity) 단계

재해경감활동 (BCM)

1. BCM개요

1절 BCMS소개

- 1) 기원
  - 재해경감활동(BCM)은 1970년대 후반 미국 기업에서 재해복구사이트가 운영되기 시작하면서 그 개념이 도입되었고, 이는 불가피하게 제3자 컨설팅에 대한 수요를 유발하게 되었다. 이러한 컨설팅 사업은 초기에는 완전히 데이터 처리 또는 MIS(IT/ITC)에 초점을 맞추고 있었으며 자연히 기술적인 면에 치중되어 있었다.
- 2) 개념
  - 재해경감활동(BCM)이란 기업이 재해 발생 시에도 핵심 업무 기능을 계획된 수준 또는 중대한 변경 없이 지속할 수 있도록 전사적인 정책 및 절차를 수립하여 이행하는 것을 의미한다.
  - 재해경감활동(BCM)은 전사차원의 인력, 자원, 업무 프로세스를 대상으로 구축되므로 단순한 IT영역만이 아닌 비즈니스 영역까지 포함하고 있다.
  - 현재는 고객에게 끊임없이 서비스와 상품을 제공하기 위한 사업의 연속성(continuity)에 관심이 집중되고 있다..
- 3) 도입효과
  - 재해경감활동(BCM)은 기업의 손실을 줄이기 위한 적극적인 대응방법으로 이를 도입할 경우 재난, 재해에 대한 대응력 제고를 통하여 고객, 주주, 시장의 신뢰를 확보함으로써 기업의 지속적인 성장 및 안정성을 제고할 수 있다.
- 4) 사례
  - 2000년 미국 뉴멕시코 주 앨버커키 낙뢰사고(필립스)
  - 2003년 미국 및 캐나다 지역 정전사태
  - 2003년 SARS가 홍콩 시장경제에 미친 영향
  - 2004년 니가타 추에츠 지진

2. 재해경감활동관리체계(BCMS)

재해경감활동 (BCM)

- 1. BCM개요
  - 1절 BCMS소개
    - 2. BCMS
      - 1) 프로그램 관리단계
        - ① 전략적 단계 - 의사결정이 이루어지고 정책이 결정되는 단계
        - ② 전술적 단계 - 수행되는 업무가 조정되고 관리되는 단계
        - ③ 수행 단계 – 활동에 대한 책임이 부여되는 단계
      - 2) 내재화 단계
        - 재해경감활동 내재화는 재해경감활동이 일상의 비즈니스 활동과 조직의 문화로 통합될 수 있도록 지속적으로 추구하는 전문 실천과정이다. 이 전문적인 실행활동은 사업연속성을 일상적인 비즈니스 활동과 조직 문화에 통합시키려는 목표를 지속적으로 추구하고 있다.
      - 3) 분석 단계
        - 분석은 재해경감활동 실행이 조직의 목표가 무엇인지, 어떻게 기능하는지 그리고 운영되는 환경의 제약은 무엇인지에 대한 관점에서 조직을 검토하고 평가하는 재해경감활동 라이프사이클 내부의 전문 실천 과정이다.
      - 4) 실행단계
        - 설계는 업무 중단을 어떠한 방법으로 연속화 하고 복구를 달성하는지 결정하기 위한 적합한 전략과 전술을 선택하고 식별하는 재해경감활동(BCM) 라이프사이클 내부의 전문 실천과정이다.
      - 5) 이행단계
        - 이행은 사업연속성확보계획(BCP)16)을 개발하는 과정을 통해 합의된 전략과 전술을 수행하는 재해경감활동 라이프사이클 내부의 전문 실천과정이다.
        - 이행은 사전 합의된 전략과 전술들을 기초로 하여 작성된 사업연속성확보계획(BCP) 프로세스를 따라 이행되는 재해경감활동(BCM) 라이프사이클 내에서의 전문적인 실천과정을 말한다. 지향하는 바는 사전에 설정된 서비스 수준에 따라 연속성과 복구 전략을 이행하는 동안, 중단 사고를 관리하는 조직 지원에 필요한 우선권, 절차, 책임과 자원들을 식별하고 문서화하는 것이다.
      - 6) 유효성 검정단계
        - 유효성 검증은 재해경감활동(BCM) 프로그램이 재해경감활동 정책에 부합하는지 그리고 조직의 재해경감활동(BCM)이 목적에 적합한지를 확인하는 재해경감활동 라이프사이클 내부의 전문 실천과정이다.
        - 다양한 계획 사용자로부터의 피드백에 따라 검토 분석된 결과는 검증단계에서 다루어지는 유지관리 프로세스의 부분에서 보다 나은 구조 개선책을 제안할 수 있게 한다.

제2절 재해경감활동(BCM) 정책

1. 재해경감활동(BCM) 정책 및 프로그램 관리

재해경감활동 (BCM)

1. BCM개요

2절 정책

- 1. 정책 — 재해경감활동 정책(policy)은 재해경감활동 프로그램의 범위와 지배구조(governance)를 정하는 주요 문서이다. 이 정책문서는 재해경감활동 팀이 조직의 사업연속성 확보를 위해 필요한 역량을 구현하는 근거 및 배경(context)을 제공해준다.
- 2. 내재화 — 재해경감활동을 내재화 하는 것은 재해경감활동 라이프사이클 상에 재해경감활동 정책과 프로그램 관리 단계의 결과로서 지속적으로 이뤄지는 활동 중 하나이다. 이러한 전문적인 실행활동은 재해경감활동을 일상적인 비즈니스 활동과 조직 문화에 통합시키려는 목표를 지속적으로 추구하고 있다. 이 활동은 재해경감활동에만 국한된 것이 아니라 다른 규격 역시 유사한 방법으로 조직에 내재화되어야 한다.

재해경감활동 (BCM)

1. BCM개요

- **2절 정책**
  - 1. 정책
    - 1) 전략적 단계
      - 조직이 정의한 재해경감활동의 의미
      - 재해경감활동 프로그램 범위에 대한 정의
      - 재해경감활동에 있어서의 역할과 책임
      - 조직의 재해경감활동 프로그램 관리를 위한 운영 프레임워크
      - 원칙, 가이드라인과 최소 표준
      - 명확히 정의된 예산, 감사와 지배구조에 있어서의 책임권한
    - 2) 전술적 단계
      - 재해경감활동 프로그램 실행
      - 재해경감활동 역할과 책임 부여
      - 재해경감활동 프로젝트 관리
      - 재해경감활동 프로그램 관리-지속적인 재해경감활동
      - 아웃소싱 활동관리
      - 문서관리
    - 3) 수행단계
      - 각 조직은 그들의 재해경감활동 이행에 요구되는 바에 따라 어떠한 방법으로 활동을 수행할지 결정될 필요가 있다. 이러한 방법은 기초적인 가이드라인으로부터 재해경감활동 정책에서 정의된 표준에 기초한 공식적인 방법들을 포함한다.

2. 재해경감활동 내재화

재해경감활동 (BCM)

구분	절	항목	세부항목	내용
1. BCM개요	2절 정책	2. 내재화	1) 조직문화	재해경감활동 프로그램에서 최대의 혜택을 얻기 위해 사업연속성은 반드시 별도의 활동이 아닌 평상 시 일하는 일반적인 방식의 하나로 보여야 한다. 또한 각 개인이 재해경감활동이 자신의 책임이며 특정의 사업연속성 전문가가 하는 일이 아니라고 생각하도록 하는 것이 중요하다.
			2) 기술, 숙련도	재해경감활동과 관련된 작업을 수행하는 모든 직급의 개인들은 그 역할에 맞는 숙련도를 갖추어야 한다. 숙련도는 해당 역할에 필요한 기술을 이해하고 사전에 정의된 숙련도 수준에 따라 기술을 습득할 수 있는 기회를 각자에게 제공함으로써 달성될 수 있다.
			3) 훈련프로그램 관리	재해경감활동 프로그램에서 각 역할에 대한 필요 역량과 목표 숙련도 수준이 인식 되어야 한다.
			4) 인식캠페인 관리	인식 캠페인을 수립하기 이전에 재해경감활동에 대한 현재의 인식 수준을 확인하는 일은 중요하다. 그 목적은 조직에서 재해경감활동 인식수준과 몰입도의 차이를 인지하는 것이다.

재해경감활동 (BCM)

- 1. BCM개요
  - 2절 정책
    - 1. 정책
      - 1) 전략적 단계
        - 조직이 정의한 재해경감활동의 의미
        - 재해경감활동 프로그램 범위에 대한 정의
        - 재해경감활동에 있어서의 역할과 책임
        - 조직의 재해경감활동 프로그램 관리를 위한 운영 프레임워크
        - 원칙, 가이드라인과 최소 표준
        - 명확히 정의된 예산, 감사와 지배구조에 있어서의 책임권한
      - 2) 전술적 단계
        - 재해경감활동 프로그램 실행
        - 재해경감활동 역할과 책임 부여
        - 재해경감활동 프로젝트 관리
        - 재해경감활동 프로그램 관리-지속적인 재해경감활동
        - 아웃소싱 활동관리
        - 문서관리
      - 3) 수행단계
        - 각 조직은 그들의 재해경감활동 이행에 요구되는 바에 따라 어떠한 방법으로 활동을 수행할지 결정될 필요가 있다. 이러한 방법은 기초적인 가이드라인으로부터 재해경감활동 정책에서 정의된 표준에 기초한 공식적인 방법들을 포함한다.
    - 2. 내재화
      - 1) 조직문화
        - 재해경감활동 프로그램에서 최대의 혜택을 얻기 위해 사업연속성은 반드시 별도의 활동이 아닌 평상 시 일하는 일반적인 방식의 하나로 보여야 한다. 또한 각 개인이 재해경감활동이 자신의 책임이며 특정의 사업연속성 전문가가 하는 일이 아니라고 생각하도록 하는 것이 중요하다.
      - 2) 기술, 숙련도
        - 재해경감활동과 관련된 작업을 수행하는 모든 직급의 개인들은 그 역할에 맞는 숙련도를 갖추어야 한다. 숙련도는 해당 역할에 필요한 기술을 이해하고 사전에 정의된 숙련도 수준에 따라 기술을 습득할 수 있는 기회를 각자에게 제공함으로써 달성될 수 있다.
      - 3) 훈련프로그램 관리
        - 재해경감활동 프로그램에서 각 역할에 대한 필요 역량과 목표 숙련도 수준이 인식 되어야 한다.
      - 4) 인식캠페인 관리
        - 인식 캠페인을 수립하기 이전에 재해경감활동에 대한 현재의 인식 수준을 확인하는 일은 중요하다. 그 목적은 조직에서 재해경감활동 인식수준과 몰입도의 차이를 인지하는 것이다

제3절 법적 요구사항

재해경감활동 (BCM)

1. BCM개요

- 3절 법적요구사항
  - 1. 이해
    - 재해경감을 위한 기업의 자율 활동 지원에 관한 법률 (이하 "기업재해경감법")은 우리나라 경제활동의 주체인 민간 기업이 대규모 자연재난으로부터 기업의 안정적인 기업활동 유지를 위한 예방·대비 능력을 보유하게 하고자 제정 되었다.
  - 2. 관련법
    - 재난 및 안전관리 기본법
    - 자연재해대책법
    - 산업안전보건법 중
    - 대재해처벌법
    - 외국의 관련법(<표 3-5> 국내·외 관련법의 비교)

1. 주요 법적 요구사항의 이해

재해경감활동 (BCM)

- 1. BCM개요
  - 3절 법적요구사항
    - 1. 이해
      - 1) 지원법률(재해경감을 위한 기업의 자율활동 지원에 관한 법률)
        - 제2조(정의)
        - 1. "기업"이란 영리를 목적으로 「상법」 제172조에 따라 법인설립등기를 마친 기업 또는 「소득세법」 제168조, 및 「부가가치세법」 제5조에 따라 사업자등록을 한 기업을 말한다.
      - 2) 재난법
        - 제1조(목적)
        - 이 법은 각종 재난으로부터 국토를 보존하고 국민의 생명 · 신체 및 재산을 보호하기 위하여 국가와 지방자치단체의 재난 및 안전관리체제를 확립하고, 재난의 예방 · 대비 · 대응 · 복구와 안전문화활동, 그 밖에 재난 및 안전관리에 필요한 사항 을 규정함을 목적으로 한다. <개정 2013. 8. 6.> [전문개정 2010. 6. 8.]
        - 각종 재난으로부터 국민의 생명·신체 및 재산을 보호하기 위하여 재해 및 재난 등으로 다원화되어 있는 재난관련 법령의 주요 내용을 통합함으로써 국가 및 지방단체의 재난에 대한 대응관리체계를 확립하고, 각 부처에 분산되어 있는 안전관리업무에 대한 총괄조정 기능을 보강하는 등 현행 제도의 문제점을 개선·보완하여 재난의 예방·수습·복구 및 긴급구조 등에 관하여 필요한 사항을 정리하려는 것임.
      - 3) 자연재해대책법
        - 도시화 및 산업화에 따라 재해취약요인이 증가하고 세계적인 기상이변 현상으로 인하여 자연재해 발생이 빈발하고 대형화되어 가는 추세에 있어 각종 자연재해에 대한 적극적인 대처와 재해예방을 위하여 필요한 재해영향평가제도를 도입하고, 지방자치단체의 방재역량을 제고하며 지진방재를 위한 법적 근거를 마련하려는 것임.
      - 4) 산업안전보건법
        - 중화학공업의 추진등 급격한 산업화에 따라 위험한 기계기구의 사용증가, 새로운 공법의 채용등에 의한 산업재해의 대형화와 빈발, 유해물질의 대량사용 및 작업환경의 다양화에 따른 직업병의 발생증가에 효율적으로 대처하기 위하여 적극적·종합적인 산업안전보건관리에 필요한 위험방지기준을 확립하고 사업장내 안전보건관리체제를 명확히 함과 동시에 사업주 및 전문단체의 자율적 활동을 촉진함으로써 산업재해를 효율적으로 예방하고 쾌적한 작업환경을 조성하여 근로자의 안전, 보건을 증진·향상하게 하려는 것임.

2. 국내 · 외 관련법의 비교

재해경감활동 (BCM)

- 1. BCM개요
  - 3절 법적요구사항
    - 2. 관련법
      - 재난 및 안전관리 기본법
        - 이 법은 각종 재난으로부터 국토를 보존하고 국민의 생명 · 신체 및 재산을 보호하기 위하여 국가와 지방자치단체의 재난 및 안전관리체제를 확립하고, 재난의 예방 · 대비 · 대응 · 복구와 안전문화활동, 그 밖에 재난 및 안전관리에 필요한 사항 을 규정함을 목적으로 한다. <개정 2013. 8. 6.> [전문개정 2010. 6. 8.]
        - 각종 재난으로부터 국민의 생명·신체 및 재산을 보호하기 위하여 재해 및 재난 등으로 다원화되어 있는 재난관련 법령의 주요 내용을 통합함으로써 국가 및 지방단체의 재난에 대한 대응관리체계를 확립하고, 각 부처에 분산되어 있는 안전관리업무에 대한 총괄조정 기능을 보강하는 등 현행 제도의 문제점을 개선·보완하여 재난의 예방·수습·복구 및 긴급구조 등에 관하여 필요한 사항을 정리하려는 것임.
      - 자연재해대책법
        - 도시화 및 산업화에 따라 재해취약요인이 증가하고 세계적인 기상이변 현상으로 인하여 자연재해 발생이 빈발하고 대형화되어 가는 추세에 있어 각종 자연재해에 대한 적극적인 대처와 재해예방을 위하여 필요한 재해영향평가제도를 도입하고, 지방자치단체의 방재역량을 제고하며 지진방재를 위한 법적 근거를 마련하려는 것임.
      - 산업안전보건법 중
        - 중화학공업의 추진등 급격한 산업화에 따라 위험한 기계기구의 사용증가, 새로운 공법의 채용등에 의한 산업재해의 대형화와 빈발, 유해물질의 대량사용 및 작업환경의 다양화에 따른 직업병의 발생증가에 효율적으로 대처하기 위하여 적극적·종합적인 산업안전보건관리에 필요한 위험방지기준을 확립하고 사업장내 안전보건관리체제를 명확히 함과 동시에 사업주 및 전문단체의 자율적 활동을 촉진함으로써 산업재해를 효율적으로 예방하고 쾌적한 작업환경을 조성하여 근로자의 안전, 보건을 증진·향상하게 하려는 것임.
      - 중대재해처벌법
      - 외국의 관련법(국내·외 관련법의 비교)
        - 국내 법안인 기업재해경감법과 미국 및 일본의 관련법을 비교

제4절 국내 · 외 표준의 이해

재해경감활동 (BCM)

1. BCM개요

- 4절 국내외표준
  - 1. 이해
    - 1) 기업재난관리표준
    - 2) BCP계획 수립기준
    - 3) ISO 22301
    - 4) ANSI/NFPA1600
    - 5) BS 25999-1
  - 2. 비교

1. 국내 · 외 표준의 이해

재해경감활동 (BCM)

1. BCM개요
- 4절 국내외표준 —— 2. 비교
  - 1) 기업재난관리표준 —— 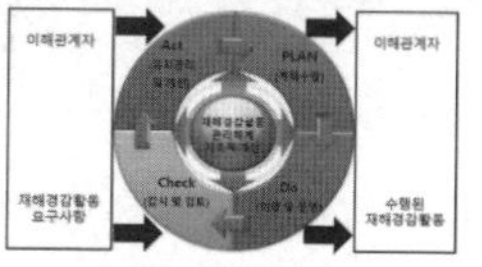
  - 2) BCP계획 수립기준 —— 기업 재해경감활동계획 수립기준('11.3월)은 국내 표준이 개정되기 이전 NFPA1600:200724)을 참고하여 수립되었다.
  - 3) ISO 22301 —— ISO 22301 표준은 2012년 5월 국제표준으로 전환된 재해경감활동 관리시스템 요구사항으로 보편화되고 국제적으로 인식된 규격이다.
  - 4) ANSI/NFPA1600 —— 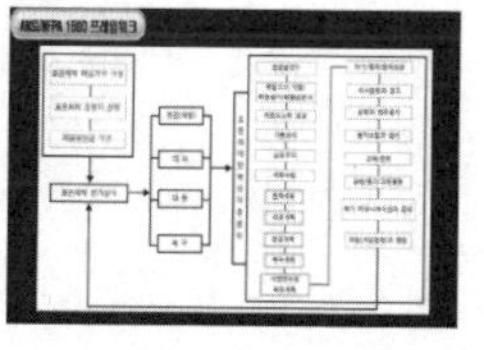
  - 5) BS 25999-1 —— BS 25999-1 영국표준에서 말하는 재해경감활동(BCM)이란 조직을 위협하는 잠재영향을 파악하고, 주요 이해관계자의 이익, 조직의 평판, 브랜드 및 가치창출활동을 효과적으로 보호하기 위해 필요한 대응 및 복원역량 확보를 가능케 해주는 체계 제공의 통합 경영 프로세스이다.

2. 국내 · 외 표준의 비교

재해경감활동 (BCM)

1. BCM개요
- 4절 국내외표준 —— 1. 이해 —— 기업재난관리표준, 기업재해경감활동계획수립기준, 금융감독원 영업연속성계획(Business Continuity Planning) 모범규준(안), ISO 22301 국제표준, ANSI/NFPA1600 미국표준, BS 25999-1 영국표준, ISO 31000 Risk Management-Principles and Guidelines, 일본의 BCP 가이드라인, ASIS International : All hazards risk management systems draft best practices standards 등

Chapter 2. 업무영향분석(BIA)

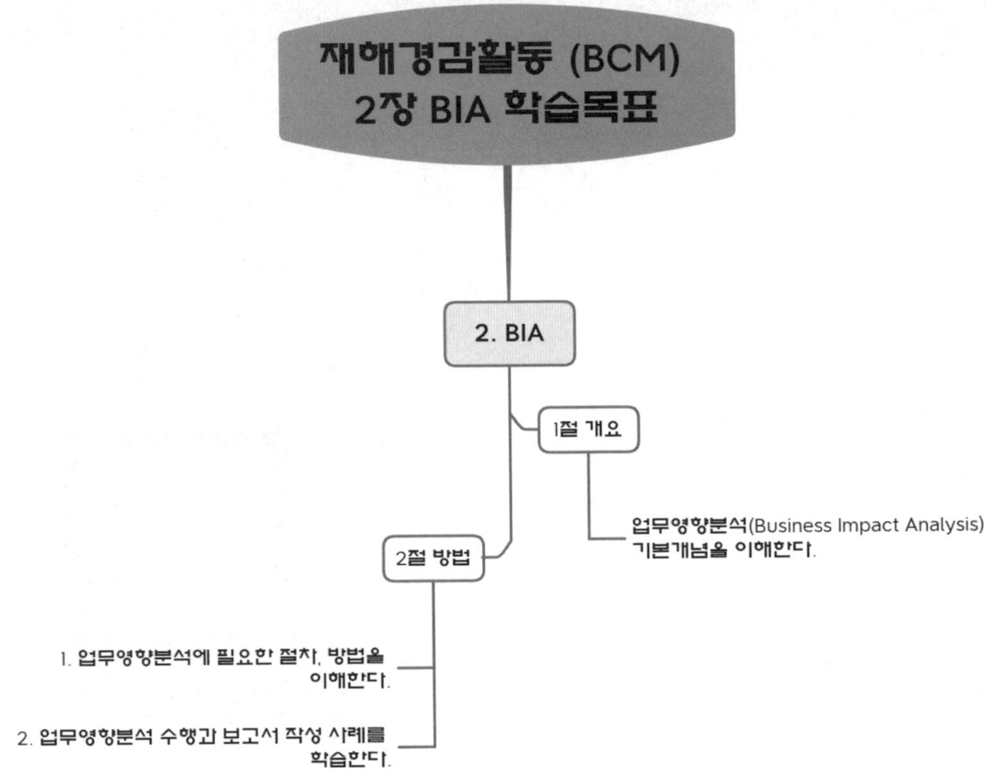

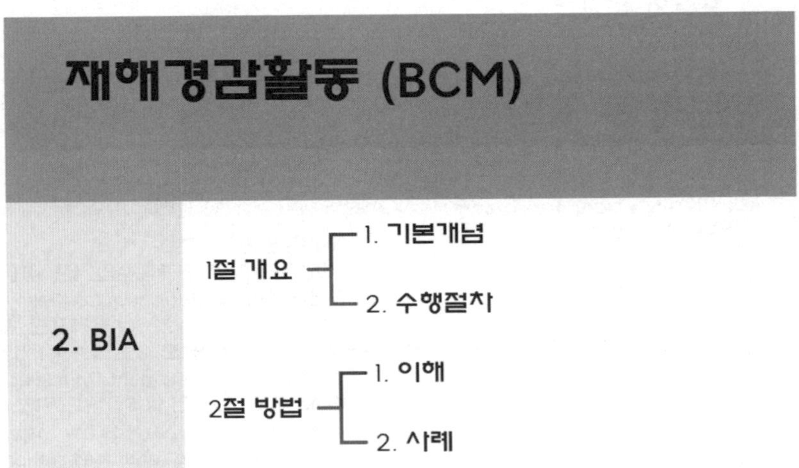

제1절 업무영향분석 개요

재해경감활동 (BCM)

2. BIA

- 1절 개요
  - 1. 기본개념
    - 재해경감활동을 확보하기 위해 우선적으로 복구되어야 하는 기업(조직)의
    - 핵심 업무를 도출 규명하고, 복구 필요자원을 산정하는 재해경감활동 관리체제 구축을 위한 활동이다.
  - 2. 수행절차
    - 업무영향분석(BIA)은 일반적으로 재해경감활동 대상 단위업무 식별 및 업무 분류기준 정의, 정성적/정량적 영향 분석, 업무연관성/전략적 고려사항 반영 및 복구 필요 인력, 자원 산정의 절차로 수행된다.

1. 기본개념

재해경감활동 (BCM)

2. BIA

- 1절 개요 — 1. 기본개념
  - 1) BIA 정의
    - 업무영향분석(Business Impact Analysis)은 기업(조직)의 "수익성 강화와 건전성 확보" 및 "성장기조 유지와 최상의 서비스 제공"을 통한 기업(조직) 입지를 확고히 하고자 하는 기업(조직)의 목표가 확보될 수 있도록 재해, 재난 등으로 인한 기업(조직)의 업무중단 상황에서 재해경감활동을 확보하기 위해 우선적으로 복구되어야 하는 기업(조직)의 핵심 업무를 도출 규명하고, 복구 필요자원을 산정하는 재해경감활동관리체제 구축을 위한 활동이다.
  - 2) 수행목적
    - 정성적, 정량적 영향 분석을 통한 재해경감활동 핵심 업무(MCA) 도출
    - 업무복구전략의 적용 및 복구를 위해 계획, 수립된 자원정보 제공

2. 수행절차

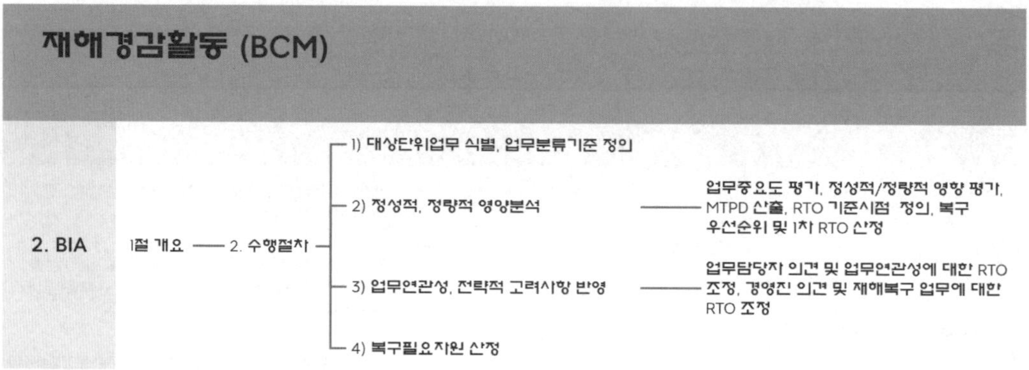

제2절 업무영향분석 방법

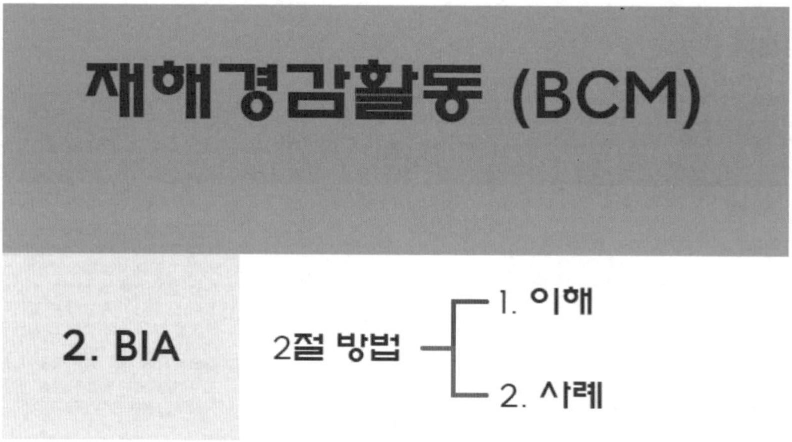

1. 업무영향분석 절차, 방법의 이해

재해경감활동 (BCM)

2. BIA — 2절 방법 — 1. 이해 — 재해경감활동 대상 단위업무 식별 및 업무 분류 기준 정의, 정성적/정량적 영향 분석, 업무연관성/전략적 고려사항 반영 및 복구 필요인력, 자원 산정의 절차로 수행한 실제 업무영향분석(BIA) 사례를 통해 업무영향분석에 필요한 절차, 방법을 이해한다.

2. 업무영향분석 보고서 사례 학습

재해경감활동 (BCM)

2. BIA — 2절 방법

- 1. 이해 — 재해경감활동 대상 단위업무 식별 및 업무 분류 기준 정의, 정성적/정량적 영향 분석, 업무연관성/전략적 고려사항 반영 및 복구 필요인력, 자원 산정의 절차로 수행한 실제 업무영향분석(BIA) 사례를 통해 업무영향분석에 필요한 절차, 방법을 이해한다.
- 2. 사례

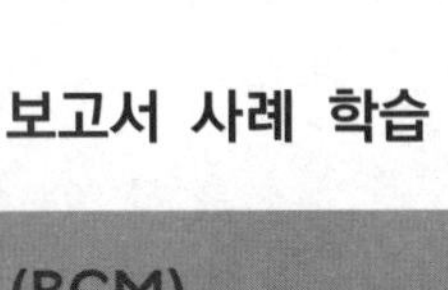

  - 정성적, 정량적 영향 분석
    - (1) 업무 중요도 평가
    - (2) 정성적, 정량적 영향분석
    - (3) 단위업무 복구우선순위 산정
    - (4) 단위업무 복구목표시간(RTO) 산정
  - 업무연관성, 전략적 고려사항 반영
    - (1) 업무연관성 반영
    - (2) 전략적 고려사항 반영
    - (3) 단위업무 RTO 확정

Chapter 3. 리스크 평가(RA) 및 분석

재해경감활동 (BCM)

3. RA

- 1절 개요
  - 1. 리스크 평가(Risk Assessment)의 기본개념을 이해한다.
  - 2. 리스크 평가의 수행범위와 대상, 그리고 평가절차를 이해한다.
- 2절 방법
  - 1. 리스크 식별, 분석, 평가방법을 이해 이해한다.
  - 2. 리스크 평가 수행과 보고서 작성 사례를 학습한다.
  - 3. 주요 리스크에 대한 시나리오 작성 사례를 학습한다.

제1절 리스크 평가(Risk Assessment) 개요

재해경감활동 (BCM)

3. RA

- 1절 개요
  - 1. 기본개념
    - 리스크 평가(Risk Assessment)란 조직 내·외부 환경에 존재하는 취약요인을 정의
    - 및 식별하고, 각 요인에 대한 취약성으로 인한 재해 및 재난 발생가능성과 영향도를 사전에 분석하여 그 대응방안을 수립함으로써 재해 및 재난 발생 시 피해를 억제하기 위한 절차이다.
  - 2. 평가절차
    - 리스크 평가(RA)는 일반적으로 취약요인의 정의, 재해 유발 가능한 재해경감활동 재해 식별, 분석 기준 마련 및 평가 방법론 선정, 자료수집 및 현장실사, 분석 및 평가, 결과도출의 절차로 수행한다.

1. 기본개념

재해경감활동 (BCM)

3. RA

- 1절 개요 — 1. 기본개념
  - 1) 정의 — 기업(조직)에서 발생할 가능성이 있는 자연적, 인적, 기술적 재해의 취약 요인을 사전에 분석 파악하여 대응방안을 제시함으로써 취약요인 발생으로 인한 인적, 물적, 재무적 손실을 최소화하고 사업연속성을 확보하기 위해 필요하다.
  - 2) 수행범위 및 대상 — 일반적으로 예상되는 대상 재해 중 업무중단과 관련성이 적은 재해를 제외한 재해경감활동 관련 재해를 피해형태 및 대응체계 유사성을 기준으로 대표 그룹화한 재해 범위를 재검토한 후 보완을 실시한다.

2. 평가절차

재해경감활동 (BCM)

3. RA

- 1절 개요 — 2. 평가절차
  - 리스크 평가(RA)는 일반적으로 취약요인의 정의, 재해 유발 가능한 재해경감활동
  - 재해 식별, 분석 기준 마련 및 평가 방법론 선정, 자료수집 및 현장실사, 분석 및 평가,
  - 결과도출의 절차로 수행한다.
  - 리스크 평가 활동을 통해서 리스크별 분석기준을 마련하고, 현장안전진단 실시 및
  - 인터뷰, 취약요소 도출 및 완화방안 제시, 리스크별 수준평가,
  - 그리고 분석 결과는 사업연속성 전략 수립에 활용할 수 있다.

제2절 리스크 평가 방법

재해경감활동 (BCM)

3. RA

2절 방법

- 1. 방법 — 리스크 식별, 분석, 평가 방법론은 기업(조직)에서 국제적으로 통용되는 표준을 따르고 적용하는 경우가 일반적이다. 금융회사의 사례를 보면, 다음과 같은 ISO 표준을 기준으로 삼아 리스크 평가를 실시하였다.
- 2. 사례 — 리스크 평가 활동으로 나오는 결과 보고서와 평가 결과가 이후 사업연속성 전략, 체계 대응방안과 연결되는지 사례를 중심으로 학습한다.
- 3. 시나리오 — 리스크 별로 최악의 상황을 가정하여 위험이 현실화 되는 과정인 시나리오를 작성하며 이는 사업연속성확보계획(BCP) 수립 시 참고자료로 사용되어 최악의 상황까지도 복구계획이 실행될 수 있게 계획수립자, 운영자에게 아이디어를 제공하며, 재해경감활동 모의훈련 시 테스트 시나리오로 사용된다.

1. 리스크 식별, 분석, 평가 방법

재해경감활동 (BCM)

3. RA

2절 방법

1. 방법

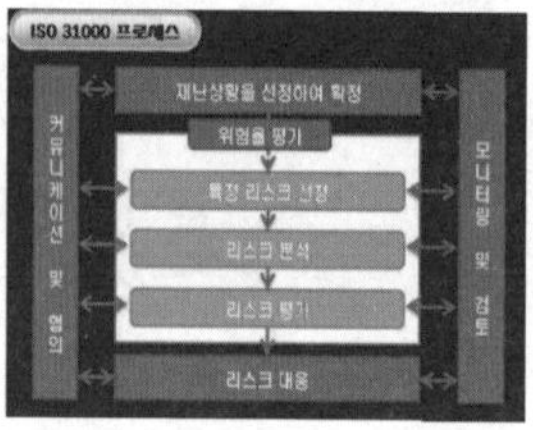

- 리스크 식별, 분석, 평가 방법론은 기업(조직)에서 국제적으로 통용되는 표준을 따르고 적용하는 경우가 일반적이다.
- ISO 31000(국제 표준화 기구)Risk Management – Principles and guidelines
- ISO/IEC 31010(국제 전기 표준 회의)Risk Management - Risk assessment techniques
- AS/NZS ISO 31000(호주/뉴질랜드 표준협회Risk management – Principles and guidelines)
- 1) 경영환경파악
- 2) 국내외 설문/벤치마크
- 3) 운영리스크 평가결과
- 4) 내부통제파악

2. 리스크 평가 보고서 사례 학습

재해경감활동 (BCM)

3. RA

2절 방법 — 2. 사례

리스크 평가 활동으로 나오는 결과 보고서와 평가 결과가 이후 사업연속성 전략, 체계 대응방안과 연결되는지 사례를 중심으로 학습한다.

임직원 (인명 손상) : 회사 업무가 정해진 매뉴얼에 의해 진행되기보다는 인력의 판단에 의해 진행되는 업무비율이 높은 상황에서, 재해/위기 발생으로 인하여 인명 손상이 발생하는 경우 업무 처리의 중단이나 오류가 발생 할 수 있으므로 BCP 체계를 통해 대응방안을 수립해야 한다.

평판 훼손 : 재해/위기 발생시 위기확산을 최소화하고 회사의 평판 훼손을 방지하기 위해 BCP 체계를 통해 신속한 대외 커뮤니케이션 전략과 대응방안을 수립해야 한다.

시설 및 자산 (주요 자산 손상) : 재해/위기 발생 시 회사의 핵심 업무 복구를 위한 중요자원이 손실을 입을 수 있고 이로 인하여 재해경감활동이 저해될 수 있으므로 이를 대비하기 위해 회사의 중요자원을 파악하고 관리할 수 있는 전략을 마련해야 한다.

기술 및 정보 사용불가 : 회사의 업무재개에 필수적인 어플리케이션, 하드웨어 장비 및 네트워크 등의 정지로 인한 업무 정지가 발생할 수 있으므로 핵심 업무재개 과정에 필수적인 시스템을 효과적으로 보호하고 신속히 복원할 수 있는 전략을 수립한다.

삼풍백화점 붕괴사고

1995년 6월 29일 삼풍백화점 A동 5층 식당부 바닥이 가라앉으면서 전층 바닥판 하중이 인접기둥으로 추가로 전달되면서 연쇄적인 전단파괴가 발생하여 붕괴되었습니다. 부실시공 및 불법 용도 변경으로 인한 건물 붕괴 조짐을 발견하고도 합리적인 상황분석, 관리주체의 판단력 부재와 안전에 대한 관련자의 인식부족으로 인하여 발생한 대형 참사였습니다.

원인	피해규모

• 총체적인 부실 시공
• 불법 용도변경
• 내부기기의 과다시설로 인한 하중 증가
• 관리주체의 판단력 부재
• 안전에 대한 관련자의 인식 부족
	• 인명피해
	  • 사망자 : 502명 (남 106명, 여 396명)
	  • 부상 : 937명, 실종 : 6명
	• 재산피해
	  • 건물 : 900억원 (추정)
	  • 시설물 : 500억원 (추정)
	  • 인적 피해보상비 : 2,971억원 (추정)
	  • 물적 피해보상비 : 820억 (추정)

3. 주요 리스크에 대한 시나리오 작성

재해경감활동 (BCM)

2절 방법 —— 3. 시나리오

- 리스크 별로 최악의 상황을 가정하여 위험이 현실화 되는 과정인 시나리오를 작성하
- 며 이는 사업연속성확보계획(BCP) 수립 시 참고자료로 사용되어 최악의 상황까지도
- 복구계획이 실행될 수 있게 계획수립자, 운영자에게 아이디어를 제공하며, 재해경감활
- 동 모의훈련 시 테스트 시나리오로 사용된다.

3. RA

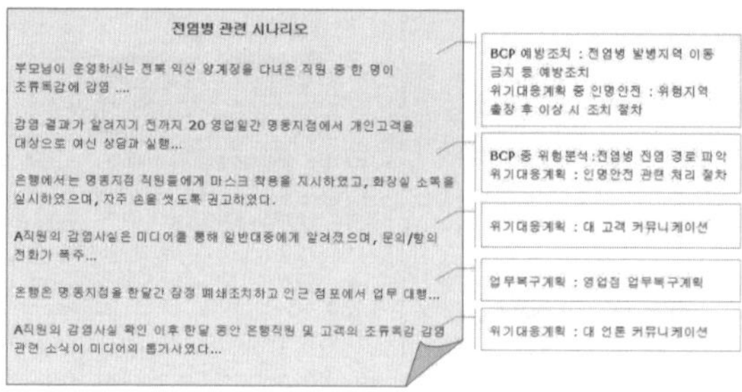

Chapter 4. 연속성 전략개발

재해경감활동 (BCM)

4. 사업연속성

- 1절 개요
  - 1. 연속성 전략의 핵심사항을 이해하고 설명할 수 있다.
  - 2. 연속성 전략에 관한 국내외 요구사항을 이해하고 3가지 항목에 대해 설명할 수 있다.
  - 3. 실제 상황에 대해 이해하고 전문가적 의견을 설명할 수 있다.
- 2절 유형과 대상
  - 1. 연속성 전략 유형과 대상에 대해 이해하고 설명할 수 있다.
  - 2. 연속성 전략 유형의 종류를 이해하고 설명할 수 있다.
  - 3. 연속성 전략 대상을 이해하고 설명할 수 있다.
  - 4. 연속성 전략 내용을 간단히 구조화 할 수 있다.
- 3절 위협완화조치
- 4절 사고대응구조

재해경감활동 (BCM)

4. 사업연속성

- 1절 개요
  - 1. 정의
  - 2. 전략수립 3대항목
  - 3. 전략과 요구사항
- 2절 유형과 대상
  - 1. 유형과 대상개요
  - 2. 유형
  - 3. 대상
  - 4. 전략수립 시 고려사항
- 3절 위협완화조치
  - 1. 일반원칙
  - 2,. 개념과 가정
  - 3. 프로세스
- 4절 사고대응구조
  - 1. 일반원칙
  - 2. 개념과 가정
  - 3. 방법과 기술

제1절 사업연속성 전략 개요

재해경감활동 (BCM)

4. 사업연속성

1절 개요

- 1. 정의
  - 사업 연속성 전략(Business continuity strategy)은 업무중단(또는 마비, 정지 등) 으로 부터 조직의 연속성과 재난 및 업무중단상황의 복구를 어떻게 달성 시킬 것인지를 결정하기 위한 적절한 전략(strategies)과 전술(tactics)을 식별하고 선택하는 영역으로서 PDCA 모델 중 "Do"에 해당되는 영역이다.
  - 참고 표준 : 기업재난관리표준
- 2. 전략수립 3대항목
  - 사업연속성 전략은 기본적으로 업무영향분석(BIA)단계에서 얻은 정보, 정책과 프로그램 관리(Policy and Programme Management)단계에서 만들어진 결정사항 등이 활용되는 단계이다.
  - 첫 번째, 결정 및 선택(Determination and selection)
  - 두 번째, 자원 요구사항 수립(Establishing resource requirements)
  - 세 번째, 보호 및 완화(Protection and mitigation)
- 3. 전략과 요구사항
  - 연속성 전략에 대한 요구사항은 기업재난관리표준 및 ISO 22301의 사업연속성 전략(Business continuity strategy)과 ISO 22313 가이드라인에서 기술되고 있으며, 기타 "Good Practice Guidelines 2013 Global Edition" 등을 참고하여 기술하였다. 이하 연속성 전략에 대한 요구사항은 기업재난관리표준과 ISO 22301을 기초로 하였다.
  - 1) 결정 및 선택
  - 2) 자원 요구사항 제정
  - 3) 보호 및 완화 대책수립

1. 연속성 전략 정의

재해경감활동 (BCM)

4. 사업연속성 — 1절 개요 — 1. 정의

- 사업 연속성 전략(Business continuity strategy)은 업무중단(또는 마비, 정지 등) 으로 부터 조직의 연속성과 재난 및 업무중단상황의 복구를 어떻게 달성 시킬 것인지를 결정하기 위한 적절한 전략(strategies)과 전술(tactics)을 식별하고 선택하는 영역으로서 PDCA 모델 중 "Do"에 해당되는 영역이다.
- 참고 표준 : 기업재난관리표준
- 사업연속성 전략 정의
  기업재난관리표준에서는 '업무 중단으로부터 업무를 임시적으로 재개 또는 복구하기 위해 필수 자원을 조달하여 기능을 회복하기 위한 방안'으로 규정하고 있다. 반면, ISO 22301에서는 별도의 명확한 정의가 존재하지 않는다.
  따라서 본 영역에서는 기업재난관리표준, "BS 25999 Code of Practice"와 "Good Practice Guideline" 및 국내 금융권에서 빈번히 활용되는 금융감독원 "BCP 모범규준" 등에서 정의하는 내용을 원용하였다.
- 영문 "Business"에 대한 용어사용
  "사업연속성 전략" 등 에서 작성된 "사업(Business)"에 대한 용어는 "사업" 또는 "영업"이라는 용어로 사용될 수 있다.
  이는 각 조직 또는 회사별 특성이나 문화를 반영하고 있는 것이므로 특정한 용어로 한정 짓는 것은 무리가 있다. 다만, 본 영역에서 사용되는 경우 "사업"이라는 용어로 통일하였다.
- 영문 "Continuity"와 "Recovery"에 대한 용어사용 "연속성 전략 : Continuity Strategy"와 "복구 전략: Recovery Strategy"는 분명히 차이점이 있으나 사용자 에 따라 통합 또는 구분하여 사용할 수 있다.
  본 영역에서는 영문의 경우 정의된 출처에 따라 "Continuity"와 "Continuity and Recovery"로 구분하여 사용 하였으나 한글로는 "연속성 전략"이라는 용어로 기술하고자 노력하였다.

2. 사업연속성 전략 수립 3대 항목

재해경감활동 (BCM)

4. 사업연속성

1절 개요 — 2. 전략수립 3대항목

- 사업연속성 전략은 기본적으로 업무영향분석(BIA)단계에서 얻은 정보, 정책과 프로그램 관리(Policy and Programme Management) 단계에서 만들어진 결정사항 등이 활용되는 단계이다.
- 첫 번째, 결정 및 선택(Determination and selection)
- 두 번째, 자원 요구사항 수립(Establishing resource requirements)
- 세 번째, 보호 및 완화(Protection and mitigation)

사업연속성 전략수립을 위해 필수적으로 수행되어야 하는 활동은 BCM 정책 및 프로그램 관리를 위한 방향성 수립, 업무영향분석(BIA), 리스크평가(RA) 등이 선행되어야 한다.

3. 사업연속성 전략과 관련된 요구사항

재해경감활동 (BCM)

- 4. 사업연속성
  - 1절 개요
    - 3. 전략과 요구사항
      - 연속성 전략에 대한 요구사항은 기업재난관리표준 및 ISO 22301의 사업연속성 전략(Business continuity strategy)과 ISO 22313 가이드라인에서 기술되고 있으며, 기타 "Good Practice Guidelines 2013 Global Edition" 등을 참고하여 기술하였다. 이하 연속성 전략에 대한 요구사항은 기업재난관리표준과 ISO 22301을 기초로 하였다.
      - 1) 결정 및 선택
        - 조직은 다음을 위해 적절한 사업연속성 전략을 수립해야 한다.
          - 우선순위 활동의 보호
          - 우선순위 활동들과 이들이 의존하는 것 및 이들을 지원하는 자원들의 안정화, 연속성 부여, 재개 및 복구
          - 영향의 완화, 대응 및 관리
          - 전략에 대한 결정은 활동들의 재개를 전제로 한 우선순위화된 시간 승인을 포함 한다.
          - 조직(기업)은 공급자들의 사업연속성 역량에 대한 평가를 수행해야 한다.
      - 2) 자원 요구사항 제정
        - 조직은 선택된 전략을 시행하기 위한 자원 요구사항을 결정하여야 한다. 고려되는 자원의 유형은 다음을 포함하되 이에 한정하지는 않는다.
          - 인력(People)
          - 정보 및 데이터(Information and Data)
          - 건물, 사업장 환경 및 관련 유틸리티(Buildings, Work environment and associated Utilities)
          - 시설, 장비 및 소모품(Facilities, Equipment and Consumables)
          - 정보 및 통신시스템(Information and Communication Technology(ICT) Systems)
          - 운송(Transportation)
          - 재무(Finance)
          - 파트너 및 협력업체(Partners and Suppliers) 등
      - 3) 보호 및 완화 대책수립
        - 대응조치가 필요한 식별된 리스크들에 대해 조직은 다음과 같은 사전대책을 고려해 야 한다.
          - 중단 발생가능성 축소(Reduce the likelihood of disruption,)
          - 중단 기간 축소(Shorten the period of disruption)
          - 조직의 주요 업무(제품/서비스)에 대한 중단영향 제한(Limit the impact of disruption on the organization's key products and services)
        - 조직은 조직의 리스크 성향에 따른 적합하고 적절한 리스크 대응방안을 선택하고 시행해야 한다.

제2절 연속성 전략 유형과 대상

재해경감활동 (BCM)

- 4. 사업연속성
  - 2절 유형과 대상
    - 1. 유형과 대상개요
      - 연속성 전략수립이란 조직의 핵심 제품 및 서비스 또는 프로세스 또는 활동에 대한 재개 및 복구를 위한 시간을 수립 및 결정하고(BIA단계) 수립된 목표 시간 내에 복구 할 수 있는 방안(RTO)을 정의하는 것이다.
      - 1)전략수립을 위한 일반 원칙
      - 2) 연속성 전략수립 기본방향
      - 3) 연속성 전략 유형
      - 4) 연속성 전략수립 대상
      - 5) 연속성 전략수립 시 추가 고려사항
    - 2. 유형
      - 연속성 전략수립 유형이란 핵심 제품 및 서비스, 활동에 대한 RTO 수준별 연속성 확보 방안을 의미한다.
      - 1)다각화(Diversification) 전략
      - 2) 복제전략(Replication) 전략
      - 3) 준비전략(Standby) 전략
      - 4) 사후확보(Post incident acquisition) 전략
      - 5) 외주(Subcontracting) 전략
      - 6) 방치(Do nothing) 전략
      - 7) 보험(Insurance) 전략
    - 3. 대상
      - 연속성 전략수립 대상은 핵심 제품 및 서비스, 자원, 프로세스 및 활동을 RTO 이내에 재개 또는 복구시키기 위한 자원(Resources)을 의미한다.
      - 1) 사람/인력(People)
      - 2) 정보 및 데이터 (Information and data)
      - 3) 건물, 작업환경 및 관련 유틸리티 (Buildings, Work environment and Associated Utilities)
      - 4) 시설, 장비 및 소모품 (Facilities, equipment and consumables)
      - 5) 정보 및 통신기술(Information, Communication and Technology) 시스템
      - 6) 수송(Transportation)
      - 7) 재정(Finance)
      - 8) 파트너 및 공급자(Suppliers)
      - 9) 이해관계자 및 의사소통(Stakeholder and Communication)
    - 4. 전략수립 시 고려사항
      - 1) 안전거리
      - 2) 서비스 수준
      - 3) 전략수립 상세화 수준
      - 4) 신뢰성
      - 5) 이해관계자 니즈(Needs)
      - 6) 도시 비상(응급)대응 기관
      - 7) 제 3 협력기관 가용성

1. 연속성 전략 유형과 대상 개요

재해경감활동 (BCM)

- 4. 사업연속성
  - 2절 유형과 대상
    - 1. 유형과 대상개요
      - 연속성 전략수립이란 조직의 핵심 제품 및 서비스 또는 프로세스 또는 활동에 대한 재개 및 복구를 위한 시간을 수립 및 결정하고(BIA단계) 수립된 목표 시간 내에 복구 할 수 있는 방안(RTO)을 정의하는 것이다.
      - 1)전략수립을 위한 일반 원칙
        - 업무영향분석(BIA) 단계에서 제품과 서비스, 프로세스와 활동들에 대한 최대허용 중단기간(MTPD4))을 정의하고 최종적인 복구목표시간(RTO5))을 설정한다.
        - 항상 비용과 복구 속도 간 분석을 통해 적절성이 검토되어야 한다.
        - 업무영향분석(BIA) 단계에서 확정되거나 결정된 MTPD 또는 RTO는 로 검토 및 수정되어야 한다.
      - 2) 연속성 전략수립 기본방향
        - 연속성 전략수립의 기본방향은 업무중단 발생 시 핵심 제품이나 서비스, 프로세스를 선정하고 최우선적으로 재개함을 원칙으로 한다
      - 3) 연속성 전략 유형
        - 다각화(Diversification) 전략
        - 복제전략(Replication) 전략
        - 준비전략(Standby) 전략
        - 사후확보(Post incident acquisition) 전략
        - 외주(subcontracting) 전략
        - 방치(Do nothing) 전략
        - 보험(Insurance) 전략
      - 4) 연속성 전략수립 대상
        - 사람(인력)
        - 정보 및 데이터
        - 건물, 작업환경 및 관련 유틸리티
        - 시설, 장비 및 소모품
        - 정보 및 통신기술 시스템
        - 수송
        - 재정
        - 파트너 및 공급자
      - 5) 연속성 전략수립 시 추가 고려사항
        - 서비스 수준(Service level)
        - 전략수립 상세화 수준(Design detail)
        - 신뢰성(Reliability)
        - 이해관계자 니즈(the Needs of interested parties)
        - 도시 비상(응급)대응 기관(Civil emergency responders)
        - 제3협력기관의 가용성(the Availability of third party services)

2. 연속성 전략수립 유형

재해경감활동 (BCM)

- 4. 사업연속성
  - 2절 유형과 대상
    - 2. 유형
      - 1) 전략수립을 위한 일반 원칙
        - 업무영향분석(BIA) 단계에서 제품과 서비스, 프로세스와 활동들에 대한 최대허용 중단기간(MTPD))을 정의하고 최종적인 복구목표시간(RTO))을 설정한다.
        - 항상 비용과 복구 속도 간 분석을 통해 적절성이 검토되어야 한다.
        - 업무영향분석(BIA) 단계에서 확정되거나 결정된 MTPD 또는 RTO는 지속적으 로 검토 및 수정되어야 한다.
      - 2) 연속성 전략수립 기본방향
        - 연속성 전략수립의 기본방향은 업무중단 발생 시 핵심 제품이나 서비스, 프로세스를 선정하고 최우선적으로 재개함을 원칙으로 한다
      - 3) 연속성 전략 유형(GPG)
        - 다각화(Diversification) 전략
        - 복제전략(Replication) 전략
        - 준비전략(Standby) 전략
        - 사후확보(Post incident acquisition) 전략
        - 외주(subcontracting) 전략
        - 방치(Do nothing) 전략
        - 보험(Insurance) 전략
      - 4) 연속성 전략수립 대상
        - 사람(인력)
        - 정보 및 데이터
        - 건물, 작업환경 및 관련 유틸리티
        - 시설, 장비 및 소모품
        - 정보 및 통신기술 시스템
        - 수송
        - 재정
        - 파트너 및 공급자
      - 5) 연속성 전략수립 시 추가 고려사항
        - 안전거리(Safe separation distance)
        - 서비스 수준(Service level)
        - 전략수립 상세화 수준(Design detail)
        - 신뢰성(Reliability)
        - 이해관계자 니즈(the Needs of interested parties)
        - 도시 비상(응급)대응 기관(Civil emergency responders)
        - 제3협력기관의 가용성(the Availability of third party services)

3. 연속성 전략수립 대상

재해경감활동 (BCM)

- 4. 사업연속성
  - 2절 유형과 대상
    - 3. 연속성 전략수립 대상
      - 연속성 전략수립 대상은 핵심 제품 및 서비스, 자원, 프로세스 및 활동을 RTO 이내에 재개 또는 복구시키기 위한 자원(Resources)을 의미한다.
      - 1) 사람/인력(People)
        - (1) 관련요건
        - (2) 사람/인력 전략 수립방안
      - 2) 정보 및 데이터 (Information and data)
        - (1) 관련요건
        - (2) 정보 및 데이터전략 수립방안
      - 3) 건물, 작업환경 및 관련 유틸리티 (Buildings, Work environment and Associated Utilities)
        - (1) 관련요건
        - (2) 건물(장소)전략 수립방안
      - 4) 시설, 장비 및 소모품 (Facilities, equipment and consumables)
        - (1) 관련요건
        - (2) 시설, 장비 및 소모품전략 수립방안
      - 5) 정보 및 통신기술(Information, Communication and Technology) 시스템
        - (1) 관련요건
        - (2) 정보 및 통신기술 시스템 전략 수립방안
      - 6) 수송(Transportation)
        - (1) 관련요건
        - (2) 수송전략 수립방안
      - 7) 재정(Finance)
        - (1) 관련요건
      - 8) 파트너 및 공급자(Suppliers)
        - (1)관련요건
      - 9) 이해관계자 및 의사소통(Stakeholder and Communication)
        - (1) 관련요건
        - (2) 이해관계자 및 의사소통 전략 수립방안

4. 사업연속성 전략 수립 시 고려사항

재해경감활동 (BCM)

4. 사업연속성

- 2절 유형과 대상
  - 4. 전략수립 시 고려사항
    - 1) 안전거리
      - 안전한 이격거리를 선택하는 일은 조직이 사고로부터 직접 복구 할 수 있는 최대한의 지리적 범위까지 결정할 수 있게 해주며, 이는 사업연속성(BC) 방침을 개발하는 프로세스의 일부로 선택되어야만 한다.
      - 예를 들면, 제조업에 있어 전 력 손실이 운영의 연속성에 주요 리스크로 채택된 경우, 다른 전력망을 가진 2차 장소 를 선택하든지 또는 1차 사이트에 대한 대체 전력 공급자들을 선정하는 것이 요구된다.
    - 2) 서비스 수준
      - 많은 조직들은 업무 중단 시 즉각적인 비즈니스 책무를 달성하기 위해 수락할 수 있는 최소한의 서비스 수준을 정의한다.
      - 최소 허용 수준에서 정상 수준에 이르는 기간 동안 증가가 예상되는 서비스 수준을 달성하기 위해 부가적으로 필요한 자원에 대한 단계적 조건를 도 식별할 것이다.
    - 3) 전략수립 상세화 수준
      - 어떠한 연속성, 복구 전략과 전술을 설계할 필요가 있을 지에 대한 범위와 상세사항 은 그들이 필요로 하는 긴급성과 복구되는 프로세스와 하부구조 또는 활동의 복잡도에 따라 달라질 것이다.
    - 4) 신뢰성
      - 연속성과 복구 전술이 제3자의 서비스 제공 이용을 고려하는 것일 때, 제반 비용과 제3자 공급자의 신뢰성에 대한 경영진의 의사 결정이 이루어지게 된다.
    - 5) 이해관계자 니즈(Needs)
      - 조직은 사고대응구조를 설계할 때 다양한 이해관계자들의 니즈(Needs)를 식별하 고, 우선순위를 정하고 합의하는 것을 보장해야 한다.
    - 6) 도시 비상(응급)대응 기관
      - 조직은 지역 응급 기관(소방서, 경찰서, 지자체 기관 등)들이 취하는 절차에 익숙해 야 하고, 사전에 이들 그룹과 연락을 취해야 한다.
    - 7) 제 3 협력기관 가용성
      - 제3자가 제공하는 대체 사이트를 준비하는 것은 이미 많은 나라에서 광범위하게 사 용가능하고 선택도 매우 다양하다.

제3절 위협완화조치

재해경감활동 (BCM)

4. 사업연속성

- 3절 위협완화조치
  - 1. 일반원칙
    - 위협 완화 조치는 수락 가능한 리스크의 집중과 단일 고장점과 조직의 가장 긴급한 활동들에 대한 주요 위협들에 대한 적용을 목표로 한다. 이 모든 것들은 BCM 라이프 사이클의 분석 단계에서 식별되고 우선순위가 결정된다. 이들은 증가하는 조직의 복원력에 대한 전반적인 목표에 부합하도록 최적화하는 것이 필요하다.
  - 2.개념과 가정
    - 위협 완화 조치들에 대한 평가는 제안된 조치들로부터 얻을 수 있는 이익이 정확하 게 추산될 수 있음을 가정한다. 이익을 추산하는 것은 위협이 실현될 가능성을 아는 것에 의존하는 데, 이는 많은 경우에 추측 또는 과거의 정보를 기반으로 한다.
  - 3. 프로세스
    - 1) 비용 이익(Benefit/Cost) 분석
      - 비용 이익분석은 위협 완화 조치를 통해 얻을 수 있는 가능한 이익과 제반 비용을 비교하여 실행 가치가 있는 지를 결정하는 데 사용될 수 있다.
    - 2) 위협 감소
      - 물리적 보안 : 도난과 미승인 출입을 예방
      - 정보 보안 : 데이터 손실과 미승인 접근을 예방
      - 모니터링 시스템 : 화재, 유틸리티 공급중단, 장비 파손과 중단 위협에 대한 즉각 적인 경고를 제공
      - 스프링클러와 화재 진압 시스템 : 화재 확산 방지
      - 복원력 있는 통신 네트워크 : 단일고장점이 없음을 보장

      위협 완화 조치들을 설계하는 핵심 단계들은 다음과 같다.
      - 리스크에 대한 허용 불가능한 영역, 단일 고장점 및 조직의 가장 시급한 활동을 위협하는 우선순위 높은 위협을 확인하기 위한 운영 BIA와 위협 분석결과를 검토
      - 조직의 가장 긴급한 활동들에 대한 중단의 가능성과 영향을 줄이기 위해 취할 수 있는 조치들을 식별
      - 위협 완화 조치를
      - 효과와 비용에 대한 위협 완화 조치들을 분석
      - 위협 완화 조치들에 대한 평가결과를 최고 경영진에 제공
      - 선택된 위협 완화 조치들의 각각을 위한 실행 프로젝트들을 정의
      - 위협 완화 조치들의 실행을 위한 재정과 자원을 제공하기 위해 최고 경영진으로 부터 합의를 획득
      - 합의된 위협 완화 조치를 실행하기 위한 프로젝트를 수립
    - 3) 결과 및 검토
      - 위협 완화 조치들의 설계에 있어서의 주요 산출물은, 조직의 가장 긴급한 활동들에 대한 중단 가능성과 영향을 줄이기 위한 합의된 완화 조치들을 실행하기 위한 프로젝 트이다.

1. 일반 원칙

재해경감활동 (BCM)

4. 사업연속성 3절 위협완화조치 — 1. 일반원칙 —

위협 완화 조치는 수락 가능한 리스크의 집중과 단일 고장점과 조직의 가장 긴급한 활동들에 대한 주요 위협들에 대한 적용을 목표로 한다. 이 모든 것들은 BCM 라이프 사이클의 분석 단계에서 식별되고 우선순위가 결정된다. 이들은 증가하는 조직의 복원력에 대한 전반적인 목표에 부합하도록 최적화하는 것이 필요하다.

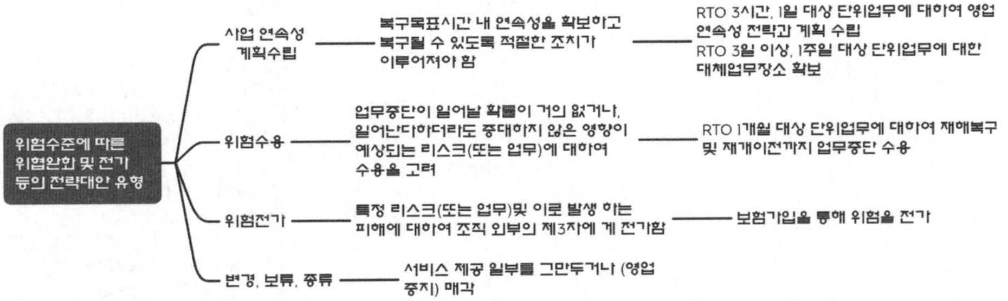

2. 개념과 가정

3. 프로세스

제4절 사고대응구조

재해경감활동 (BCM)

4. 사업연속성

- 4절 사고대응구조
  - 1. 일반원칙 — 모든 대응 모델들에서 핵심적인 특징은 정보의 상향 전달과 의사 결정의 하향 전달 메커니즘이다.
  - 2. 개념과 가정 — 사고대응구조에서 전략적, 전술적, 수행적 수준을 수행하는 것 이다.
  - 3. 방법과 기술
    - 사고대응구조를 통해 긴급 대응, 사고 관리와 복구를 다루기 위한 팀들을 정의할 필요가 있다. 또한 어느 팀이 전략적, 전술적, 수행적 역할을 담당할지를 정의할 필요 가 있다.
    - 구조 설계 시 다음의 요소를 고려해야 한다.
      - 현재 경영구조
      - 조직의 본질, 크기, 복잡도와 프로세스 기반
      - 연속성과 복구 전략과 선택된 전술들
      - 복구 요구사항의 본질, 크기, 복잡도와 긴급성

1. 일반 원칙

재해경감활동 (BCM)

4. 사업연속성

- 4절 사고대응구조 — 1. 일반원칙
  - 모든 대응 모델들에서 핵심적인 특징은 정보의 상향 전달과 의사 결정의 하향 전달 메커니즘이다.
  - 목표는 사업연속성(BC)이 단순히 조직을 운영하는 방식의 일상적인 부분이 되도록 하는 것이다. 따라서 만약 그에 반하는 타당한 이유가 없다면, 사고대응구조는 조직의 현존 경영 구조를 그대로 반영해야 한다.
  - 사고대응구조를 위한 올바른 설계는 없다. 각 조직은 그 스스로의 필요에 알맞은 구조를 개발해야 한다.

2. 개념과 가정

재해경감활동 (BCM)

4. 사업연속성 — 4절 사고대응구조 —— 2. 개념과 가정

- 사고대응구조에서 전략적, 전술적, 수행적 수준을 수행하는 것 이다.
- - 전략적 : 최고 경영진이 어떻게 중대 사고로부터 제시된 이슈들을 발표하고 관리할 것인가를 설명
- - 전술적 : 자원이 적절히 할당되도록 보장하면서, 중단된 운영의 복구를 관리하고 조정하는 상세 사항
- - 수행적 : 미리 정의된 수준의 서비스에 대한 활동들 또는 시스템들의 복구를 나타냄

3. 방법 및 기술

재해경감활동 (BCM)

4. 사업연속성

4절 사고대응구조 — 3. 방법과 기술

사고대응구조를 통해 긴급 대응, 사고 관리와 복구를 다루기 위한 팀들을 정의할 필요가 있다. 또한 어느 팀이 전략적, 전술적, 수행적 역할을 담당할지를 정의할 필요 가 있다.

구조 설계 시 다음의 요소를 고려해야 한다.
- 현재 경영구조
- 조직의 본질, 크기, 복잡도와 프로세스 기반
- 연속성과 복구 전략과 선택된 전술들
- 복구 요구사항의 본질, 크기, 복잡도와 긴급성

1) 역할과 책임
- 팀 가동
- 계획 활성화
- 자원 확보
- 이해관계자와 의사소통
- 직원 복지후생
- 에스컬레이션(상향 의사 전달)
- 지휘와 통제
- 지출과 위임 한계
- 상황의 전개에 따른 우선순위의 변동

2) 프로세스
- 조직의 현존 경영 구조, 본질, 크기, 복잡도, 프로세스 기반과 활동 복구 요구사항을 정의
- 모든 응급 대응, 위기관리 또는 사고관리계획(Incident Management Plan)을 사용할 책임을 가지는 사람과 팀 정의
- 사고대응구조 초안 개발
- 사고대응구조 초안 검토
- 최고 경영진에 제안할 사고 대응 구조 준비
- 사고대응구조에 대한 승인을 최고 경영진으로부터 획득
- 승인된 사고대응구조를 문서화하고 발표

3) 결과 및 검토

사고대응구조의 설계 결과물은 다음의 상세사항을 포함하는 대응체계를 개발하고 실행하는 데 사용되는 설계 결과이다.
- 대응과 복구팀
- 팀 간의 관계
- 팀들 역할과 책임

사고대응구조는 조직에 있어 다음의 모든 중대한 변경이 있을 때 검토 되어야 한다.
- BCM 프로그램 범위
- 본질, 크기와 복잡도
- 경영 구조
- 프로세스 기반
- 연속성과 복구 전략과 전술
- 구체적 활동에 대한 복구 요구사항
- 조직에 영향을 미치는 실제 사고가 일어난 경우

Chapter 5. 재해경감활동 절차 이해

재해경감활동 (BCM)

5. BCP(절차)

1절 재난대응체계 ——
1. 재난(사고)대응체계란 무엇이고 재난(사고) 대응 구조 구축을 위한 기본 절차에 대해 이해한다.
2. 재해경감활동 절차(사업연속성 절차)의 정의 및 주요한 구성 요소 및 특성에 대해 이해한다.

2절 BCP ——
1. 사업연속성확보계획의 주요한 구성요소에 대해 이해한다.
2. 각 기능별 사업연속성확보계획의 종류 및 특성에 대해 파악하고 계획 개발을 위한 지식을 습득한다.

재해경감활동 (BCM)

5. BCP(절차)

- 1절 재난대응체계
  - 1. 기본개념 — 재난(사고)대응체계란 조직이 업무 중단 사고의 영향을 최소화 또는 효과적으로 대응할 수 있도록 준비된 절차 또는 관리 체계를 말한다. 재난(사고)대응체계를 통해 업무 중단 사고에 대한 정보가 의사 결정 권한을 가진 조직에 보고된다. 그리고 의사 결정의 결과가 해당 책임이 있는 업무 조직에 전달될 수 있다.
  - 2. 주요특징 — 재난(사고)대응체계는 조직간 의사소통을 위한 역할 및 책임을 포함하는 의사결정체계를 포함한다.
- 2절 BCP
  - 1. 기본개념 — 사업연속성확보계획(Business Continuity Plan)이란 업무영향분석(BIA) 및 위험평가(RA)의 결과를 고려하여 수립된 사업연속성 전략이 실제 실행 가능한 수준의 프로세스 및 절차로 표현 된 것이라 말할 수 있다. 여기에는 사고에 대응 하는 활동, 사업연속성을 유지하기 위한 활동, 그리고 사고가 종료 된 후에 업무를 정상적으로 복구하는 활동까지의 범위를 포함한다. 또한 이 단계에서는 사고 대응을 위한 대응 팀 그리고 사업연속성 유지를 위한 연속성 팀 등의 역할 및 책임 등을 고려하여 각 인원을 배정하는 것을 포함한다
  - 2. 구성요소 — 사업연속성확보계획이란 BCMS(재해경감활동관리체계) 범위에 따른 모든 요구사항을 포함하여 단일한 문서 형태로 존재 할 수도 있고 다양한 절차서들의 집합으로 구성될 수도 있다. 그러나 각각의 문서화된 절차에는 목적, 범위 및 목표가 명확하게 정의되고 각 절차서에 참여하는 인원들이 효과적으로 사용할 수 있도록 이해 가능해야한다. 또한 여러 절차서 간의 실행에 있어 연관이 있는 경우에는 각각 인용되는 절차서에 대한 참조가 명확해야 하며, 또한 각 절차서를 획득하는 방법에 대해서도 정보가 포함되어야 한다.
  - 3. 재해경감활동 절차 —
    - 재난(사고) 관리 / 전략 관리 절차
    - 의사소통 절차
    - 안전 및 복리 후생 절차
    - 구호 및 보안 절차
    - 업무 활동 재개를 위한 절차
    - 정보 의사소통 기술(ICT) 시스템의 복구 절차
    - 복구 계획(절차)
  - 4. 사례학습 — 기업에서 수립, 운영하고 있는 사업연속성확보계획(BCP)의 실제 사례를 통해서 포함되어야 하는 주요 내용, 체계에 대해 이해한다.

제1절 재난(사고)대응체계와 사업연속성확보계획

1. 기본개념

재해경감활동 (BCM)

5. BCP(절차)

1절 재난대응체계 — 1. 기본개념

- 재해경감활동 절차(사업연속성 절차)는 조직 구성원들의 상황에 따른 역할 및 책임 그리고 조치 방법들을 구체적으로 정의한 문서의 모음이라 이해할 수 있다. 재해경감활동 절차는 문서화된 절차서의 형태로 조직에 유지되며, 이러한 절차서는 경영 시스템의 한 부분으로서 조직의 구성원들을 대상으로 한 교육부터, 계획의 수립, 실행, 검토 그리고 개선이 가능하도록 하는 가장 기초적인 자료의 기능을 수행한다.
- 기업재난관리표준 및 국제 ISO 규격 (ISO 22301 / ISO 22313) 에서 소개 하고 있는 재해경감활동 절차(사업연속성 절차)의 범위에는 "재난(사고)대응체계(Incident Response Structure)", "경보 및 의사소통(Warning and communications)", "사고 의사소통 절차(Incident communication procedures)", 사고 의사소통 시설(Incident communication facilities)"과 "사업연속성확보계획(Business continuity plan)" 등이 포함되어 있다.

2. 주요특징

재해경감활동 (BCM)

5. BCP(절차)

1절 재난대응체계 — 2. 주요특징

- 재해 시 사용 가능한 모든 의사소통 수단들을 도출하여 특성을 분석하고 이를 바탕 으로 위기대응과 업무복구 단계별로 필요한 의사소통 수단과 연락 대상을 선정한다. 선정된 의사소통 수단과 의사소통 인프라의 제약 사항을 보완하기 위한 준비사항과 관 리 방안을 다음과 같이 수립한다.
  - 의사소통 수단 특성분석
  - 의사소통 수단 및 연락 대상 선정
  - 의사소통 관리방안 수립
  - 의사소통 수단별 필요사항
- 조직이 경고 의사소통에 대한 절차를 수립하고 실행하고 유지해야 이유는 다음과 같다.
  - 사고를 감지하고 대응 인원들에게 경고
  - 사고에 대한 지속적인 모니터링
  - 조직의 다양한 의사결정 수준 및 기능 사이에서 내부적인 의사소통 기능 수행
  - 이해관계자들과의 외부 의사소통 기능 수행
  - 다른 이해관계자들로부터의 의사소통에 대해 정보를 접수하고, 문서화하고 대응 하는 역할
  - 외부의 국가 또는 지역적인 리스크 자문 시스템 그리고 이에 상당하는 조직과의 정보 접수, 문서화 및 대응 하는 역할
  - 실제적 또는 임박한 업무 중단 사고에 의해 잠재적으로 영향을 받는 이해관계자 에 대한 경고 전달
  - 업무 중단 사고 동안에 의사소통 수단의 가용성 보장
  - 긴급적인 대응 활동 인원들과의 구조화된 의사소통 강화
  - 다중의 대응조직 및 인원들 간의 정보처리 상호 운용 가능성의 보장
  - 사고, 대응 조치 및 의사결정 등의 중요한 정보에 대한 기록
  - 의사소통 시설의 운영
- 잠재적인 사고가 발행하기 전에 절차들이 수립되어야 하는데 이것의 역할은 다음과 같다.
  - 모든 국가 또는 지역의 응급 구호 시스템 또는 이와 동일한 조직으로부터 정보를 접수, 문서화 및 대응 한다.
  - 조직이 적절한 경고를 하는 것에 대한 법적 책임 또는 도덕적 책임을 가지고 있는 경우에 업무 중단 사고가 발생한 경우 잠재적으로 영향을 받을 수 있는 이해관계 자를 대한 경보를 제공해야 한다.
- 사고가 발생한 상황을 고려하여 조직은 다음을 가능케 하는 절차 마련해야 한다.
  - 사고가 지속적으로 모니터링 되고, 현지에서 관찰 또는 원격으로 모니터링, 그리고 적절한 대응인원들과의 의사소통 방법의 개발
  - 응급 서비스 기관과의 의사소통 채널 마련
  - 조직에서 역할을 가지고 있는 인원과 다양한 조직들 간의 정보 상호 처리 운영
  - 조직의 다양한 대응팀들과의 의사소통 제공
  - 직원들과 방문객 및 도급업자 등을 보살필 책임을 가진 인원들 간의 의사소통(집 또는 대체 장소 이외의 대피 장소에서 필요할 수 있음)
  - 사고, 조치 및 의사결정 등의 중요한 정보에 대한 기록 : 개인 또는 각 팀의 기록 담당 인원들에 경우

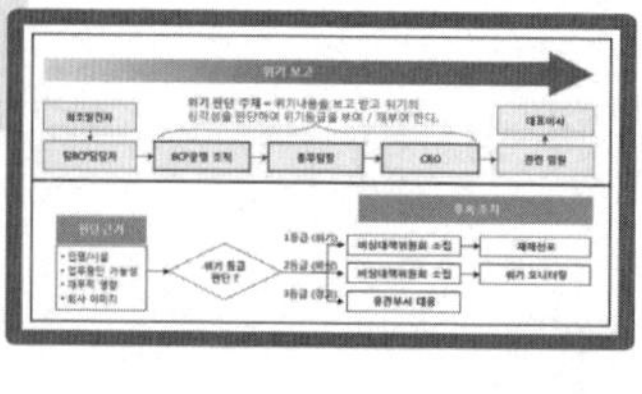

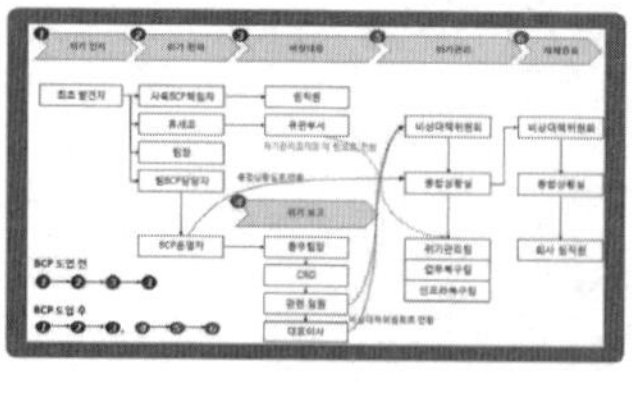

제2절 사업연속성확보계획 (BCP)

재해경감활동 (BCM)

5. BCP(절차)

- 2절 BCP
  - 1. 기본개념 — 사업연속성확보계획(Business Continuity Plan) 이란 업무영향분석(BIA) 및 위험평가(RA)의 결과를 고려하여 수립된 사업연속성 전략이 실제 실행 가능한 수준의 프로세스 및 절차로 표현 된 것이라 말할 수 있다. 여기에는 사고에 대응 하는 활동, 사업연속성을 유지하기 위한 활동, 그리고 사고가 종료 된 후에 업무를 정상적으로 복구하는 활동까지의 범위를 포함한다. 또한 이 단계에서는 사고 대응을 위한 대응 팀 그리고 사업연속성 유지를 위한 연속성 팀 등의 역할 및 책임 등을 고려하여 각 인원을 배정하는 것을 포함한다
  - 2. 구성요소 — 사업연속성확보계획이란 BCMS(재해경감활동관리체계) 범위에 따른 모든 요구 사항을 포함하여 단일한 문서 형태로 존재 할 수도 있고 다양한 절차서들의 집합으로 구성될 수도 있다. 그러나 각각의 문서화된 절차에는 목적, 범위 및 목표가 명확하게 정의되고 각 절차서에 참여하는 인원들이 효과적으로 사용할 수 있도록 이해 가능해야한다. 또한 여러 절차서 간의 실행에 있어 연관이 있는 경우에는 각각 인용되는 절차서에 대한 참조가 명확해야 하며, 또한 각 절차서를 획득하는 방법에 대해서도 정보가 포함되어야 한다.
  - 3. 재해경감활동 절차
    - 재난(사고) 관리 / 전략 관리 절차
    - 의사소통 절차
    - 안전 및 복리 후생 절차
    - 구호 및 보안 절차
    - 업무 활동 재개를 위한 절차
    - 정보 의사소통 기술(ICT) 시스템의 복구 절차
    - 복구 계획(절차)
  - 4. 사례학습 — 기업에서 수립, 운영하고 있는 사업연속성확보계획(BCP)의 실제 사례를 통해서 포함되어야 하는 주요 내용, 체계에 대해 이해한다.

1. 기본개념

재해경감활동 (BCM)

5. BCP(절차)

2절 BCP — 1. 기본개념

- 1) 일반사항
- 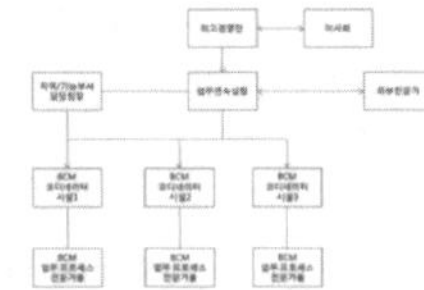
  2) 사업연속성확보계획 수립을 위한 조직의 구성
- 3) 사업연속성확보계획의 일반 원칙
  - 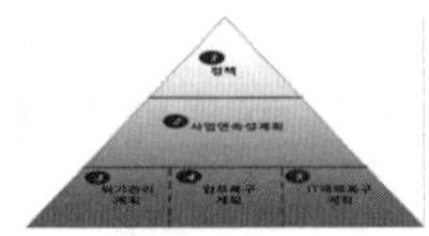
    (1) 계획서의 계층적 구조
  - 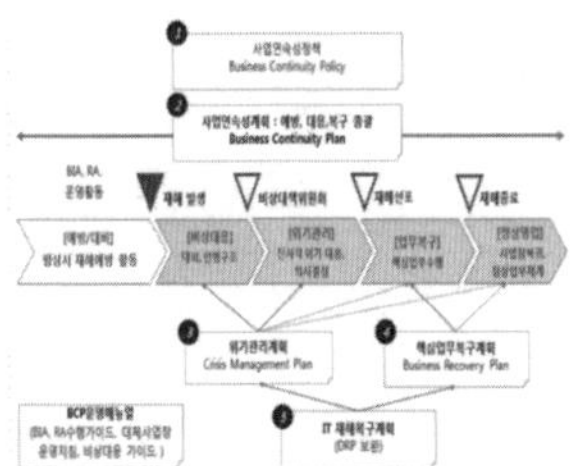
    (2) 시계열적 구조

2. 사업연속성확보계획의 구성요소

재해경감활동 (BCM)

5. BCP(절차)

2절 BCP — 2. 구성요소

- 1) 역할 및 책임

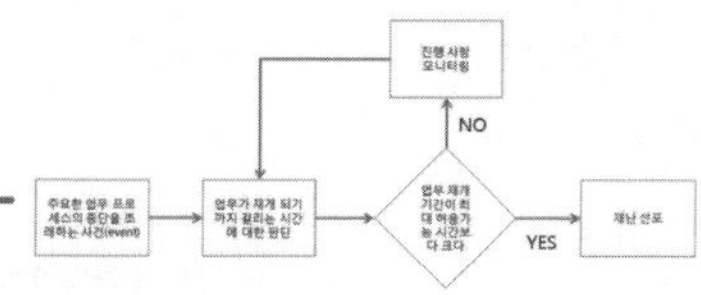

- 2) 계획의 발동 및 복귀
- 3) 재난(사고) 관리

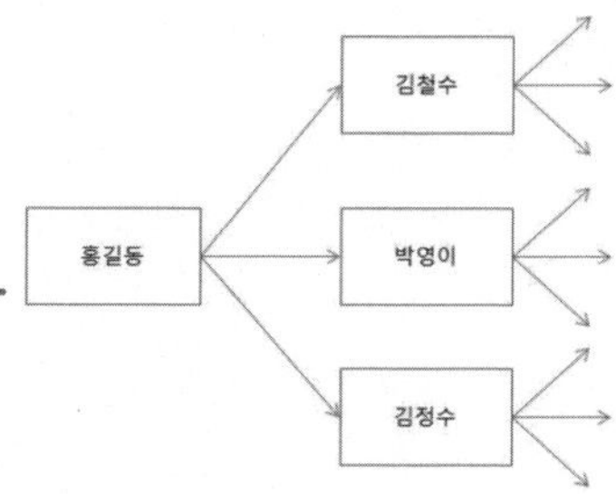

- 4) 각 문서 절차 내의 비상연락망
- 5) 의사소통

3. 재해경감활동 절차(사업연속성 절차)

재해경감활동 (BCM)

5. BCP(절차)

- 2절 BCP — 3. 재해경감활동 절차
  - 1) 재난(사고) 관리 / 전략 관리 절차
    - 재난(사고) 관리의 목적은 조직의 업무 중단에 대한 대응이 전략적인 수준에서 효 과적으로 작동하는 것을 보장하기 위해서이다. 절차서들은 조직이 사고 및 이해관계 자들과 관련된 상황 등에 직면했을 때 예상되는 모든 이슈들을 관리하는데 필요한 기 본 원칙을 포함해야 한다.
  - 2) 의사소통 절차
    - 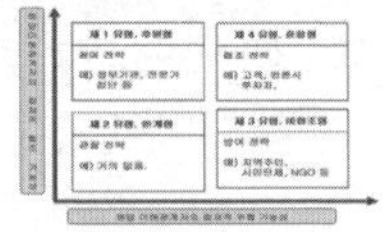
      (1) 이해관계자별 의사소통 전략 수립 절차
    - (2) 이해관계자의 분류
    - (3) 기자 회견 가이드
    - (4) 보도문 작성 가이드
  - 3) 안전 및 복리 후생 절차
  - 4) 구호 및 보안 절차
  - 5) 업무 활동 재개를 위한 절차
  - 6) 정보 의사소통 기술(ICT) 시스템의 복구 절차
  - 7) 복구 계획(절차)

4. 사업연속성확보계획 사례 학습

재해경감활동 (BCM)

2절 BCP —— 4. 사례학습 ——— 기업에서 수립, 운영하고 있는 사업연속성확보계획(BCP)의 실제 사례를 통해서 포 함되어야 하는 주요 내용, 체계에 대해 이해한다.

5. BCP(절차)

용어정의
• 영업연속성계획 (Business Continuity Plan: BCP)정전, 자연재해, 파업, 테러 등의 재해발생으로 인해 은행업무를 정상적으로 수행할 수 없는 상황 발생 시 최적허용시간 내에 핵심업무를 재개할 수 있도록 수립된 계획 또는 절차
• 영업연속성계획 절차서 (Business Continuity Planning Procedure)잠재적 피해에 대한 영향력 분석, 실행 가능한 복구 전략의 수립과 실행, 비상 상황 또는 재난 발생 시 지속한 은행의 서비스 재개를 위한 복구계획의 개발, 종합적인 훈련, 테스트 등과 같은 활동에 필요한 사항을 사전에 계획하고 준비하는 절차
• 재해 (Disaster)
조직의 일부 또는 전체에 피해를 입히고 그로 인해 일정 기간 동안 서비스 제공을 할 수 없도록 만드는 모든 유형의 사건 또는 사고
• 비상 (Emergency)
상해, 인명 피해, 물리적 피해 등을 유발시켰거나 시킬 수 있는 긴박한 상황으로서 핵심업무 마비로 확대되어 BCP선언 및 대체사업장가동이 필요하기 전 상황 (은행 정의)
• 업무중단 (Business Disruption)
자동 처리 시스템, 지원 서비스, 중요 업무 등의 중단으로 인해 은행 서비스 제공이 일정 기간 동안 불가능해진 상태로서 인적, 자연적, 기술적 재해로 인해 업무장소로의 접근이 불가능하거나 현재 업무장소에서의 업무수행이 불가능한 상황
• 복구목표시간 (Recovery Time Objective)
마비 발생 시 영향을 고려 심각한 영향이 발생되지 않는 범위에서 업무를 재개시키고자 정의한 • 최대허용가능시간(Maximum Allowable Outage: MAO) 프로세스 마비 시 심각한 손실이 발생하지 않는 업무 중단 허용시간으로서 RTO 보다는 같거나 큼
• 복구우선순위 (Recovery Priority) 재해로 인한 업무마비 발생 시 우선 복구하고자 하는 업무프로세스 순위
• 위험 평가 (Risk Assessment) 노출된 다양한 위험요인을 평가하여 위험의 우선순위를 파악하고, 특정 위험의 실현 시 영향 파악을 위해 위험 별로 노출된 핵심영업/업무를 파악하거나, 각 위험에 대한 은행의 통제방법을 개선하여 업무중단을
예방하기 위해 기존 통제 방법을 평가하는 등의 절차
• 영업영향분석 (Business Impact Analysis)
업무 중단 시 금융기관에 미치는 정량적/정성적 영향 혹은 손실을 측정하고 재해/재난 발생 시에도 수행되어야 할 최소한의 업무를 정의하는 절차로서, 업무별 목표복구시간, 복구 우선순위, 복구에 필요한 자원, 필수인력 등을 식별하는 활동
• 업무재개 (Business Resumption)
재해발생으로 인한 업무중단 발생 시 제2의 업무장소에서 핵심업무를 수행할 수 있도록 수립한 일련의 활동
또는 과정
• 재해복구 (Disaster Recovery) 중요업무 기능이 재개된 이후에 주기적인 업무의 복구를 계획하고 실행하는 과정(주로 시설 복구, IT시스템
복구 등)
• 대체사이트 (Alternative Site)
주 근무지에서 업무수행이 불가능한 경우 이를 대체하여 핵심업무를 수행할 수 있도록 사전에 준비해 놓은 대체업무 장소 (Hot site : 모든 환경 준비, Warm site : 일부 환경 보완 후 실행, Cold site : 업무 공간만 있는 환경)
대체사업장이라고도 함.
• 모의훈련 (Exercise)
BCP 실행여부 확인, 인식확산, 교육 및 훈련을 목적으로 수행되는 업무마비 가상훈련
• BCP 선언 (BCP Declaration)
권한을 가진 경영진이 재해 상황을 공식적으로 알리거나 게시하는 행위로서 BCP조직가동과 대체사업장 가동이 함께 발생됨. BCP선언 시 선언의 대상과 범위를 함께 공지함
• 중요 정보 및 기록 (Vital Information and Record) 핵심업무 수행에 반드시 필요한 정보 및 기록으로서 개인 PC, 부서 공용 PC 및 IT센터에 에 저장된 전자파일 포함하는 개념
• 업무 프로세스 또는 프로세스 (Process) 고객(외부 및 내부 고객)에게 가치를 창출시키는(Value-Added) 반복된 활동의 집합
• 핵심 업무 프로세스(Critical Business Process) 마비 시 은행에 심각한 손실을 발생시킬 수 있는 모든 활동, 기능, 프로세스 또는 서비스로서 재해 발생 시에도 수행되어야 할 최소한의 업무 (은행은 RTO 1일 이내 업무를 핵심업무로 정의하였음)
• BCP 실행전략 (BCP Executing Strategy)
내부(인적/물적) 또는 외부(관계기관/협력회사/ 인프라) 자원을 효율적이고 효과적으로 사용하여 핵심업무 재개역량을 극대화시킬 수 있는 방안을 수립하는 것 목표시간

Chapter 6. 훈련 및 테스트

<table>
<tr><th colspan="4">재해경감활동 (BCM)</th></tr>
<tr><td rowspan="12">6. 훈련,테스트</td><td rowspan="3">1절 의미와 필요성</td><td>1. 개요</td><td>사업연속성확보계획(BCP)이 실제 재해 발생 시 실효성 있게 가동되는지를 검증하기 위한 수단이 모의훈련이다.</td></tr>
<tr><td rowspan="2">2. 절차, 유형</td><td>모의훈련은 수립된 사업연속성 전략, 대응 및 복구계획의 임무와 역할을 습득하고 개선사항을 도출하여 보완하기 위해 일반적으로 아래의 절차에 따라 수행한다.</td></tr>
<tr><td>모의훈련 계획 및 개별 훈련을 위해 수립된 시나리오에 따라 모의 훈련의 목적, 위험요소 종류, 훈련 범위, 적용 대상, 자원 등을 고려하여 훈련 유형을 결정해야 한다.</td></tr>
<tr><td rowspan="3">2절 훈련계획 수립</td><td>1. 목표, 범위설정</td><td>모의훈련 수행에 앞서 훈련 목표를 명확하게 인지하고 현실적인 제약조건과 재해경감활동(BCM)의 성숙도 수준을 고려하여 훈련의 방법 및 범위를 효율적으로 선정해야 한다.</td></tr>
<tr><td>2. 훈련계획 수립</td><td>모의훈련의 목적을 달성하기 위한 실행 계획을 수립하는 단계이며, 모의훈련의 시기(timing), 방법(method), 시나리오, 예산계획, 평가기준 등을 포함하여 수립한다.</td></tr>
<tr><td>3. 계획보고 검토</td><td>모의훈련 주관부서는 모의훈련 계획에 대한 검토를 수행한 후 모의훈련 계획서를 작성하여 경영진에게 보고한다.</td></tr>
<tr><td rowspan="3">3절 수행준비</td><td>1. 준비계획수립</td><td>모의훈련을 성공적으로 수행하는데 있어서 가장 어려운 부분은 '실제 재난상황과 유사한 모의훈련 환경 및 조건'을 구축하는 것이다. '실제 재난상황과 유사한 모의훈련 환경 및 조건'을 구축하는 것은 철저한 사전 준비계획을 요구한다. 또한 모의훈련이 정상 업무 프로세스에 영향을 끼치지 않도록 구성하는 것이 중요하다.</td></tr>
<tr><td>2. 시나리오개발</td><td>수립된 모의훈련 계획에서 제시된 훈련의 종류, 선정된 재해 시나리오, 규모와 범위에 따라 상황 발생부터 훈련 종료까지의 훈련절차를 수립하고, 업무복구계획과 비상대응계획의 임무를 대상으로 각 훈련절차별 임무를 설정한다</td></tr>
<tr><td>3. 참가대상통보,사전교육</td><td></td></tr>
<tr><td rowspan="3">4절 수행 및 평가</td><td>1. 수행</td><td>모의훈련 수행 시 수행자의 역할과 업무 등을 명확히 이해하지 못한 상태에서 훈련에 참여하는 경우가 많다. 모의훈련 수행에 도움을 주고자 모의훈련 수행을 위한 참여자별 역할을 정의하고 진행 절차에 대해서 설명한다.</td></tr>
<tr><td>2. 평가 및 결과보고</td><td>모의훈련 평가는 훈련 실시 과정 중에 수행한다. 평가 시, 훈련목적 달성도나 참가자의 행동에 관해 평가하는 것으로서 평가방법을 본 단원에서 설명한다.</td></tr>
</table>

제1절 모의훈련의 의미와 필요성

1. 모의훈련 개요

<table>
<tr><th colspan="4">재해경감활동 (BCM)</th></tr>
<tr><td colspan="4">6.
훈련,
테스트</td></tr>
<tr><td colspan="4">1절 의미와 필요성</td></tr>
<tr><td rowspan="3">1. 개요</td><td colspan="3">사업연속성확보계획(BCP)이 실제 재해 발생 시
실효성 있게 가동되는지를 검증하기 위한
수단이 모의훈련이다.</td></tr>
<tr><td colspan="3">모의훈련은 어디까지나 수단이며 목적은 아니다. "훈련은 년 1회 이상 실시하는 것을 권고 있으며.." 라는 이유뿐만 아니라, "무엇을 향상시키기 위한 것이고, 무엇을 검증하기 위한 것인가" 그 목적을 명확히 하는 것으로서 훈련을 통해 위기 능력을 배양하는 것에 초점을 둔다.</td></tr>
<tr><td colspan="3">모의훈련을 계획할 때 가장 중요한 것은 훈련 목적을 명확히 하는 것이다. 훈련을 통해서 누가 무엇을 배우고 어떤 행동을 해야 하는지에 대해 명확히 하기 위한 당위성을 본 단원에서 설명한다.</td></tr>
<tr><td>모의훈련의 목적</td><td>모의훈련의 목적은 여러 가지가 있지만
일반적으로 재해 발생에 대비하여 사전에 재해
시나리오, BCM 조직, 대체사업장 등을
정의하고 부여된 과제를 수행함으로써 성된
사업연속성확보계획(BCP)의 실행가능성을
점검하고, 그 결과를 검토하고 개선
해 나가는 것에 있다. 또한
사업연속성확보계획(BCP) 계획서 범위 내에서
참가자가
모의훈련을 통해 사전에 초기 비상대응과
업무복구를 수행하여 자연스럽게 위기 대처
능력을 습득하고 개선해 나가는데 그 목적이
있다.</td><td>■ 비상대응계획 및 업무복구계획 절차에 따라
훈련함으로써 사업연속성확보계획
(BCP)의 효율성을 제고
■ 재해, 위기상황 발생 시 업무 담당자 대응
능력 향상(개인, BCP 담당자, 사원 등)
■ 운영 조직의 비상 대응능력 배양 및 숙련도
향상(조직의 대응순서, 대내·외
기관과의 연계 등의 숙련도 등)
■ 고객의 신뢰도 향상
■ 수립된 사업연속성확보계획(BCP)의
미비사항, 결함 등의 개선점을 파악</td><td>모의훈련은 구체적으로 다음과 같은 사항들을
점검해야 한다.
■ 훈련 참여자들의 대해
사업연속성확보계획에 대한 목표 및 훈련 목적
숙지
■ 재해 가상 시나리오에 근거한 실제 재해
상황 대응 훈련
■ 업무복구절차 소요시간 최적화 방안 도출
■ 비상연락체계 가동에 대한 대응 적절성 검증
및 역할 숙지
■ 모의훈련 시 업무복구 최적 절차 확정 및
절차 별 목표 수행시간 검증
■ 이전 모의훈련에서 보완된 비상대응,
업무재개 및 복구절차 실효성 검증
■ 복구목표시간(RTO) 내 업무재개 및
복구수행 달성
■ 모의훈련 결과에 대한 피드백
■ 모의훈련 평가자 및 평가 내용에 대한
적절성 검토

기대효과
수립된 사업연속성확보계획(BCP)의
실행가능성을 강화하기 위해 사업연속성확보
계획(BCP)을 기본으로 훈련을 실시하고 검증
후 문제점 개선 및 평가 등을 실시하는
것이 중요하다.
더욱이 사업연속성확보계획(BCP)의 대상이
되는 모든 조직이나 개인이 필요한 지
식과 기능을 이해 및 습득하고 숙련함으로써
조직이나 개인의 위기대응능력을 향상시
킬 수 있고, BCP 실효성을 높이는 효과를
기대할 수 있다</td></tr>
<tr><td colspan="4">모의훈련 필요성
사업연속성확보계획(BCP)은 재해 발생 시 대응을 대전제로 하고 있다. 실제 재해발생 시 계획만으로는 적절히 대응하기 어렵다. 실전을 위해 관련된 지식과 기능 습득이 필요하지만 계획을 이해하는 것과 실천하는 것은 별개의 문제다. 이를 위해 화재나 긴급 상황 등에 관한 지식 및 기능 교육을 수행하고 검증하는 모의훈련이 재해 시 대응능력을 향상시키는데 필요하다.
재해 시 대응에 대해 고려할 점이나 대처 능력은 평상시와 달리 고려해야 할 부분이많다. 따라서 재해가 발생하면 대응할 수 있다는 생각을 버리고, 각종 재해 대책과 행하여 교육훈련을 수행할 필요가 있다.</td></tr>
</table>

2. 모의훈련 절차 및 유형

재해경감활동 (BCM)

6. 훈련, 테스트

1절 의미와 필요성

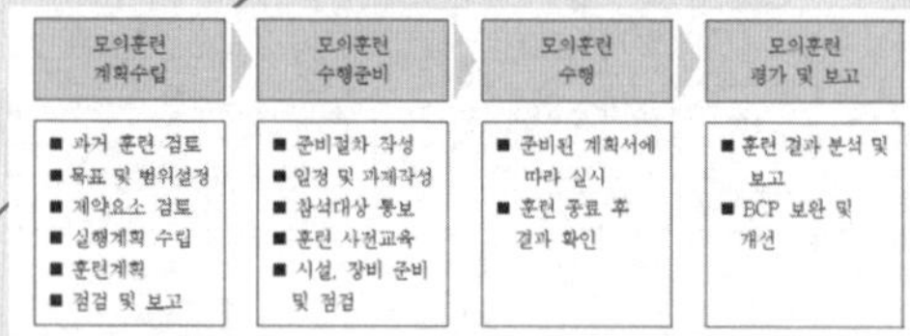

모의훈련 절차

모의훈련 유형
모의훈련 계획 및 개별 훈련을 위해 수립된 시나리오에 따라 모의훈련의 목적, 위험요소 종류, 훈련 범위, 적용 대상, 자원 등을 고려하여 훈련 유형을 결정해야 한다.
훈련은 중소기업의 규모나 예산을 생각한다면 그다지 규모가 크지 않은 테스트, 예를 들어 전사규모에서 업무를 정지시키는 테스트를 한다는 것은 거의 불가능하고, '업무에 지장이 없는 범위 내에서' 실시할 수밖에 없다. 본문에서는 일반적인 훈련 유형으로 구분하였다.

2. 절차, 유형

훈련 종류	절차	참가자	훈련 횟수	복잡성
도상훈련 (Desk Check)	■ 훈련계획의 구조와 내용을 확인하기 위한 준비단계이다.	■ 훈련 계획자 ■ 별도의 관리자(검증)	많음 ▲	낮음 ▲
시운전 (Walk Through)	■ 참가자의 상호작용과 역할을 확인하기 위하여, 도상훈련을 확대하여 실시한다.	■ 훈련 계획자 ■ 주요참가자	|	|
시뮬레이션 훈련 (Simulation Exercises)	■ 다음의 관련계획을 편성한다. - 업무계획 - 건물 - 의사소통	■ 주요참가자 : - 참관인 - 코디네이터	|	|
활동훈련 (Activity Test)	■ 업무별 다른 사이트로 이동한다. 대체 사업장에서 현재 수행하고 있는 업무를 재현한다.	■ 업무지역의 종업원 ■ Hot Site[2]의 공급업체 ■ 참관인 ■ 코디네이터	|	|
전체모의훈련 (Full Test)	■ 건물전체의 기능을 일시 정지시키고 업무를 재배치한다. ■ 실제 재해 시뮬레이션으로 역할을 부여받은 참가자는 신속하게 임기응변 상황대응을 해야만 한다. 팀이 대체사업장로 이동하거나, 필요한 경영자원을 투입하기도 한다. 업무시간 중에 훈련을 발동하는 경우도 있다.	■ 건물 내의 모든 종업원 ■ Hot Site의 공급업체 ■ 참관인 ■ 코디네이터	▼ 적음	▼ 높음

BCI GPG 2008

BCI GPG 2013

토론기반훈련(Discussion-based Exercises)

도상훈련(Table Top Exercises)

지휘소훈련(Command Post Exercises)

실전훈련(Live Exercises)

테스트(Test)

제2절 모의훈련 계획 수립

1. 모의훈련 목표 및 범위 설정

재해경감활동 (BCM)

6. 훈련,테스트

2절 훈련계획 수립			
1. 목표, 범위설정	모의훈련 수행에 앞서 훈련 목표를 명확하게 인지하고 현실적인 제약조건과 재해경감활동(BCM)의 성숙도 수준을 고려하여 훈련의 방법 및 범위를 효율적으로 선정해야 한다.	1) 모의훈련 목표 설정	훈련계획, 준비 및 실행은 목표 달성을 위한 일관성을 가지고 있어야 함
			사업연속성확보계획(BCP)의 실행가능성에 대한 점검
			재해 상황 시 복구 및 업무재개를 위한 팀 및 개개인의 역할에 대한 교육 및 숙달
		2) 모의훈련 범위 설정	훈련대상 업무선정
			사업연속성확보계획 중 모의훈련을 실시할 부분(단계, 절차 혹은 임무)
			모의훈련 주관부서, 모의훈련을 실시할 단위부서 및 부서별 참여인력 규모
			사업 파트너, 벤더 및 모의훈련을 지원할 공급자의 범위
		3) 모의훈련 제약요소 검토	제한된 모의훈련 예산 등의 재무적인 제약사항
			정상적인 업무에 지장
			대외비 데이터나 문서 혹은 보안에 민감한 시스템이나 시설물로의 접근 등 보안에 대한 고려
			적합한 보안카드의 발급 및 승인 등 사전보안조치 필요
			대체사업장으로 이동하는데 걸리는 시간의 제약
			기술적 지원 등 품질의 제약
			공간의 제약
			모의훈련 주관부서 능력의 한계

2. 모의훈련 계획 수립

재해경감활동 (BCM)

6. 훈련,테스트

2절 훈련계획 수립

2. 훈련계획 수립

모의훈련의 목적을 달성하기 위한 실행 계획을 수립하는 단계이며, 모의훈련의 시기(timing), 방법(method), 시나리오, 예산계획, 평가기준 등을 포함하여 수립한다.

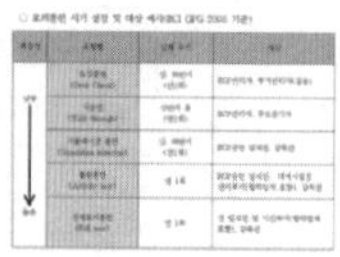

1) 모의훈련 시기 설정

- 모의훈련 주관부서는 모의훈련 실행에 대한 연간 계획을 수립하며, 수립된 연간계획을 근거로 개별 모의훈련의 시기를 결정한다.
- 전체모의훈련(Full Test)은 통상 연 1회 이상 실시하며, 비상연락망 가동 훈련(Call-Tree Drill)), 활동훈련(Activity Test), 도상훈련(Desk Check) 등 훈련 유형별로 일정 주기를 정하여 실시한다.
- 모의훈련의 일시 및 기간을 설정하기 위하여 각종 제약조건과 필요자원(각종 설비, 장비 등)의 가용여부를 고려해야 한다.
  - 특정부서의 업무 집중일 및 경영진의 일정
  - 소프트웨어와 데이터
  - 대체 복구 시설

2) 모의훈련 방법 선정

- ① 모의훈련 방법 선정은 도상훈련, 시운전훈련, 시뮬레이션훈련, 활동훈련, 전체모의훈련 중에서 적합한 훈련 방법을 선정하고, 사전공지 혹은 미공지로 실행할 것인지 여부에 대하여 결정함
- ② 도상훈련 같은 보다 쉽고 기본적인 훈련방법으로부터 활동훈련, 전체모의훈련으로 규모와 복잡성을 늘려가는 것이 일반적으로 권장되는 방안임
- ③ 국내 금융권에서 수차례 발생한 IT 장애의 막대한 영향을 고려하면 IT장애를 재난으로 보는 시뮬레이션훈련(Simulation exercise)이 중요시 되고 있음
  ※ 선진국에서는 업무시간 중에도 고객에 사전 통보를 한 후, IT장애나 Blackout을 유도하여 실제 IT의 가용성을 테스트 하고 있음

3) 재해 시나리오 선정

- 모의훈련 시나리오는 모의훈련 계획의 핵심 요소로서 다음의 요소를 고려하여 선정하여야 한다.
  위험평가(Risk Assessment)에서 다루었던 재해요인 중 선택
  신뢰성을 더욱 높이기 위해 실제 사상자가 발생하였던 사건과 결부시킬 수도 있음
  (예 : 9.11 테러, 미국/캐나다의 대규모 정전 사태 등)

4) 예산계획 수립

- 모의훈련 예산 규모는 설정된 모의훈련의 목표 및 범위에 따라 계획을 수립 하며, 다음 항목들을 고려하여 책정한다.
  교통비, 통신요금, 식비 및 숙박비시스템 및 장비들에 대한 비용 대체사업장 사용료(외부시설 사용 시) 협력업체 직원 수고비 기술지원비용 등

5) 모의훈련 평가기준 수립

- 모의훈련 수행 중 평가기준에 의한 평가가 이루어져야 하며, 모의훈련 계획단계에서 평가기준을 미리 작성하는 것은 훈련 목적을 달성하기 위한 효과적인 계획 작성을 용이하게 한다. 평가기준은 사업연속성확보계획(BCP)을 구성하는 각각의 부분들에 대해 수립되어야 하며 일반적으로 다음 사항을 포함한다.
  모의훈련 목표의 달성 여부 훈련 참가자의 업무수행 가능여부 및 성과 모의훈련 계획의 정확성 및 타당성 필요 자원 및 업무복구 시설들의 적정성

6) 모의훈련 점검사항 개발

- 모의훈련의 실패가능성을 최소화하기 위해 모의훈련 계획 전반에 걸친 잠재적 리스크들을 인식하고 사전에 통제하기 위하여 수행된다.

3. 모의훈련 계획 보고 및 검토

재해경감활동 (BCM)

6. 훈련,테스트

2절 훈련계획 수립

3. 계획보고 검토

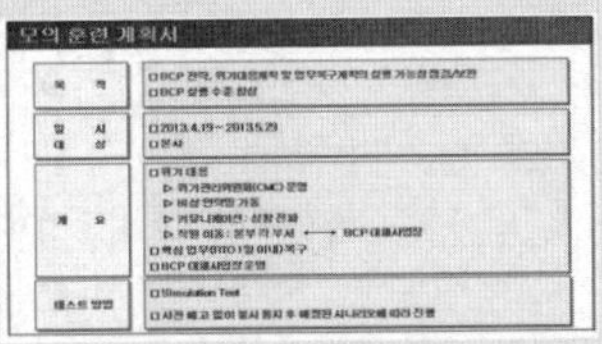

모의훈련 주관부서는 모의훈련 계획에 대한 검토를 수행한 후 모의훈련 계획서를 작성하여 경영진에게 보고한다.

- 모의훈련 일시
- 모의훈련 목표
- 모의훈련 범위
- 제약사항
- 선정된 모의훈련 방법
- 재해발생 시나리오
- 훈련 참가 부서 및 인원
- 모의훈련 자원 준비활동
- 인력 이동계획
- 장비 및 시설(대체사업장 등)의 준비
- 모의훈련 진행계획(BCP 실행 준비단계, 실시단계, 평가단계)
- 평가기준
- 모의훈련 리스크
- 예산 계획

제3절 모의훈련 수행 준비

1. 모의훈련 준비계획 수립

재해경감활동 (BCM)

6. 훈련,테스트

3절 수행준비

1. 준비계획수립

모의훈련을 성공적으로 수행하는데 있어서 가장 어려운 부분은 '실제 재난상황과 유사한 모의훈련 환경 및 조건'을 구축하는 것이다. '실제 재난상황과 유사한 모의훈련 환경 및 조건'을 구축하는 것은 철저한 사전 준비계획을 요구한다. 또한 모의훈련이 정상 업무 프로세스에 영향을 끼치지 않도록 구성하는 것이 중요하다.

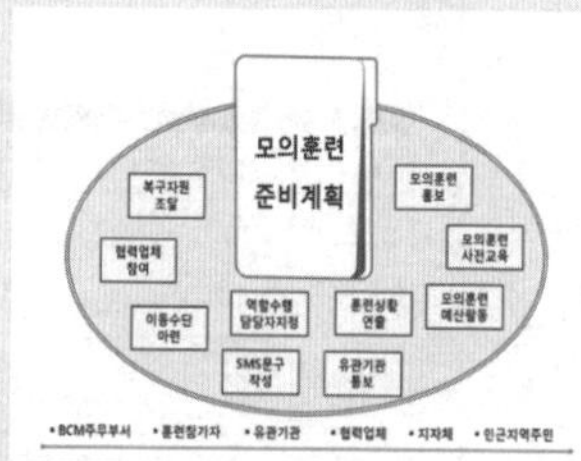

(1) 준비계획 작성 요령
준비계획 작성 시, 우선 모의훈련의 유형과 범위를 고려하여 필요한 준비사항과 전체 준비일정을 정리한 후 각 준비사항 별 담당자를 지정하고 준비활동 내용, 일정 및 장소, 예산활동 등의 내용으로 작성한다. 필요에 따라 준비양식을 사전에 만들어 준비계획 수립에 활용한다.

(2) 준비사항
모의훈련의 유형과 범위에 따라 필요한 준비사항은 달라질 수 있으며, 일반적으로 BCM(재해경감활동) 모의훈련에 필요한 준비사항은 표와 같다.

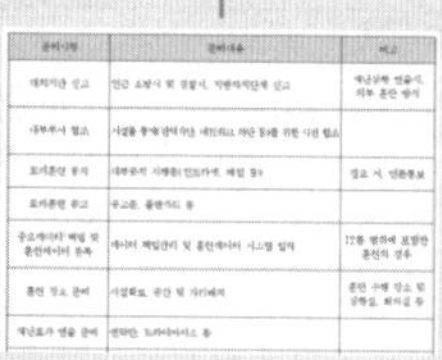

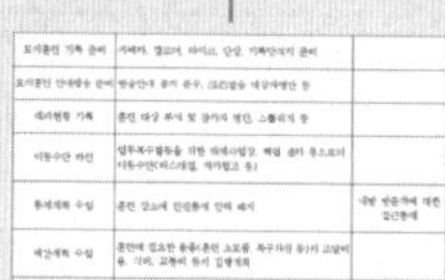

○ 모의훈련 수행 준비 체크리스트(Checklist) 예시

준비구분	준비사항	준비예정일자	준비완료일자	준비여부	담당자
사전협조	대외기관 신고				
	내부부서 협조				
	모의훈련 공지				
	모의훈련 공고				
훈련준비	중요데이터 백업 및 훈련데이터 등록				
	훈련 장소 준비				
	재난효과 연출 준비				
	모의훈련 기록 준비				
	모의훈련 안내방송 준비				
	대외현황 기록				
	이동수단 마련				
	통제계획 수립				
예산활동	예산계획 수립				
	필요물품 조달				

모의훈련 계획을 수립한 후, BCM(재해경감활동) 주관부서에서는 효율적으로 모의훈련을 준비하기 위해 훈련에 필요한 준비사항을 도출하고 이를 마련하기 위한 모의훈련 준비계획을 수립한다. 모의훈련 준비계획에는 수행 담당, 소요예산, 준비일정, 이해관계자 등의 요인이 고려되어 있어야 한다.

(3) 준비사항 점검
모의훈련 주무부서는 각 준비사항 담당자별로 준비완료에 대한 보고를 받은 후, 준비사항에 대해 아래와 같은 모의훈련 준비 점검 체크리스트(Checklist)를 활용하여 훈련에 차질이 발생하지 않도록 준비사항을 점검한다.
준비가 미비한 사항에 대해서는 별도의 조치계획을 작성하여 준비담당자를 통해 완료할 수 있도록 한다

(4) 훈련 설비 및 필요자원 조달
모의훈련을 위한 필요자원에 대해 조달업무를 담당하는 부서와 함께 필요자원에 대한 명세서 작성과 조달 및 점검을 모의훈련 일시 이전에 완료해야 한다. 또한 모의훈련 대상 및 범위에 복구자원 조달 등의 절차가 포함되어 있을 시, 조달업무 부서 역시 모의훈련에 참여할 수 있다.
모의훈련의 시작 전, 최종 리허설까지 훈련 설비 및 자원에 대한 점검을 수행해야 한다.

2. 모의훈련 시나리오 개발

재해경감활동 (BCM)

6. 훈련,테스트

3절 수행준비

2. 시나리오개발	1) 모의훈련 절차 수립 수립된 모의훈련 계획에서 제시된 훈련의 종류, 선정된 재해 시나리오, 규모와 범위에 따라 상황 발생부터 훈련 종료까지의 훈련절차를 수립하고, 업무복구계획과 비상대응계획의 임무를 대상으로 각 훈련절차별 임무를 설정한다. 훈련 대상으로 선정된 재해유형의 실제 피해를 분석하고 이에 대한 피해를 복구하기 위해 필요한 조치사항을 파악하는 훈련 임무로 설정해야 한다.	
	2) 모의훈련 일정계획 수립 모의훈련 절차 별 수행하는 임무를 확인하고 임무수행에 필요한 시간을 고려하여 일정계획을 작성한다. 일정계획 수립 시 고려해야 할 사항은 아래와 같다.	① 모의훈련에 할당된 시간 고려
		② 훈련 절차의 수행시간 고려
		③ 복구대상 업무의 복구목표시간 고려
		④ 이동계획 고려
		⑤ 협력업체 및 외부기관 일정 고려
		⑥ 그 외 준비시간, 식사시간, 훈련 결과평가 및 강평시간 등 고려
	3) 상세 시나리오 작성 모의훈련 시나리오는 재해 발생 경과부터 각 상황 마다 누가, 언제, 어디서, 무엇을, 어떻게 수행하는지를 파악할 수 있도록 구체적으로 작성하여야 한다. 미리 정해진 모의훈련 일정계획 안에서 이루어 질 수 있도록 시나리오를 준비한다.	(1) 재해 시나리오 모의훈련 계획 수립 시 선정된 재해 상황설명을 재해 발생 일시 및 진행현황, 업무중단으로 인한 조직의 인적, 물적 자원 피해현황을 아래 재해발생시나리오 작성원칙에 따라 작성한다. 재해발생 시나리오는 가능한 실제 사례를 바탕으로 재해 상황을 전개하여 누구나 공감할 수 있도록 구체적으로 작성한다. ① 재해요인의 발생정보 및 진행현황 - 최초 발생정보 및 진행경과 - 재해요인의 규모 및 예상 피해 - 긴급대응 현황 ② 조직의 인적, 물적 자원 피해 현황 - 임직원 및 협력업체 인력 피해 현황 - 건물 및 시설인프라 피해 현황 - 중요 기록 및 문서 유실 현황 - 장비 및 정보시스템 운영 및 업무 중단 현황
		(2) 임무 시나리오 모의훈련 계획 수립 시 선정된 훈련 범위에 따라 훈련 참가대상에게 기관 및 부서단위 또는 개별 임무를 부여하고 각 임무별 상세 수행내용을 작성하며, 이는 업무복구계획에 준한 임무를 부여한다. 계획상의 임무를 모의 상황과 연결 지음으로써 이론과 실천, 추상과 구체성 간의 괴리를 줄이는 것이 목적이며, 가능한 임무에 대해 상세히 설명하여 훈련 참가자가 자신의 임무에 대해 쉽게 이해할 수 있도록 한다.
		4) 모의훈련 양식 준비 임무수행 양식은 과제명, 담당부서, 담당자, 주요 내용 등을 포함하여 작성할 수 있도록 개발(또는 BCM 양식지 활용)하며, 임무수행 결과 평가 양식은 과제 수행결과, 훈련 단계별 성과, 이슈사항 및 개선 제안 등의 항목을 포함하여 모의훈련 결과 분석 시 데이터로 활용할 수 있도록 훈련 양식을 개발해야 한다.

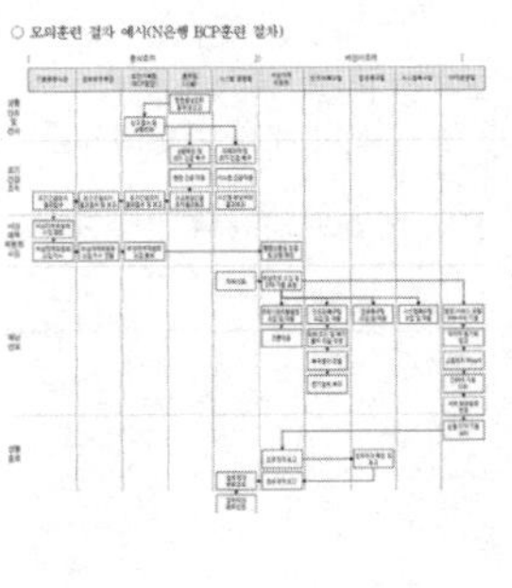

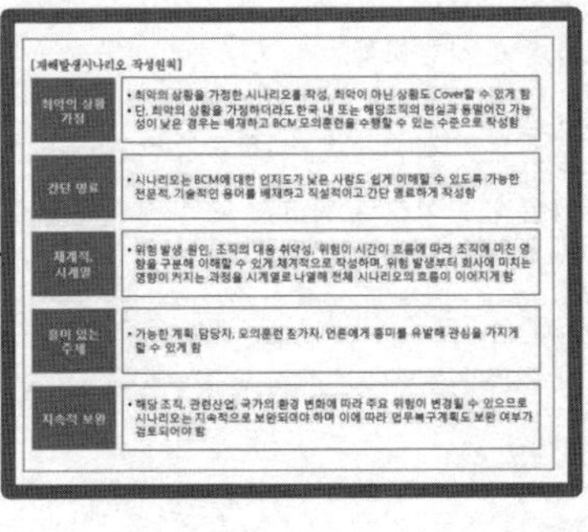

[재해발생시나리오 작성원칙]

최악의 상황 가정	• 최악의 상황을 가정한 시나리오를 작성, 최악이 아닌 상황도 Cover할 수 있게 함 • 단, 최악의 상황을 가정하더라도 한국 내 또는 해당조직의 현실과 동떨어진 가능성이 낮은 경우는 배재하고 BCM 모의훈련을 수행할 수 있는 수준으로 작성함
간단 명료	• 시나리오는 BCM에 대한 인지도가 낮은 사람도 쉽게 이해할 수 있도록 가능한 전문적, 기술적인 용어를 배재하고 직설적이고 간단 명료하게 작성함
체계적, 시계열	• 위험 발생 원인, 조직의 대응 취약성, 위험이 시간이 흐름에 따라 조직에 미친 영향을 구분해 이해할 수 있게 체계적으로 작성하며, 위험 발생부터 회사에 미치는 영향이 커지는 과정을 시계열로 나열해 전체 시나리오의 흐름이 이어지게 함
흥미 있는 주제	• 가능한 계획 담당자, 모의훈련 참가자, 언론에게 흥미를 유발해 관심을 가지게 할 수 있게 함
지속적 보완	• 해당 조직, 관련산업, 국가의 환경 변화에 따라 주요 위험이 변경될 수 있으므로 시나리오는 지속적으로 보완되어야 하며 이에 따라 업무복구계획도 보완 여부가 검토되어야 함

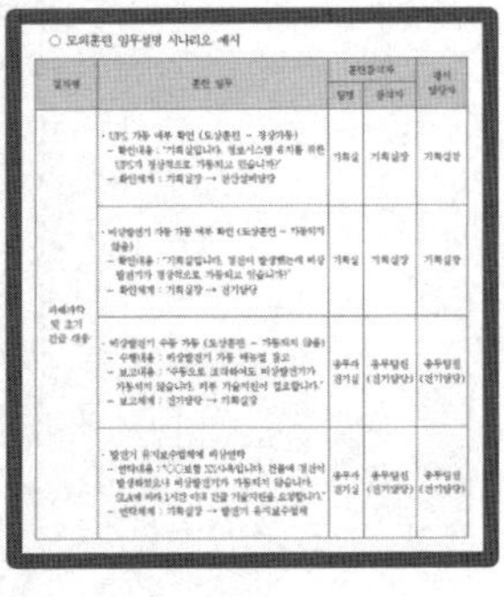

3. 참가대상 통보 및 사전교육

재해경감활동 (BCM)

6. 훈련, 테스트

3절 수행준비

3. 참가대상통보, 사전교육

1) 훈련공지 및 참가자 개별통보
① 계획 시 수립한 훈련 일시 및 참석 대상을 확정하여 참석 대상자에게 공지함
② 참석 대상자는 재해 시나리오를 참조하여 사업연속성을 확보하기 위해 해당 업무담당자로 선정
③ 모의훈련 참석자는 모의훈련을 수행할 뿐만 아니라 모의훈련을 준비하는 역할도 수행함
④ 모의훈련 목표와 범위에 따라 참석하는 대상의 규모, 구조를 결정

2) 이해관계자 협조요청
재해 발생 시 필요 또는 관련된 내・외부 이해관계자(의사소통 대상)를 파악한 후 대상별 의사소통 채널 및 수행방안을 수립한다.

○ 재해 시 의사소통 대상이 되는 내・외부 이해관계자 예시

대상		의사소통 내용
내부	OO 본부	재해 상황/조치 결과, 대응요령, 업무지침
	OO 센터	재해 상황/조치 결과, 대응요령, 업무지침
	지부	재해 상황/조치 결과, 대응요령, 업무지침
외부	정부감독기관	재해 상황/조치 결과, 규제 사항에 대한 위반 여부
	일반고객	업무 지속 제공 여부, 요청업무 처리 상태
	참가은행 및 기관	재해 상황/조치 결과, 대응요령, 업무지침
	협력업체	서비스, 시설관리 등에 대한 공지 또는 추가 공급 여부
	경찰서	주변지역 통제 요청, 위법행위
	소방서	화재진압, 인명 대피/구조 지원
	병원	응급 구조, 구급차
	전화국	전화 회선 및 통신망 점검
	기타 공급업체 등	긴급 필요물자 제인 및 수량
비 고		외부관계자와의 커뮤니케이션은 대상에 따라 원내 연관부서에 협조 요청

3) 모의훈련 사전교육
① 참석자의 훈련 시 임무 숙지를 위해 훈련내용을 모의훈련 1주일 이전에 발송
② 모의훈련 실시 2~3일 전 참석자를 대상으로 모의훈련 절차 및 개인 임무시트를 배부하고 교육 실시
③ 교육은 일반적으로 워크숍 또는 강의 형태로 진행하며, 경우에 따라서 간략한 훈련(개인 임무 숙지여부 파악목적)을 실시 가능

[ISO 22301 해설 Tip]
7.4 커뮤니케이션
조직은 다음 사항을 위한 절차를 수립, 시행 및 유지관리 하여야 한다.
- 커뮤니케이션 기능이 마비된 기간 동안 사용될 목적으로 한 커뮤니케이션 역량에 관한 운영 및 테스트 수행

제4절 모의훈련 수행 및 평가

재해경감활동 (BCM)

6. 훈련,테스트

4절 수행 및 평가

1. 수행

1) 모의훈련 수행을 위한 역할 및 책임(R&R) 정의
모의훈련 수행을 위해서는 진행을 담당하는 진행팀(Controller), 직접 훈련에 참여하는 참여팀(Player), 수행 전반을 평가하는 평가팀(Evaluator)으로 구성된다.

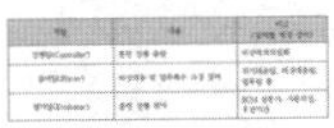

(1) 진행팀(Controller)
진행팀은 훈련 수행 시 진행 일정 관리 및 진행에 따라 발생되는 문제 해결 등 모든 상황을 총괄한다. 진행팀은 훈련 진행에 필요한 진행 절차를 인지하고 참여팀의 훈련 수행에 도움을 주는 역할을 수행하기 위한 의사소통 능력을 갖추어야 한다.
진행팀 중에서는 훈련 전체를 총괄 또는 상황을 부여하는 담당자도 있다.
진행팀의 인원수는 훈련규모(참여자의 수)에 따라 적절하게 인원을 배치한다.
소규모(2~3명)~대규모(수십명) 편성까지 그 경우가 다양하다.

(2) 참여팀(Player)
참여팀은 모의훈련 수행 시 실질적인 비상대응 및 업무복구 과정에 직접적으로 참여한다.

(3) 평가팀(Evaluator)
훈련에 직접 참여하지는 않으며, 훈련 진행 상황을 관찰하여 수행에 따른 시행착오 및 장단점 등을 파악하여 다음 훈련에 반영할 수 있도록 피드백을 제공한다.

2) 모의훈련 진행 절차
모의훈련은 계획된 일정에 따라 진행한다. 일정계획에 따라 훈련 진행팀(Controller)의 관리 하에 진행한다.

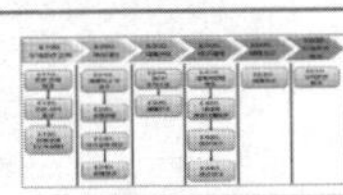

3) 모의훈련 진행 단계별 점검사항

1. 모의훈련 수행

2. 모의훈련 평가 및 결과보고

<table>
<tr><th colspan="3">재해경감활동 (BCM)</th></tr>
<tr><td colspan="3">6. 훈련,테스트</td></tr>
<tr><td colspan="3">4절 수행 및 평가</td></tr>
<tr><td rowspan="9">2. 평가 및 결과보고</td><td rowspan="2">1) 모의훈련 평가
모의훈련 평가는 모의훈련이 실행되는 동안
평가자(Evaluator)에 의해 수행되며,
주요 평가 항목 및 주요 사건별 대응조치에 대한
평가와 테스트에 대한 전반적인 피드
백을 수렴하여 BCP 내용 및 향후 BCP 모의훈련
계획 수립에 반영될 수 있도록 한다.</td><td>1) 모의훈련 평가
모의훈련 평가는 모의훈련이 실행되는 동안 평가자(Evaluator)에 의해 수행되며, 주요 평가 항목 및 주요 사건별 대응조치에 대한 평가와 테스트에 대한 전반적인 피드백을 수렴하여 BCP 내용 및 향후 BCP 모의훈련 계획 수립에 반영될 수 있도록 한다.</td></tr>
<tr><td>(2) 모의훈련 설문
모의훈련이 진행 완료된 이후 에는 각 참여자에게 모의훈련에 대한 설문 조사를 실시하여 모의훈련의 개선 및 보완이 필요한 사항을 파악하고 향후 반영될 수 있도록 한다.</td></tr>
<tr><td rowspan="3">2) 결과보고
모의훈련 종료 후 BCP 팀은 모의훈련 수행 결과를 보고서로 작성하여 관계자(관리자 및 경영진)에게 보고할 수 있도록 한다.</td><td>(1) 결과 보고 주관
모의훈련이 종료된 이후에는 모의훈련을 주관한 BCP 팀에서 모의훈련 수행 결과에 대한 보고를 수행한다.</td></tr>
<tr><td>(2) 모의훈련 보고 시기
모의훈련 종료 후 1주일 이내에 BCP 팀이 작성하여 관리자 및 경영진에 보고한다.</td></tr>
<tr><td>(3) 모의훈련 결과 보고 항목
모의훈련 결과 보고는 업무별로 다르지만 공통적으로 아래의 항목을 포함하여 작성한다.
① 모의훈련 목적, 범위, 일정
② 모의훈련 참여 부서
③ 모의훈련 참여자
④ 모의훈련 내용(시나리오)
⑤ 모의훈련 각 수행 단계별 수행 결과
⑥ 모의훈련 평가 결과
⑦ 모의훈련 설문 조사 결과
⑧ 모의훈련 개선 및 향상 필요 분야
⑨ 기타(추가항목)
○ 모의훈련 평가 결과 예시</td></tr>
<tr><td rowspan="4">3) 조치계획 수립
훈련 조치계획 수립은 훈련 수행 결과를 평가한 다음 훈련을 대비해 개선해 가는 과정이다. 제조업의 경우 평가순서나 고려사항은 '개선활동'과 같다. 훈련은 BCP의 효율성과 재해 시 업무 복구 대응력을 높이고, 훈련 결과에서 나온 해결 과제의 대응책을 검토함으로써 착실히 개선해 나가는 것이 중요하다.</td><td>(1) 개선 과제 도출
모의훈련 평가 결과에서 많은 과제를 도출한다.
다음은 모의훈련 평가 결과 분석 후 도출된 예시를 보여준다.</td></tr>
<tr><td>(2) 개선계획 수립
모의훈련에서 도출된 과제를 개선하기 위해 필요한 대책은 누가, 언제 수행 할지를 명확히 계획하여 순서대로 진행한다. 개선계획은 BCP의 남은 과제를 계속 관리할 Tool로서 활용하며 Tool을 기반으로 BCP를 운영 및 관리를 함으로써 BCP의 실효성 향상을 측정하는데 활용한다.</td></tr>
<tr><td>(3) 개선계획 모니터링
개선점이 계획된 대로 다음 훈련 또는 순서대로 착실히 진행되고 있는지 감시 할 필요가 있다. 완료된 개선조치에 대해서 다음 모의훈련 수행 시 충분히 검증한다.</td></tr>
<tr><td>(4) 개선결과 보고
모의훈련 개선조치 결과를 관리자 및 경영진에 보고한다.</td></tr>
</table>

Chapter 7. 모니터링 및 평가, 개선

- 재해경감활동 (BCM)
  - 7. 모니터,평가, 개선
    - 1절 유지관리 개요
      - 1. 목적
      - 2. PDCA모델 관점BCM유지관리
      - 3. 관리표준 및 22301요구사항
      - 4. BCM유지관리운영
    - 2절 모니터링, 평가
      - 1. 개요
      - 2. 사업연속성 모니터링 방안
      - 3. 재해경감활동 절차평가방안
      - 4. 모니터링 및 평가 활동 결과 반영
    - 3절 내부감사
      - 1. 개요
      - 2. 내부감사 방향성
      - 3. 내부감사 운영기준
      - 4. 내부감사 체크리리스트
    - 4절 경영진 검토
      - 1. 개요
      - 2. 경영진 주요 역할
      - 3. 절차
      - 4. 검토범위
      - 5. 검토 돌출사항
    - 5절 지속개선
    - 6절 문화확산
      - 1. 개요
      - 2. 주요 고려사항
      - 3. 문화 확산 방안
      - 4. 문화 확산 사례

재해경감활동 (BCM)

7. 모니터,평가,개선	
1절 유지관리 개요	1. 재해경감활동관리체계(BCMS) 유지관리 활동 목적에 대해 이해한다. 2. 재해경감활동관리체계(BCMS) 유지관리 Framework을 이해한다. 3. 재해경감활동관리체계(BCMS) 유지관리 프로세스와 관련된 이슈들을 이해한다.
2절 모니터링, 평가	1. 재해경감활동 모니터링 및 평가 목적 및 Framework에 대해 이해한다. 2. 재해경감활동 모니터링 방안 및 절차에 대해 이해한다. 3. 재해경감활동 평가 방안 및 절차에 대해 이해한다.
3절 내부감사	1. 내부감사 중요성에 대해 이해한다. 2. 내부감사 운영기준을 이해한다. 3. 내부감사를 위한 체크리스트(Checklist) 작성법을 이해한다.
4절 경영진 검토	1. 재해경감활동 유지관리를 위한 경영진의 역할과 책임에 대해 이해한다. 2. 경영진의 재해경감활동 검토 범위에 대해 이해한다. 3. 재해경감활동 운영상 경영진 참여에 대한 중요성을 이해한다.
5절 지속개선	1. 사업연속성 유지관리 활동에 따른 개선 활동의 중요성에 대해 이해한다. 2. 지속적 개선 활동 절차에 대해 이해한다. 3. 지속적 개선 활동 사항에 대한 문서화의 필요성에 대해 이해한다.
6절 문화확산	1. 조직 내 사업연속성관리체계 정착을 위한 문화 확산 활동의 당위성 및 중요성에 대해 이해한다. 2. 사업연속성 문화 확산 절차 및 주요 내용에 대해 이해한다.

제1절 재해경감활동관리체계 유지관리 개요

1. 목적

재해경감활동 (BCM)

7. 모니터,평가,개선		
1절 유지관리 개요	1. 목적	재해경감활동(BCM) 유지관리 프로세스의 목적은 조직의 BCM 역량이 내부적인 비즈니스 프로세스의 변경이나 외부적인 영향을 받더라도 변함없이 효과적으로 유지되도록 보장하는 것이다. BCM 유지관리 프로그램은 조직이 경험하는 계속되는 변화에도 불구하고 항상 사건에 응대할 준비가 되어 있음을 확인해 주는 활동으로, 이러한 프로그램이 효과적이기 위해서는 분리된 구조, 프로세스가 아닌 조직의 일상적인 경영활동 속에 내재, 융합되어야 한다.
		BCM 유지관리 프로그램에는 모니터링 및 평가, 내부감사, 경영진 검토, 개선 및 문화 확산 활동이 포함된다. 이를 통해 조직의 BCM 전과정에 대한 실행 측면과 조직 복원성 수준 측면 모두에서 개선점을 파악한다. • BCM 프로그램 평가 - 사업연속성확보계획 등 BCM 관련 문서 및 활동은 지속적으로 유지관리 및 점검되어 BCM이 지속적으로 개선될 수 있도록 함 • BCM 전과정 개선점 파악 – BCMS(재해경감활동관리체계)를 운영하는 것은 새로운 활동이나 기법을 추가하는 것이 아니라 BCM을 지속적으로 운영하여 완성도를 높여가며 조직 내 BCM(재해경감활동) 문화를 정착시켜 실질적이고 실행가능한 연속성 관리체계를 구축하기 위함
		BCM의 유효성과 효율성을 모니터링 및 검토하는 것은 경영진의 책임이다. 경영진은 사업연속성 정책, 목표 및 적용범위의 적절성을 검토하고, 교정 및 개선을 위한 조치를 결정 및 승인해야 한다. 임직원의 적극적인 참여와 지속적 유지보수를 바탕으로 한 BCP 체계는 리스크 최소화, 경쟁우위 선점, 대외 신뢰도 향상 및 적극적 외부 규제 준비를 가능케 하며 이를 통해 지속적인 성장기반을 마련할 수 있다.
		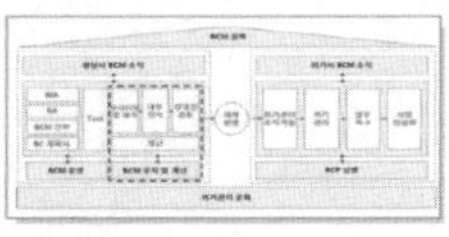 [BCM 체계와 모니터링 및 평가]

2. PDCA 모델 관점 BCM 유지 관리

재해경감활동 (BCM)

<table>
<tr><th colspan="3">7. 모니터,평가,개선</th></tr>
<tr><td rowspan="2">1절 유지관리 개요</td><td rowspan="2">2. PDCA 모델 관점 BCM 유지관리</td><td>BCMS(재해경감활동관리체계) 정책 및 계획의 수립, 이행 및 운영, 성과측정, 관리자 검토, 유지관리 및 지속적 개선 활동은 통상적으로 ISO 22301 국제표준의 PDCA(Plan-Do-Check-Act) 모델을 적용한다. BCMS 프로세스에 적용되는 PDCA 모델은 아래 표와 같이 Plan(계획수립), Do(이행 및 운영), Check(감시 및 검토), Act(유지관리 및 개선)의 4가지 요소로 이루어진다.</td></tr>
<tr><td>BCM 유지 관리 활동은 PDCA 모델 관점에서 'Check(감시 및검토)', 'Act(유지관리 및 개선)' 에 해당된다. BCM 유지관리 활동은 사업연속성확보계획을 고도화 시키며, 이행 및 운영상의 실행력을 향상 시킨다.</td></tr>
</table>

Plan(계획수립)	사업연속성이 조직의 전반적인 정책 및 목표에 부합하는 결과를 창출하기 위하여 사업연속성의 개선에 관한 정책, 목표, 목표, 통제 관리, 프로세스 및 절차 수립
Do(이행 및 운영)	사업연속성 정책, 통제 관리, 프로세스, 절차를 이행하고 운영한다.
~ BCM 유지 관리 ~	
Check(감시 및 검토)	사업연속성 정책 및 목표에 대한 성과를 모니터하고 검토하여 결과를 관리자에게 보고, 시정 및 개선 활동을 결정 및 권한 부여
Act(유지관리 및 개선)	BCMS(재해경감활동관리체계) 범위, 사업연속성확보계획 및 목표의 재평가와 관리자의 검토를 바탕으로 시정조치를 수행하여 BCMS를 유지, 개선

PDCA 모델 설명

3. 기업재난관리표준 및 ISO 22301 요구 사항

재해경감활동 (BCM)

<table>
<tr><th colspan="3">7. 모니터,평가,개선</th></tr>
<tr><td rowspan="6">1절 유지관리 개요</td><td rowspan="6">3. 기업재난관리 표준 및 ISO 22301 요구 사항</td><td>ISO 22301 표준은 2012년 5월 국제 표준으로 전환된 비즈니스연속성경영시스템 요구사항으로 보편화되고, 국제적으로 인정된 규격이다. 조직의 규모, 구조나 책임에 의해서 적용점은 조직 별로 달라질 수 있으나, 기본 원칙들은 규모나 범위 또는 복잡성에 관계없이 기업, 단체, 개인 또는 공공부문 등 어떤 비즈니스 영역 및 어떤 조직에도 적용 가능하다. 특히 인프라, 금융, 에너지, 운송, 통신, 식품 및 공공부문과 같이 위험도가 높은 환경에서 운영되는 기업에는 중요도가 더 크다.</td></tr>
<tr><td>복구 계획이 필요한프로세스들은 마케팅이나 고객관점의 이슈, 파트너사 관리, 법규 요구사항, 재무, 노무, IT 자산의 가용성에서부터 재해, 각종 사고까지 포함한다. 공급망관리(Supply Chain) 및 사무공간에서부터 데이터 백업과 관련된 기술적 복구에 이르기까지 다양한 영역을 포함한다. 또한 내부감사, 경영검토 및 지속적 개선 같은 모든 경영시스템에서 다루는 공통 요구사항들도 포함한다.</td></tr>
<tr><td>PDCA 모델을 구성하는 ISO 22301 국제표준의 4조부터 10조 까지는 다음의 구성 요소를 다루고 있다.
• 조직이해(Clause4 - 4.1~4.4) 조직에 대한 이해, 이해관계자 요구사항, 범위설정
• 리더십(Clause5 - 5.1~5.4) 경영진 의지/참여, 정책, 역할/책임/권한
• 계획(Clause6 - 6.1~6.2) 리스크/기회 대응 조치, 비즈니스연속성 목표 및 달성계획
• 지원(Clause7 - 7.1~7.5) 필요대응자원, 역량, 인지, 의사소통, 문서화
• 운영(Clause8 - 8.1~8.5) 운영계획 및 통제, 비즈니스영향분석 및 리스크 평가, 비즈니스연속성 전략, 비즈니스연속성절차 수립 및 이행(계획서 작성), 모의훈련
• 성과평가(Clause8 - 9.1~9.3) 모니터링, 측정, 분석 및 평가, 내부감사, 경영진 검토
• 개선(Clause10 - 10.1~10.2) 부적합 및 수정조치, 지속적 개선</td></tr>
<tr><td>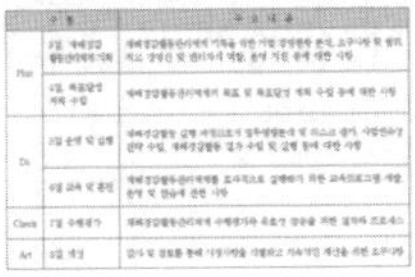
기업재난관리표준</td></tr>
<tr><td>ISO 22301 표준 상 '성과평가(Performance Evaluation BCM)' 및 '개선(Improvement) 파트에서 BCM 유지관리에 대한 필요 요소를 모니터링, 측정, 분석 및 평가, 내부감사, 경영진 검토, 부적합 수정조치로 구분하여 정의한다.</td></tr>
<tr><td>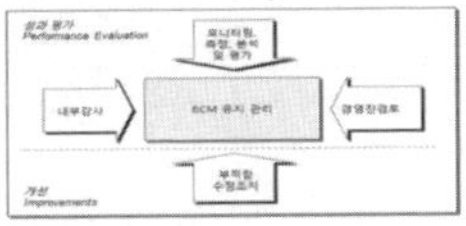

기업재난관리 표준</td></tr>
</table>

4. 재해경감활동(BCM) 유지 관리 운영

재해경감활동 (BCM)

<table>
<tr><th colspan="3">7. 모니터,평가,개선</th></tr>
<tr><td rowspan="3">1절 유지관리 개요</td><td rowspan="3"></td><td>BCM 정책 상 BCM 유지관리 활동별로 운영 주체 및 시기를 정하여야 한다. 통상적 으로 BCM 유지관리 주체는 BCM에 대한 기초 지식 및 운영 경험이 있는 조직원이 담 당하며, 수행 시기는 조직(기업)의 BCM 성숙도 및 위험의 노출 정도를 감안하여 조직 특성에 맞게 운영하도록 한다.</td></tr>
<tr><td>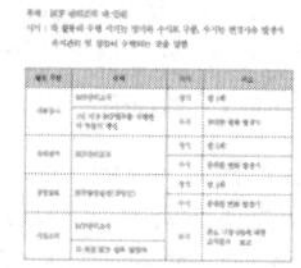
시중은행의 BCM 유지관리 운영 방침</td></tr>
<tr><td>PDCA 모델을 구성하는 ISO 22301 국제표준의 4조부터 10조 까지는 다음의 구성 요소를 다루고 있다.
• 조직이해(Clause4 - 4.1~4.4) 조직에 대한 이해, 이해관계자 요구사항, 범위설정
• 리더십(Clause5 - 5.1~5.4) 경영진 의지/참여, 정책, 역할/책임/권한
• 계획(Clause6 - 6.1~6.2) 리스크/기회 대응 조치, 비즈니스연속성 목표 및 달성계획
• 지원(Clause7 - 7.1~7.5) 필요대응자원, 역량, 인지, 의사소통, 문서화
• 운영(Clause8 - 8.1~8.5) 운영계획 및 통제, 비즈니스영향분석 및 리스크 평가, 비즈니스연속성 전략, 비즈니스연속성절차 수립 및 이행(계획서 작성), 모의훈련
• 성과평가(Clause8 - 9.1~9.3) 모니터링, 측정, 분석 및 평가, 내부감사, 경영진 검토
• 개선(Clause10 - 10.1~10.2) 부적합 및 수정조치, 지속적 개선</td></tr>
</table>

제2절 모니터링 및 평가

1. 개요

재해경감활동 (BCM)

<table>
<tr><th colspan="3">7. 모니터,평가,개선</th></tr>
<tr><td rowspan="5">2절 모니터링
및 평가</td><td rowspan="5">1. 개요</td><td>사업연속성을 위한 재해경감활동(BCM) 실행계획이 조직의 니즈, 정책, 목표에 부 합하여 운영되고 있는지 여부와, 내부 감사를 통한 각종 개선 조치가 적절히 반영되었 는지를 중점적으로 모니터링하고 평가하여야 한다. 모니터링 및 평가를 통해 기업의 재해경감활동관리체계(BCMS)의 전반적인 개선방향이 결정되며 유지관리 작업을 위 한 기초자료가 된다.</td></tr>
<tr><td>참고 표준 : 기업재난관리표준
7. 수행평가
7.1 모니터링, 측정, 분석 및 평가
기업은 재해경감활동관리체계에 있어서 무엇을, 언제, 어떤 방법으로 모니터링하고 측정할지 결정해야 한다. 또한, 모니터링 측정된 결과를 어떤 방법과 시기에 분석 및 평가할지 결정해야 한다.
기업은 재해경감활동관리체계의 성능과 효율성을 평가해야 하며, 부적합 사항이 발생하기 이전 역효과 또는, 결과가 우려될 시에는 조치를 취하고 그 근거로서 이를 문서화해야 한다. 성능에 대한 모니터링 절차를 통해 아래 사항을 달성토록 한다.
(1) 기업 요구수준에 적합한 성능 지표
(2) 재해경감활동 정책, 목적 및 목표가 부합하는지 모니터링
(3) 핵심 업무를 보호하는 프로세스와 절차, 기능 수행
(4) 재해경감활동 목적과 표준과 부합하는지 모니터링
(5) 재해경감활동관리체계 수행에 있어 과거의 결함근거에 대한 모니터링
(6) 충분한 개선활동을 위한 모니터링, 측정 데이터와 결과의 기록</td></tr>
<tr><td>참고 표준 : ISO 22301
9 모니터링, 측정, 분석 및 평가 (Monitoring, measurement, analysis and evaluation)
• BCM 조직은 다음 사항을 정해야 함(The organization shall determine)
- 모니터링 대상 및 측정방법 (what needs to be monitored and measured)
- BCM 성과, 결과에 대한 적절한 모니터링, 측정, 분석 및 평가 방안 (the methods for monitoring, measurement, analysis and evaluation, as applicable, to ensure valid results)
- 모니터링과 측정이 수행되어야 하는 시점, 주기 (when the monitoring and measuring shall be performed)
- 모니터링과 측정 결과가 분석 및 평가되어야 하는 시점, 주기 (when the results from monitoring and measurement shall be analysed and evaluated)
• 해당 활동에 대한 적절한 문서화된 정보를 관리해야 함 (The organization shall retain appropriate documented information as evidence of the results)
• 추가적으로 다음 사항을 고려해야 함 (Additionally, the organization shall)
- BCM 부적합 사항이 일어나기 전에 부정적인 경향을 선제 대응해야 하는 경우 조치를 취해야 함
(take action when necessary to address adverse trends or results before a nonconformity occurs)
- 해당 활동에 대한 적절한 문서화를 수행 (retain relevant documented information as evidence of the results)
• 성과 모니터링 절차는 다음 사항을 제공해야 함 (The procedures for monitoring performance shall provide for)
- BCM성과와 조직의 니즈를 매핑 (the setting of performance metrics appropriate to the needs of the organization)
- BCM활동성과가 조직의 비즈니스연속성정책, 목표 및 목적에 부합하는지를 모니터링 (monitoring the extent to which the organization's business continuity policy, objectives and targets are met)
- 주요업무활동 보호를 위한 절차, 기능의 성과 (performance of the processes, procedures and functions that protect its prioritized activities)
- 국제표준을 준수하고, 조직의 비즈니스연속성 목적에 부합하는지를 모니터링(monitoring compliance with this International Standard and the business continuity objectives)
- 결함 있는 BCM 성과의 과거 증적에 대한 모니터링 (monitoring historical evidence of deficient BCMS' performance)
- 개선조치 이행에 대한 모니터링, 측정 데이터와 결과를 기록 (recording data and results of monitoring and measurement to facilitate subsequent corrective actions)</td></tr>
<tr><td>▪ 사업연속성 모니터링 방향
• BCM 성과와 조직의 니즈를 매핑(mapping)
• BCM 활동성과가 조직의 사업연속성 정책, 목표 및 목적에 부합하는지 모니터링
• 주요업무활동 보호를 위한 절차 기능의 성과 모니터링
• 국제표준을 준수하고 조직의 비즈니스연속성 목적에 부합하는지를 모니터링
• 결함 있는 BCM 성과의 과거 증적에 대한 모니터링
• 해당 활동에 대한 적절한 문서화된 정보 관리 모니터링
• 감사 결과 개선조치에 대한 이행 결과 모니터링</td></tr>
<tr><td>▪ 사업연속성 평가 방향
• BCM 활동 절차와 역량에 대한 적정성, 적합성 및 효과성을 평가
• 주기적인 검토, 모의훈련, 사후보고내용, 성과평가 등을 통해 평가활동이 수행되어야 하고 중대변경사항이 발생하는 경우에는 시의 적절하게 내용들이 반영 되어야 함
• BCM 활동은 법적/규제 요구사항, 산업모범사례 등의 준수, 벤치마킹 등을 통해 주기적으로 평가되어야 하고, 조직의 사업연속성 정책과 목적에 부합되어야 함
• 중대변경사항일 경우를 제외하고는 주기적으로 평가가 수행되어야 함
• 업무중단이벤트가 발생하고 BCM이 가동되는 경우 사후보고와 대응결과에 대해 기록해야함</td></tr>
</table>

2. 사업연속성 모니터링 방안

3. 재해경감활동 절차(사업연속성 절차) 평가 방안

4, 모니터링 및 평가 활동 결과 반영

제3절 내부감사

1. 개요

재해경감활동 (BCM)

<table>
<tr><th colspan="4">7. 모니터,평가,개선</th></tr>
<tr><td rowspan="8">3절 내부감사</td><td rowspan="8">1. 개요</td><td colspan="2">내부감사의 목적은 조직의 BCM(기업재해경감활동) 능력과 역량을 철저히 검사하고, 미리 정의된 표준과 기준에 대비하여 계획된 수준으로 준수되고 있는지와 적절히 실행되고 있는지를 검증하고 체계화된 감사 의견 보고서를 전달하는 것이다.
내부감사는 사전에 정의된 표준과 정책을 기준으로 하여 수행하는 공정한(impartial)점검활동 중의 하나로 심사 수행 시 발견된 개선점에 대한 권고를 제공한다. 심사 표준은 계속 진화하기 때문에 BCM을 점검하기 위해서는 각종 BCM 표준, 기준 및 조직이 직면한 위험 상황 및 BCM 특성을 감안한 심사 접근 방법이 필요하며, BCM 전 과정에 걸친 프로세스가 제대로 준수되는지를 검토, 검증하도록 설계 한다.</td></tr>
<tr><td rowspan="5">Global Practice Guidelines(2013) 기준 BCM 내부감사 5대 핵심 기능</td><td>• 조직의 사업연속성(재해경감활동) 방침과 (법과 규제를 포함하는) 표준이 준수되고 있음을 입증</td></tr>
<tr><td>• 조직의 재해경감활동관리(BCM) 프로그램에 대한 검토</td></tr>
<tr><td>• 조직의 재해경감활동관리(BCM)에 대한 유효성 확인</td></tr>
<tr><td>• 적절한 연습과 유지 활동이 수행됨을 검증</td></tr>
<tr><td>• 결점과 이슈를 강조하고 이에 대한 해결책 모색을 보장</td></tr>
<tr><td>ISO 22301 기준 내부감사 요구사항</td><td>9 성과평가 (Performance evaluation)
9.2 내부감사 (Internal audit)
• 주기적으로 BCM활동에 대한 내부감사를 수행하고 다음 사항 준수여부를 점검 The organization shall conduct internal audits at planned intervals to provide information on whether the business continuity management system
- 조직의 BCM 요구사항 the organization's own requirements for its BCMS
- 국제표준 요구사항 the requirements of this International Standard, and
- 운영 효과성 is effectively implemented and maintained.
• BCM에 대한 감사프로그램의 빈도, 방법, 책임, 계획요구사항 및 보고 방법을 계획, 수립, 이행 및 유지관리를 해야 하고, 전년도 감사결과에서의 지적된 사항들에 대해서 해당년도 감사계획 및 이행 시 고려해야 함 plan, establish, implement and maintain (an) audit programme(s), including the frequency, methods, responsibilities, planning requirements and reporting. The audit programme(s) shall take into consideration the importance of the processes concerned and the results of previous audits,
• 감사 범주, 범위를 정의 define the audit criteria and scope for each audit,
• 독립적인 감사인을 선정하고 감사프로세스의 객관성과 공정성을 확보 select auditors and conduct audits to ensure objectivity and the impartiality of the audit process,
• 감사결과가 경영진에 보고되어야 함 ensure that the results of the audits are reported to relevant management, and
• 감사 프로그램과 결과를 포함하여 문서화되어 관리해야 함 retain documented information as evidence of the implementation of the audit programme and the audit results.
• 감사프로그램은 조직 업무활동의 리스크평가 결과와 전년도 감사결과를 기초로 해서 계획, 이행되어야 하고, 감사절차에는 범위, 주기, 방법론, 감사책임 및 요구사항이 포함되어야 함 The audit programme, including any schedule, shall be based on the results of risk assessments of the organization's activities, and the results of previous audits. The audit procedures shall cover the scope, frequency, methodologies and competencies, as well as the responsibilities and requirements for conducting audits and reporting results.
• 해당 부문을 책임지는 경영진은 감사 결과로 인해 개선조치를 취해야 하는 부적합 사항들이 지체되지 않고 이행될 수 있도록 해야 하고 개선조치, 활동에는 조치에 대한 확인과 확인결과에 대한 보고를 포함해야 함 The management responsible for the area being audited shall ensure that any necessary corrections and corrective actions are taken without undue delay to eliminate detected nonconformities and their causes.
• Follow-up activities shall include the verification of the actions taken and the reporting of verification results.</td></tr>
<tr><td>기업재난관리표준 내부감사 요구사항</td><td>7.3 내부감사
기업은 재해경감활동관리체계가 요구와 표준에 부합하는지 확인하고 이를 효과적으로 이행, 유지하는지 확인하기 위해 계획된 주기에 따라 내부감사를 실시해야 한다.
기업은 관련된 프로세스의 중요성과 이전 감사결과를 고려하여 감사 주기, 방법, 책임, 요구사항과 보고를 포함하는 감사 프로그램을 계획, 수립, 이행 및 관리를 수행해야 한다.
감사 기준과 범위를 결정하고 감사자를 선정하여 감사 프로세스의 객관성과 공명성을 확인해야 한다.
또한, 감사 결과가 각 해당 경영진에 보고되어야 하고 그 근거는 문서화되어야 한다.
감사 프로그램은 조직 활동에 대한 리스크 평가와 이전 감사결과에 준해야 하며, 감사 절차에는 범위, 주기, 방법 및 능력을 비롯하여 감사수행과 보고에 대한 책임과 요구사항을 포함해야 한다.
감사 책임자는 발견된 부적합사항과 원인 제거를 지체 없이 수행하기 위해 필요에 따라 시정 및 개정을 시행해야 하고, 그 결과를 확인하는 절차가 수반되어야 한다.</td></tr>
</table>

2. 내부감사 방향성

재해경감활동 (BCM)

7. 모니터,평가,개선			
3절 내부감사	2. 내부감사 방향성	내부감사는 재해경감활동관리(BCM)의 수립 및 운영에 관련이 없는 기업 내부의 적 정 조직 또는 직원에 의해 재해경감활동관리(BCM) 전반을 심사하는 활동이다. 내부감 사 실시 결과는 경영진에게 제공되어 경영진의 점검 활동에 활용되어야 한다. 심사는 만약 프로세스가 정확하고 적절히 적용되는 경우에는 그 성과가 효과적인 재해경감활 동관리(BCM) 프로그램의 증거를 제시한다고 가정한다. 또한 조직이 효과적인 표준을 채택했고 해당 표준이 내부감사에 적절한 틀을 제공한다고 가정한다.	• 재해경감활동관리(BCM)에 대한 적용 표준 및 정책의 준수, 적절한 이행 및 유지관리, 사업연속성확보계획이 정책 및 복구목표시간 준수에 효과적인지를 중심으로 심사 한다.
			• 내부감사는 BIA, RA, 위험관리계획 및 이전의 내부감사결과를 기준으로 수립한 내부감사계획에 의해 실시한다.
			• 내부감사계획에는 내부감사 수행과 관련하여 책임, 역량 및 요건, 결과의 보고, 관련기록 유지에 대한 사항을 포함한다.
			• 내부 감사 인력의 선정과 내부감사 활동은 객관성과 공평성을 확보할 수 있도록 한다.
		관련 절차가 올바르고 정확히 수립, 적용되었다면 이러한 절차를 거친 산출물 역시 효과적이고 목적에 부합한(fit-for-purpose) 재해경감활동관리(BCM) 능력과 역량을제공한다는 가정을 기반으로 한다. 감사목적에 맞는 적절한 프레임워크를 제공하고 있 는 이용 가능한 표준에는 다음과 같은 것이 있다.	• 기업재난관리표준(2017. 7. 26, 타법개정)
			• 국제 표준 (예 : ISO 22301, ISO 22313, BS25999-1 Code of Practice 및 BS25999-2 Specification)
			• 규제요건 (예 : 금융감독원과 같은 정부 규제기관)
			• 법률요건 (예 : 영국 비상계획 관련 법(UK Civil Contingencies Act(2004)))
			• 산업의 '모범사례지침/규준'(good practice guidelines)
			• 산업 표준 (예 : ISO 17799 (IT 보안))

3. 내부감사 운영 기준

4. 내부감사 체크리스트

재해경감활동 (BCM)

<table>
<tr><th colspan="3">7. 모니터,평가,개선</th></tr>
<tr><td rowspan="4">3절 내부감사</td><td rowspan="4">4. 내부감사 체크리스트</td><td>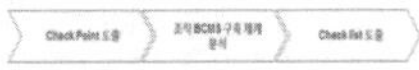
효과적 내부감사를 위해 조직은 사업연속성관리체계(BCMS) 표준, 기업재난관리표준 규격 등을 활용하여 조직 내 수립된 재해경감활동관리체계를 심사 할 수 있는 체크리스트를 작성하여 운영하는 것이 바람직하다.
내부감사 체크리스트는 일반적인 체크리스트를 작성하는 어프로치를 적용하여 Check Point 도출, 조직 BCMS 구축 체계 분석, Check list 도출 3단계로 구분하여 작성 가능하다.</td></tr>
<tr><td>1) Check Point(체크 포인트) 도출
Check Point는 재해경감활동관리체계(BCMS) 수립의 기초가 되는 핵심 요건을 기준으로 체크리스트 작성의 기초가 되는 항목이다. 재해경감활동관리체계(BCMS) 수립에 관련한 국제 표준 규격 등을 활용하여 체크포인트를 추출하도록 한다.</td></tr>
<tr><td>2) Check list 도출
Check Point 및 조직의 재해경감활동관리체계(BCMS) 구축 체계를 감안하여 내부감사를 위한 Check list를 작성 할 수 있다. 내부감사 Check list는 조직이 재해경감활동관리체계(BCMS)를 효과적으로 운영하고 있는지 여부와, 위기 시 사업연속성확보계획(BCP)을 실행할 수 있는 능력을 구비하고 있는지를 판단하며, 개선점이 무엇인지 파악 할 수 있도록 작성되어야 한다.</td></tr>
<tr><td>3) 내부감사 결과
조직은 내부감사를 통해 사업연속성 절차(재해경감활동 절차) 평가와 유사하게 기준 별 요구 사항에 대한 충족 여부를 도출하여야 한다. 요구사항을 충족시키지 못하였을 경우 심각성에 따라 '경부적합', '중부적합'으로 구분하여 관리 할 수 있다.
-'경부적합'은 재해경감활동관리체계(BCMS)가 완전히 붕괴 되었거나 또는 잘못 되었다는 것을 입증하지 못하는 단발성(1회성)의 경미한 부적합을 말한다. 즉, 재해경감활동계획 수립 및 모의훈련 등의 재해경감활동 과정에서 경미한 실수로 주목할 필요성은 있으나, 무시할 수 있는 경우를 의미한다.
-'중부적합'은 재해경감활동관리체계(BCMS)에 중대한 문제가 있는 경우로, BCMS가 완전히 붕괴 되었거나 잘못되었다는 증거가 명확할 경우에 해당된다. 즉, 재해경감활동계획 수립 및 모의훈련 등의 재해경감활동 과정에서 제시된 요구사항의 불일치가 시스템의 결함이나 실패사항으로 연결될 수 있는 경우를 의미한다. 예를 들면, 필수항목으로 정한 것이 누락되어 있는 경우가 이에 해당 한다.
조직은 경부적합과 중부적합의 규모에 따라 재해경감활동관리체계(BCMS)에 대한 심사 결과를 도출할 수 있다. 일반적으로 중부적합이 없는 경우 '양호', 중부적합이 1개 이상 존재 할 경우 '부적합'으로 분류 할 수 있다. 조직은 조직 특성에 맞게 심사 결과 도출 방식을 작성하여 운영 할 수 있다.</td></tr>
</table>

제4절 경영진 검토

1. 개요

재해경감활동 (BCM)

<table>
<tr><th colspan="3">7. 모니터,평가,개선</th></tr>
<tr><td rowspan="3">4절 경영진검토</td><td rowspan="3">1. 개요</td><td>경영진 검토는 사업연속성확보계획(BCP) 운영 및 유지관리 결과를 근거로, 개선점을 밝혀내고, 사업연속성확보계획(BCP)을 재검토하여 다음해 이후의 방향성을 제시하는 것으로서 사업연속성확보계획(BCP)의 지속적인 적절성, 타당성 및 유효성을 확보하기 위해 수행된다.
또한, 사업의 대폭적인 변경, 재구축, 사업확대, 신사업 진출, 사업장의 이전 등 중요업무 변경 등이 발생한 경우, 그 때마다 사업연속성확보계획(BCP)에 대해 재검토한다.</td></tr>
<tr><td>참고 표준 : 기업재난관리표준
7.4 경영진 검토
최고관리자는 기업의 재해경감활동관리체계의 지속적 적합성, 정합성과 효율성을 확인하기 위해 계획된 주기 하에 검토를 수행해야 한다.
경영진 검토에는 아래 사항들이 고려되어야 한다.
(1) 이전 경영진 검토로부터 필요한 조치 (2) 재해경감활동관리체계에 대한 내·외부 이슈들의 변화
(3) 부적합 및 시정조치, 모니터링, 측정 평가결과, 감사결과, 지속적 개선 기회 등 재해경감활동에 대한 정보
경영진 검토는 아래 사항들에 대한 수행을 고려해야 한다.
(1) 이전 경영진 검토를 고려한 후속조치 (2) 정책, 목적 등 재해경감활동관리체계 변화에 대한 요구 (3) 개선의 기회
(4) 적합한 주요 공급업자와 협력사 등에 대한 재해경감활동관리체계 감사와 검토
(5) 기업의 재해경감활동관리체계 수행과 효율에 대한 개선에 활용될 수 있는 기술, 제품 및 서비스 (6) 시정조치 상황 (7) 연습과 시험 결과
(8) 이전 리스크 평가에서 부적합한 것으로 지적된 리스크 또는 이슈 (9) 재해경감활동관리체계 범위 내외부로부터 활동에 영향을 줄 수 있는 변화
(10) 정책의 적합 (11) 개선될 추천사항 (12) 재난(또는 업무중단 사고)로부터 도출된 교훈 (13) 새로운 모범사례 및 안내서
경영진검토 결과는 지속적인 개선기회와 재해경감활동관리체계 변화에 필요한 요구와 관련된 결정
과 조치를 위해 아래의 활동을 포함해야 한다.
(1) 재해경감활동관리체계 범위에 대한 변화(2) 재해경감활동관리체계 효과 개선 (3) 리스크 평가, 업무영향분석, 사업연속성확보계획 및 관련 절차에 대한 개정사항
(4) 재해경감활동관리체계에 영향을 주는 아래와 같은 내·외부 이벤트에 대응하기 위한 절차 및 제어방안의 개정
① 비즈니스와 운영의 요구사항 ② 리스크 저감 및 안전(security)을 위한 요구사항 ③ 운영 조건과 프로세스 ④ 법률, 규제 요구사항
⑤ 계약상 의무조항 ⑥ 수용 가능한 리스크 수준 또는 기준 ⑦ 소요자원 ⑧ 소요 자금 및 예산
(5) 효율성과 제어방법에 대한 측정방법
기업은 경영진의 검토결과를 문서화된 정보로 관리해야 하며, 이해관계자에게 공개해야 한다.</td></tr>
<tr><td>ISO 22301 9.3 Management review 경영진 검토
경영진은 BCM 활동이 지속적으로 적합성, 적절성 및 효과성을 갖도록 하기 위해 주기적으로 검토해야 함
Top management shall review the organization's BCMS, at planned intervals, to ensure its continuing suitability, adequacy and effectiveness.

경영진 검토에는 다음 사항들이 고려되어야 함 The management review shall include consideration of
a) 지난 경영진 검토에 대한 조치 이행 현황 the status of actions from previous management reviews,
b) 조직 BCM과 관련된 내부, 외부 이슈의 변화 changes in external and internal issues that are relevant to the business continuity management system,
c) BCM 성과 관련 정보와 변경사항(다음내용) information on the business continuity performance, including trends in
1) 부적합사항 및 개선조치 nonconformities and corrective actions,
2) 모니터링, 측정, 평가결과 monitoring and measurement evaluation results, and
3) 내부감사 결과 audit results,
d) 지속적 개선을 위한 기회도출 opportunities for continual improvement.

경영진 검토는 다음을 포함한 조직성과를 고려해야 함 Management reviews shall consider the performance of the organization, including
직전 경영진 검토에서의 지적사항 이행 follow-up actions from previous management reviews,
BCM 정책, 목표 변경에 대한 필요 the need for changes to the BCMS, including the policy and objectives,
개선 기회 opportunities for improvement,

주요 협력업체와 파트너의 BCM 활동을 포함한 조직 BCM활동에 대한 감사 및 검토 결과 results of BCMS
audits and reviews, including those of key suppliers and partners where appropriate,

BCM 성과와 효과성을 개선시키기 위해 필요한 기술, 제품 또는 절차 techniques, products or procedures,
which could be used in the organization to improve the BCMS' performance and effectiveness,

개선조치 이행 현황 status of corrective actions,
모의훈련 결과 results of exercising and testing,
직전 리스크평가 때 적절히 대응하지 못한 리스크나 이슈 risks or issues not adequately addressed in any previous risk assessment,
BCM에 영향을 미칠 수 있는 내부 또는 외부 변화 any changes that could affect the BCMS, whether internal or external to the scope of the BCMS,
정책의 적절성 adequacy of policy,
개선을 위한 권고사항 recommendations for improvement,
업무중단 이벤트로부터 얻은 교훈, 과거사건/사고 사례 lessons learned and actions arising from disruptive incidents, and
산업 모범실천사례와 가이드 emerging good practice and guidance.
경영진검토에 대한 결과는 다음사항을 포함해야 함 The output of the management review shall include decisions related to continual improvement opportunities and the possible need for changes to the BCMS, and include the following:
a) BCM 범위의 변동여부 variations to the scope of the BCMS;
b) BCM 효과성에 대한 개선 improvement of the effectiveness of the BCMS;
c) 리스크평가, 비즈니스영향분석, 비즈니스연속성계획 그리고 관련 절차에 대한 갱신 update of the risk assessment, business impact analysis, business continuity plans and related procedures;
d) 조직에 영향을 줄 수 있는 내부, 외부 이벤트에 대응하는 절차의 변경, 개정 modification of procedures and controls to respond to internal or external events that may impact on the BCMS, including changes to
1. 비즈니스, 운영상 요구사항 business and operational requirements, 2. 리스크 경감 및 보안 요구사항 risk reduction and security requirements,
3. 가동 조건 및 프로세스 operational conditions and processes, 4. 법적/규제 요구사항 legal and regulatory requirements,
5. 계약의무 contractual obligations, 7. 필요자원 resource needs, 8. 자금확보, 예산 요구사항 funding and budget requirements; and
e) 통제 효과성이 어떻게 측정되어야 하는지 how the effectiveness of controls are measured.
경영진 검토 결과는 문서화되어야 함 The organization shall retain documented information as evidence of the results of management reviews.
The organization shall
경영진검토의 결과를 관련 이해관계자, 조직에 공유하고 커뮤니케이션해야 함 communicate the results of management review to relevant interested parties, and
결과에 대한 적절한 조치를 이행 take appropriate action relating to those results.</td></tr>
</table>

2. 경영진 주요 역할

재해경감활동 (BCM)

7. 모니터,평가,개선		
4절 경영진검토	**2. 경영진 주요 역할**	경영진은 지속적인 적합성, 타당성 및 효과성을 보증하기 위해 조직의 재해경감활동관리체계(BCMS)를 계획된 주기 및 중대한 변경이 발생할 때 검토해야 한다. 본 검토는 사업연속성 경영정책 및 사업연속성 경영방침을 포함하여 재해경감활동관리체계(BCMS)의 변경에 대한 요구 및 개선 기회의 평가를 포함해야 한다. 검토의 결과는 명확하게 문서화되어야 하고 기록이 유지되어야 한다.

3. 절차

재해경감활동 (BCM)

7. 모니터,평가,개선		
4절 경영진검토	**3. 절차**	BCP관리조직은 1년 동안 수행한 사업연속성확보계획(BCP) 수행결과의 문제점과 주요 이슈사항을 도출하여 다음 해의 사업계획 수립시기(11월~12월)에 맞춰 BCP담당임원(CBCO)에게 보고한다. BCP담당임원은 보고된 경영검토 자료를 분석하여 다음 해의 사업계획에 BCP개선 및 예산반영, BCP체계 변경 등의 방향을 제시한다.
		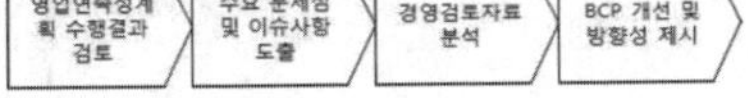

4. 검토범위

재해경감활동 (BCM)

7. 모니터,평가,개선		
4절 경영진검토	4. 검토 범위	▪ 재해경감활동관리체계(BCMS)의 심사와 검토의 결과, 해당하는 경우 주요 공급자 및 외주 파트너 포함
		▪독립적 관찰을 포함한 이해 당사자들의 피드백
		▪재해경감활동관리체계(BCMS)의 성능 및 효과성의 개선을 위해 조직에서 사용할 수있는 기술, 제품 또는 절차
		▪예방 및 시정조치 현황
		▪잔여위험 및 허용 가능한 위험의 수준
		▪이전 위험평가에서 적절히 표현되지 않은 취약성 또는 위협
		▪이전 경영검토의 후속 조치
		▪재해경감활동관리체계(BCMS)에 영향을 미칠 수 있는 모든 내외적인 변경사항
		▪개선을 위한 권고
		▪훈련 결과
		▪떠오르는 좋은 관행 및 지침
		▪사고로부터의 교훈
		▪교육의 결과 및 인식 교육 프로그램

5. 검토 도출사항

재해경감활동 (BCM)

7. 모니터,평가,개선		
4절 경영진검토	5. 검토 도출 사항	▪ 재해경감활동관리체계(BCMS)의 효과성의 개선
		▪재해경감활동관리체계(BCMS)에 영향을 줄 수 있는 내부 또는 외부 사건에 대응하기 위해, 필요한 경우 다음을 포함한 재해경감활동관리(BCM) 전략 및 절차의 수정변경 - 업무 요구사항 - 신속한 회복력 요구사항 - 기존 업무의 요구사항에 영향을 주는 업무 프로세스 - 법령, 규정 및 계약 요구사항 - 위험수준 및/또는 위험허용수준
		▪자원의 필요
		▪자금 및 예산 요구사항

참고문헌

Wang, B.(2020). Safety intelligence as an essential perspective for safety management in the era of Safety 4.0: From a theoretical to a practical framework. *Process Safety and Environmental Protection, 148.*

Wang, B., Wu, C.(2020a). *Safety informatics as a new.* promising and sustainable area.

A Dictionary of Practical Labor Terms(2014), https://terms.naver.com/list.naver?cid=51088&categoryId=51088.

Alexander, T., Adolph, L. & Voss, S.(2021), Occupational Safety and Protection Against Infection in Times of the Pandemic : Challenges for Human Factors and Regulation, In Congress of the International Ergonomics Association.

Avram, E., Ionescu, D., Mincu, C.L.(2015), Perceived safety climate and organizational trust : the mediator role of job satisfaction. Procedia Soc. Behav. Sci.

Bae, B. R.(2005), The Effect of Trust within the Organization on Responsiveness(through the mediation of cooperative democracy, organizational commitment), Korean policy studies review, 39(3).

Bronkhorst, B., Tummers, L. & Steijn, B.(2018), Improving Safety Climate and Behavior through a Multifaceted Intervention : Results from a Field experiment, Safety science, 103.

Catino, M. & Patriotta, G.(2013), Learning from errors : Cognition, emotions and Safety culture in the Italian air force, Organization Studies, 34(4).

Cho, C. H.(2014), Structural Equation model using SPSS/AMOS, Cheong Lam : Seoul.

Choi, H. J. & Oh, Y. K.(2015), Invigorating a Safety culture Movement to Promote Safety Awareness in Korean Society, Korea Institute of Public Administration, Seoul.

Choi, S. B.(2004), Industrial safety great dictionary, Gold : Seoul.

Chung, G. H., Jung, D. H., Choi, D. S., Yun, J. Y. & Lee, S. J.(2014), Analysis and Comparison of Disaster and Safety Education Contents in Developed Countries and South Korea, Korean Society Of Hazard Mitigation, 13(13).

Clarke, S.(2012), Safety Leadership: A Meta-Analytic Review of Transformational and Transactional Leadership Styles as Antecedents of Safety Behaviors, Journal of Occupational and Organizational Psychology, 86(1).

Conchie, S. M. & Burns, C.(2008), Trust and risk communication in high-risk organizations : A test of principles from social risk research, Risk Analysis : An International Journal, 28(1).

De Panfilis, D. & Dubowitz, H.(2005), Family connections : A program for preventing child neglect, Child maltreatment, 10(2).

Delegach, M., Kark, R., Katz, N. T. & Van Dijk, D.(2017), A Focus on Commitment : The Roles of Transformational and Transactional Leadership and Self-regulatory Focus in Fostering Organizational and Safety Commitment. European Journal of Work and Organizational Psychology, 26(5).

Diaz, R. I. & Cabrera, D. D.(1997). Op.cit. pp.643-650.

DuPont(2009), A Safety culture Beyond Employee Protection - A Proven System for Effective Contractor Safety : Tata SteelLimited Case Study.

Epitropaki, O. & Turner, N.(2019), Grey Zones in Leadership and Safety.

Findikcioglu, E. P.(2018), Investigation of Workplace Accidents in Coal And Mineral Processing Plants: Unsafe Acts, Safety culture and Safety Leadership, Middle East Technical University, Doctoral dissertation.

Fleming, M.(2000), Safety culture Maturity Model, HSE Offshore Technology Report 2000/049: Sudbury, UK.

Gaur, S., Kumar, R., Gillespie, S. M. & Jump, R. L.(2022), Integrating principles of Safety culture and Just Culture into Nursing Homes : Lessons from the Pandemic, Journal of the American Medical Directors Association, 23(2).

Ghetmiri, S. A., Du, W., Margetis, J., Mosleh, A., Cousar, L., Conley, B. R., ... & Yu, S. Q.(2014). Direct-bandgap GeSn grown on silicon with 2230 nm photoluminescence. *Applied Physics Letters, 105*(15), 151109.

Goh, Y. M., Ubeynarayana, C.U., Wong, K.L.X., Guo, B.H.W.(2018), Factors influencing unsafe behaviors : A supervised learning approach. Accid. Anal. Prev. https://doi.org/10.1016/j.aap.2018.06.002

Gong, B. W. & An, H. K.(2009), Actualities and Problems on the Safety Education of Elementary School in Korea. Korean Association for Public Security Administration, 6(2).

Griffin, M. A. & Neal, A.(2000), Perceptions of safety at work : a framework for linking safety climate to safety performance knowledge and motivation, Journal of occupational health psychology, 5(3).

Guo, C., Wang, D., Lu, C. & Luo, Y.(2021), Research on Construction of Safety Management System in State-owned Enterprises. In Journal of Physics : Conference Series, Vol. 1827, No. 1, p. 012200, IOP Publishing.

Han, K, S.(2020), Semiconductor Manufacturing Workers : Based on the Effect of Risk Cognition on Safety Behavior, Soongsil University Doctoral Dissertation.

He, Y., W, Y. & Payne, S. C.(2019), How is safety climate formed? A meta-analysis of the antecedents of safety climate, Organizational Psychology Review, 9(2-3).

Hong, J. S., Bae, D. K. & Kim, J. J.(2005), A Safety Management Activity Improvement in Construction Sites through Analysis of Success Factors, Korean Journal of Construction Engineering and Management, 6(5).

HSC(Health and Safety Executive)(1993). ACSNI Study Group on Human Factors : Third Report - Organising for Safety, London : HSE Books.

IATA(2015). *Reference Manual for Audit Programs* (IRM) 6th Ed. Glossary of terms.

ICAO(2013). Safety Management Manual(SMM) Doc9859, 3rdEd i.,,Chapter2, Safety Management of safety science in the information age. J. Clean. Prod. 252, 119852, 2020.

Im, S. M.(2004), The Underlying Factors and Relationship between Organizational trust and Member trust, Seoul National University, Doctoral dissertation.

INSAG(1988), Basic Safety Principles for Nuclear Plants, International Nuclear Safety Advisory Group, International Atomic Energy Agency, (Safety Series No. 75 INSAG-3), Viena.

Ismail, F., Hashim, A. E., Ismail, R. & Majid, M. Z. A.(2009), The Operationalisation of Safety culture for the Malaysian Construction Organisations, International Journal of Business and Management, 4(9).

Jang, M. R. & Kim, C. S.(2017), Relationship Between Safety culture, Safety Behavior and Safety Management Awareness of Leisure Sports Player, The Korean Journal of the Security Convergence Management, 6(3).

Ji, S. G.(2006), The Effects of Corporate Social Responsibility on Organizational Trust and Commitment to Customer Service in Service Corporate, The Korean Academic Association of Business Administration, 19(5).

Jin, S. H.(2021), A study on the effects of Safety culture and collectivism on the relationship between disaster safety training and safety behaviors, Hansei University, Doctoral dissertation.

Kath, L. M., Magley, V. J. & Marmet, M.(2010), The role of organizational trust in safety climate's influence on organizational outcomes, Accident Analysis & Prevention, 42(5).

Kath, L. M., Marks, K. M., Ranney, J.,(2010), Safety climate dimensions, leader-member exchange, and organizational support as predictors of upward safety communication in a sample of rail industry workers. Saf. Sci, 48(5).

Katz, N. T., Kark, R. & Delegach, M.(2020), Trapped in the middle : Challenging the linear approach to the relationship between leadership and safety, Academy of Management Discoveries, 6(1).

Khan, N., Ahmad, I. & Ilyas, M.(2018), Impact of ethical leadership on organizational safety performance : the mediating role of Safety culture and Safety culture, Ethics & Behavior, 28(8).

Kim, B. S.(2020), An Intervention Study on the Incident-Reporting Culture to Prevent Occupational Accidents, Pukyong National University Doctoral Dissertation.

Kim, H. C.(2019), A Study on the Relationship between Corporate Safety culture and Accidents : By Using the Parameter of Safety Behavior Immersion, Soongsil University, Doctoral dissertation.

Kim, J. H.(2021), The Effect of Safety Organization Culture on safety Behavior Performance through Recovery Capability, Korea National University of Transportation, Doctoral dissertation.

Kim, K. S. & Kim, C. S.(2017), Validation of leisure sports Safety culture scale. J Sport Leis Stud.

Kim, K. S. & Lee, B. K.(2021), Study on the Development of Emotional Intelligence Program Evaluation Area for Emotional Safety Education in Construction Sites, Journal of disaster and Safety, 2021(1).

Kim, K. S. & Park, Y. S.(2002), The Effects of Safety Climate on Safety Behavior and Accidents, The Korean Journal of Industrial and Organizational Psychology, 15(1).

Kim, R. H.(2015), A study on the enhancement of disaster and safety management competency for public employees in local government,

Konkuk University, Masters dissertation.

Kim, S. H. & Yoon, S. J.(2017), A Study on the Establishment of Safety culture through Behavior-based Safety, Korean journal of Safety culture, 2017(1).

Kim, S. H.(2016), A Study on the Perception of High School Physical Education Teachers According to the Operation of the Achievement Evaluation System, Kyunghee University, Masters dissertation.

Kim, S. J. & Kim, S. H.(2009). Development of a Safety Education Guideline Book for Teachers of Elementary School Students, Child Health Nursing Research, 15(2).

Kim, S. W.(2018), A Study on the perception of the Railway Safety Culture for the Supervisors and the Workers, Graduate School of Railway Seoul National University of Science and Technology, Incheon National University, Masters dissertation.

Kim, T. E. & Gausdal, A. H.(2020), Leaders' influence tactics for safety: an exploratory study in the maritime context, Safety, 6(1).

Korea Occupational Safety & Health Agency(2021), Guide to Safety culture.

Ladegard, G. & Gjerde, S.(2014), Leadership coaching, leader role-efficacy, and trust in subordinates. A mixed methods study assessing leadership coaching as a leadership development tool, The Leadership Quarterly, 25(4).

Lee, H, J.(2021), The Effect of Safety Climate on Turnover Intention of Caregivers in Elderly Care Facilities : The Multi-Mediating Effects of Organizational Trust, Organizational Silence and Job Satisfaction, Sungkyunkwan University, Doctoral dissertation.

Lee, J. G.(2016), An Empirical Study on the Increasement of Organizational, Trust and Commitment using Effect of Safety Climate : Focused on Clothes Distribution center, Myongji University, Doctoral dissertation.

Lee, J. G.(2016), An Empirical Study on the increasement of organizational,

Trust and commitment using Effect of Safety Climate : Focused on Clothes Distribution center, Myongji University, Doctoral dissertation.

Lee, J. G.(2016), An Empirical Study on the Increasement of Organizational, Trust and Commitment using Effect of Safety Climate : Focused on Clothes Distribution center. Myongji University, Doctoral dissertation.

Lee, J. G.(2016), An Empirical Study on the increasement of organizational, Trust and commitment using Effect of Safety Climate: Focused on Clothes Distribution center, Myongji University, Doctoral dissertation.

Lee, J. H. & Oah, S. Z.(2012), A comparison of the effects of positive and negative reinforcement on safety rule following behavior, The Korean Journal of Industrial and Organizational Psychology : Gen, 31(4).

Lee, J. H.(2016), Influence of Manager's Safety Consciousness on Safety Culture of an Organization, Incheon National University, Masters dissertation.

Lee, K. H. & Park, H. C.(2011), A Study of the Influence of Manager Safety Leadership on Workplace Safety culture, Korean Society for Safety Management Science 2011 Autumn Conference.

Lee, K. H.(2011), A Study of the Influence of Manager Safety Leadership on Workplace Safety culture, Chosun University Doctoral Dissertation.

Lee, K. J. & Song, G. S.(2013), The Effect of Safety culture on Job Satisfaction and Organizational Committment - Mediation effect of Organizational Trust, Journal of Korea Safety Management & Science, 15(3).

Lee, K. J. & Yeo, K. H.(2017), The Effect of Safety Climate on the Job Attitude : Comparing Foreign Investment Company and Domestic Company, Journal of the Korean Society of Safety, 32(5).

Lee, K. J.(2014), The Effect of Safety Climate and Safety Awareness on the Job satisfaction and Organizational commitment : Mediation effect of Organization trust. Soon Chun Hyang University, Doctoral dissertation.

Lee, S. W.(2018), Exploring the Relationships between Safety Leadership Organizational Safety culture and Safety Behavior, Keimyung University, Doctoral dissertation.

Lee, S. W.(2018), Exploring the Relationships between Safety Leadership Organizational Safety culture and Safety Behavior, Keimyung University, Doctoral dissertation.

Lee, S. W.(2018), Exploring the Relationships between Safety Leadership, Organizational Safety culture, and Safety Behavior, Keimyung University, Doctoral dissertation.

Lee, S. W.(2018), Exploring the Relationships between Safety Leadership, Organizational Safety culture, and Safety Behavior, Keimyung University, Doctoral dissertation.

Lee, S. W.(2018), Exploring the Relationships between Safety Leadership, Organizational Safety culture, and Safety Behavior, Keimyung University, Doctoral dissertation.

Li, Y., Liu, Z., Qin, K., Cui, J., Zeng, X., Ji, M., ... & Li, Y.(2021), Organizational trust and Safety Operation Behavior in Airline pilots : The Mediating Effects of Organizational Identification and Organizational Commitment. Journal of Air Transport Management, 92, 102018.

Lim, D. S.(2016), Study on Comparison of Risk and Safety Perceptions of Industrial Hygienists Before and After the Sewol Ferry Disaster, The Graduate School Hansung University, Doctoral dissertation.

Liu, Xiao. Ping. & Wang, Zhong. Ming.(2013), Perceived Risk and Organizational Commitment : The Moderating Role of Organizational Trust, Social Behavior and Personality, 41(2).

Lopez, Y. P., Dohrn, S. & Posig, M.(2020), The effect of abusive leadership by coaches on Division I student-athletes' performance: The moderating role of core self-evaluations, Sport Management Review,

23(1).

Maneechaeye, P. & Potipiroon, W.(2022), The Impact of fleet-level and Organization-level safety climates on safety behavior among Thai civilian pilots : The Role of Safety Motivation, Safety science, 147, 105614.

Mayer, R. C., Davis, J. H. & Schoorman, F. D.(1995), An integrative model of organizational trust, Academy of management review, 20(3).

McAllister, D. J.(1995), Affect-and cognition-based trust as foundations for interpersonal cooperation in organizations. Academy of Management Journal, 38(1).

Ministry of Employment and Labor e-Employment and Labor Indicators(2021), Industrial Hazard Indicators https://eboard.moel.go.kr/indicator/detail?menu_idx=47.

Moon, K. S.(2018), The Influence of Safety Leadership on Safety Behavior, Safety Climate and Accident : Meta Analysis, Journal of the Korea of Safety, 33(6).

Moon, K. S., Lee, J. H. & Oh, S. J.(2013), The Effects of Safety Leadership of Manager and Safety Climate in the Organization on the Workers' Safety Behaviors, Journal of the Korean Society of Safety, 28(2).

National Statute Center, https://www.law.go.kr

Neal, A., Griffin, M. A. & Hart, P. M.(2000), The Impact of Organizational Climate Safety Climate and Individual Behavior, Safety Science 34.

New South Wales Minerals Council(2005), Submission to the House of Representatives Standing Committee on Transport and Regional Services, Inquiry into the Integration of Regional Rail and Road Freight Transport and their Interface with Ports, 10 June 2005.

Noh, M. K.(2009), Global Safety and Health Newsletter, Korea Occupational Safety and Health Agency.

O, S. U.(2015), The Impact of Construction Companies Qualitative,

Quantitative Safety Management Activities and Employee's Safety Awareness, Organizational trust, Hoseo University, Doctoral dissertation.

Oah, S. Z.(2011), Development and Application of Safety Leadership Model for Site Managers: Field Studies Using Self-management Techniques, Korean Research Foundation.

O'Dea, A. & Flin, R.(2001), Site managers and safety leadership in the offshore oil and gas industry, Safety science, 37(1).

Oh, J, I.(2015), The effects of safety leadership and safety training on safety performance : the mediating role of safety climate. Kwangwoon University, Doctoral dissertation.

Park, Y. S., Kim, U. C., Song, D. B., Park, D. H. & Han, S. H.(1999), Systematic analysis of occupational safety and safety education : Case studies of employees involved in an occupational accident, The Journal of Korean Association of Security and Safety, 3(1).

Patankar, M. S., Brown, J. P. & Sabin, E. J.(2012), "Safety culture : Building and Sustaining a Cultural Change in Aviation and Healthcare", Taylor & Francis.

Pearsall, M. J. & Ellis, A. P.(2011), Thick as thieves : The Effects of Ethical Orientation and Psychological Safety on Unethical Team Behavior, Journal of Applied Psychology, 96(2).

Peterson, D.(2004), Leadership and safety excellence. Professional Safety, 49(10).

Ramos, P. X., Schindfessel, L., Pêgo, J. P., & De Mulder, T.(2019). Influence of bed elevation discordance on flow patterns and head losses in an open-channel confluence. *Water Science and Engineering, 12*(3).

Ranca, C. A. & Iordănescu, E.(2013), Assessment of organizational trust : preliminary data for Romanian adaptation of the organizational trust inventory short form, Procedia-Social and Behavioral Sciences.

Reason, J.(1990). *Human error.* Cambridge university press.

Robbiani, D. F., Gaebler, C., Muecksch, F., Lorenzi, J. C., Wang, Z., Cho, A., ... & Nussenzweig, M. C. (2020). Convergent antibody responses to SARS-CoV-2 in convalescent individuals. *Nature, 584*(7821).

Roughton, J., Crutchfield, N. & Waite, M.(2019), Safety culture : An innovative leadership approach, Butterworth-Heinemann.

Rousseau, D. M., Sitkin, S. B., Burt, R. S. & Camerer, C.(1998), Not so different after all : A Cross-discipline view of trust. Academy of Management Review, 23(3).

Ryoo, S. & Cheung, C.(2021), International students' perceptions of safety level and safety education needs in Korea. International Journal of Disaster risk reduction, 55, 102068.

Ryu, H. J.(2017), A Study on the effects of Safety Climate and Safety Consciousness level in Construction site on Workers' Safety Behaviors, The Graduate School Seoul National University of Science and Technology, Masters dissertation.

Schein, E.(1992), Organizational Culture and Leadership(2nd ed.), San Francisco : Josey-Bas.

Seo, H. J. & Hong, A. J.(2020), A Systematic Literature Review of Research Tends in Safety Leadership, Journal of the Korean Society of Safety, 35(6).

Shin, T. W.(2018), Relation Analysis on Factors Affecting Safety Behavior of Youth Leaders -Focusing on the Factors in Safety culture, Safety Education, and Job Stress-, Myongji University, Doctoral Dissertation.

Song, B. K.(2022), Disaster Man, Wisdom House.

Song, U. S. & Kim, Y. B.(2010), The Relationship between Organizational Trust and Innovational Behavior : Focusing on the Mediation Impacts of the Organizational Commitment, Social Science Research Review, 26(3).

Stogdill, R. M.(1974), Handbook of leadership : A survey of theory and research, Free Press.

Tan, H. H. & Tan, C. S.(2000), Toward the Differentiation of Trust in Supervisor and trust in Organization. Genetic, Social and General Psychology Monographs1.

Thieme, H., Morkisch, N., Mehrholz, J., Pohl, M., Behrens, J., Borgetto, B., & Dohle, C.(2018). Mirror therapy for improving motor function after stroke. *Cochrane database of systematic reviews*, (7).

Thomas, L.(2005), Research and policy manager for : Action for the ictims of Medical Acidents(AVMA), Available.

Transport Canada(2002). Safety Management System Operator for Flight Operations and Aircraft Maintenance Organization, TP13881E.

Utne, I. B., Rokseth, B., Sørensen, A. J., & Vinnem, J. E.(2020). Towards supervisory risk control of autonomous ships. *Reliability* Engineering & System Safety, 196, 106757.

Vagia, M., & Rødseth, Ø. J. (2019, October). A taxonomy for autonomous vehicles for different transportation modes. In Journal of Physics: Conference Series (Vol. 1357, No. 1, 012-022). IOP Publishing.

Wee, K. H., Bang, W. S., Kim, S. H. & Chang, S. R.(2021), Structural relations between safety leadership, safety observance, safety education and Safety culture : K company case study, Journal of the Korean Society of Safety, 36(1).

Wee, K. H., Kim, K. K., Chang, S. R., Bang, W. S. & Kim, S. H. (2022), Effect of Safety Leadership on Employee's Safety Attitude and Safety Behavior, Asia-pacific Journal of Convergent Research Interchange, 8(1).

Woo, J. P.(2017), Structural Equation model concept and understanding, Hannarae : Seoul.

Wu, T. C., Lin, C. H. & Shiau, S. Y.(2010), Predicting Safety culture : The roles of employer operations manager and safety professional, Journal of safety research, 41(5).

Wu, T. C., Liu, C. W. & Lu, M. C.(2007), Safety Climate in University and College Laboratories : Impact of Organizational and Individual Factors, Journal of Safety Ressarch, 38(1).

www.cbsnews.com. Gas leak at LG Polymers plant in India leaves at least 13 people dead

Xue, Y., Fan, Y. & Xie, X.(2020), Relation between senior managers' Safety leadership and Safety behavior in the Chinese petrochemical industry, Journal of Loss Prevention in the Process Industries.

Yi, H. L.(2015), The Influence of Flight Attendants's Perceived Safety Climate on Their Affective Commitment - Focused on the mediating effect of organizational trust and the moderating effect of LMX-, Sejong University, Doctoral dissertation.

Yukl, G.(1989), Managerial leadership : A review of theory and research, Journal of management, 15(2).

Zhao, Y., Zhang, M., Liu, T. & Mebarki, A.(2021), Impact of safety attitude, safety knowledge and safety leadership on chemical industry workers' risk perception based on Structural Equation Modelling and System Dynamics, Journal of Loss Prevention in the Process Industries, 72.

Zohar, D.(2002), The effects of leadership dimensions, safety climate and assigned priorities on minor injuries in work groups, Journal of Organizational Behavior, 23(1).

갈원모 외(2018). 안전보건교육론. 서울: 동화기술.

고동환, 정병용, 이동경(2018). 초, 중, 고등학교 근로자의 산업재해 특성. 대한인간공학회지, 37(3).

고용노동부(2020), "2020년 산업재해사고".

고용노동부(2022), "안전보건관리체계 구축 가이드".

국제자격인증원(2018), "ISO45001 안전보건경영시스템".

김규형(2015). 항공사 안전관리시스템이 안전인식과 안전행동에 미치는 영향. 경기대학교대학원 박사학위논문.
김형태(2022), “경제성장과 경제안보 관련 산업 그리고 ESG”, 대한상공회의소.
노태우, 박재찬(2014). 우리나라 국적항공사의 항공사고사례분석과 항공안전 개선전략에 관한 탐색적 연구 -대한항공과 아시아나항공을 중심으로-, 한국항공경영학회지, 12(4).
대한상공회의소(2021), “중소 · 중견기업 CEO를 위한 알기 쉬운 ESG”.
대한상공회의소(2022), “지속가능 경영을 위한 기업 가이드(ESG A to Z)”.
류중기(2021), “ESG 경영과 기업 리스크 관리”, 대한상공회의소.
박경실 외(2013). 평생교육론. 서울: 학지사.
법무부(2021), “기업과 인권 길라잡이”.
서병관(2020), 건설업 안전보건경영시스템 인증기업과 미인증기업 비교분석을 통한 재해예방효과에 관한 연구. 한경대학교 대학원 석사학위논문.
송창섭(2014), 전문건설업체의 안전보건경영시스템개선방안에 관한 실증적 연구, 명지대학교 박사학위논문.
송창섭(2014), 전문건설업체의 안전보건경영시스템개선방안에 관한 실증적 연구. 명지대학교 대학원 박사학위논문.
신지현(2021), “한권으로 끝내는 ESG수업”, 중앙북스(서울).
안전보건공단(2020), “기업안전문화 정착과 개선”.
안전보건공단(2022), “ESG 경영을 통한 자율안전보건시스템 확산방안”.
안전보건공단(http://kosha.or.kr/kosha/index.do).
안전저널(2020.12.24). (http://www.anjunj.com).
연진석(2021). 작업장 안전문화의 운영실태 및 개선방안에 관한 연구-제조업 작업장을 중심으로-. 서울과학기술대학교 대학원 박사학위논문.
우용하(2018). 산업안전보건교육의 교육효과 및 교육만족도 분석에 관한 연구. 울산대학교 대학원 석사학위논문.
위국환 외(2021), “안전보건관리론”.
위국환(2022), “안전리더십이 안전문화에 미치는 영향에 관한 연구”, 부경대학원 박사학위논문.
유원상(2021), “ESG 관련 시장의 변화와 마케팅”, 대한상공회의소.

유종기, 추민수(2016), "재해경감활동 실무과정", 한국방재협회.

이명구 외(2018), 사업주 및 관리감독자의 실효성 있는 교육 방안에 관한 연구. 한국산업안전보건연구원.

이승복(2020), ISO 45001 국제표준 제정에 따른 안전보건경영시스템 구축 활성화 연구. 명지대학교 대학원 박사학위논문.

이승호(2011), 산업재해예방을 위한 안전교육실태 분석과 산업안전보건교육의 개선방안. 강원대학교 방재전문대학원 박사학위논문.

이용희(2016), 인적오류 3.0의 특징과 과제: 인적오류 후의 인적오류. 대한인간공학회 학술대회논문집.

이주갑(2020), 산업안전보건교육 현업적 용도에 영향을 미치는 요인에 관한 연구. 울산대학교 대학원 석사학위논문.

이준희(2022), "국내기업들의 그린워싱 리스크와 ESG 경영과제 이행 전략", 대한상공회의소.

임예진(2020), 기업교육공학으로서의 관리감독자 산업안전보건교육 프로그램 성과 영향요인 규명 및 영향력 분석. 연세대학교 교육대학원 석사학위논문.

전경련(2022), "ESG전문가 과정 교안".

정진우(2020), 안전관리론. 서울: 청문각.

지준석(2018), 건설업 안전관리자의 효과적인 직무교육을 위한 교육과정 개선에 관한 실증적 연 구. 명지대학교 대학원 박사학위논문.

최철준(2020), 근로자 정기안전보건교육의 실효성 제고 방안. 인천대학교 공학대학원 석사학위논문.

한국 NCP 사무국(2022), "OECD 다국적기업 가이드라인 주요내용과시사점", 대한상공회의소.

한국기술경영연구원(2015), "안전보건경영시스템 실무".

한국기업지배구조원(2020), "ESG와 기업의 장기적 성장".

한국기업지배구조원(2020), "감사위원 선임방식 개선 및 감사위원회 제도 재구성 방안".

한국기업지배구조원(2020), "기업지배구조와 기업위험의 관계에 관한 연구".

한국기업지배구조원(2020), "대규모 기업집단 계열사의 지배구조와 재무적 성과".

한국기업지배구조원(2021), "ESG 현안분석 환경경영(E), 사회책임경영(S) 관련 주주

제안권 활성화를 위한 제언".
한돈희 외(2020). 산업보건위생. 서울: 신광문화사.

저자 약력

위국환

현, 한국해양대학교 법무비지니스학부 재난안전정책법전공 교수
부경대학교 공학박사(안전공학)
동아대학교 법학박사(재난안전정책)

이학춘

현, Cumberland University(USA) 부총장
현, 동아대학교 명예교수
빌레펠트대학교(독일) 법학박사
행정고등고시(26회)

지상규

현, 한국해양대학교 법무비지니스학부 교수
현, 한국해양대학교 부설 산업ESG교육연구센터장
한국해양대학교 법학박사

김선화

현, 한국해양대학교 법무비지니스학부 재난안전정책법전공 교수
Canada Christian College(캐나다) 상담학박사
현, 한국해양대학교 부설 산업ESG교육연구센터 부센터장

방원석

현, 경상국립대학교 경영대학 연구교수
경상국립대학교 경영학박사(마케팅)

김정윤

현, Cumberland University(USA) Social Welfare & Disaster Safety학과 교수
동아대학교 법학박사(재난안전정책)